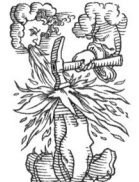

Wirtschafts-, Sozial- und Umweltgeschichte (WSU)

Band 10

Herausgegeben von
Christian Rohr
Historisches Institut der Universität Bern

Alexis Metzger (Hg.)

Das Klima im Lichte der Geistes- und Sozialwissenschaften

Aus dem Französischen von Karin Becker

Schwabe Verlag

Die französische Originalausgabe erschien unter dem Titel *Le climat au prisme des sciences humaines et sociales*, herausgegeben von Alexis Metzger © Éditions Quæ, Versailles 2021

Laboratoire d'Études en Géophysique et Océanographie Spatiales –
Observatoire Midi-Pyrénées – CNRS
Universität Fribourg – Department of Geosciences
Centre des Politiques de la Terre (Université Paris Cité und Sciences Po).

Bibliografische Information der Deutschen Nationalbibliothek
Die Deutsche Nationalbibliothek verzeichnet diese Publikation in der Deutschen Nationalbibliografie; detaillierte bibliografische Daten sind im Internet über http://dnb.dnb.de abrufbar.

Für die deutschsprachige Ausgabe © 2025 Schwabe Verlag, Schwabe Verlagsgruppe AG, Basel, Schweiz
Dieses Werk ist urheberrechtlich geschützt. Das Werk einschließlich seiner Teile darf ohne schriftliche Genehmigung des Verlages in keiner Form reproduziert oder elektronisch verarbeitet, vervielfältigt, zugänglich gemacht oder verbreitet werden.
Der Verlag behält sich das Text- und Data-Mining nach § 44b UrhG vor, was hiermit Dritten ohne Zustimmung des Verlages untersagt ist.
Coverabbildung: John Emslie hand-engraved artwork, 1850.
Coverkonzept: icona basel gmbh, Basel
Coverumsetzung: Kathrin Strohschnieder, stroh design, Oldenburg
Übersetzung aus dem Französischen: Karin Becker
Korrektorat: Anja Borkam, Langenhagen
Layout: icona basel gmbh, Basel
Satz: 3w+p, Rimpar
Druck: CPI books GmbH, Leck
Printed in Germany
Herstellerinformation: Schwabe Verlag, Schwabe Verlagsgruppe AG,
Grellingerstrasse 21, CH-4052 Basel, info@schwabeverlag.ch
Verantwortliche Person gem. Art. 16 GPSR: Schwabe Verlag GmbH,
Marienstraße 28, D-10117 Berlin, info@schwabeverlag.de
ISBN Printausgabe 978-3-7965-4942-7
ISBN eBook (PDF) 978-3-7965-4943-4
DOI 10.24894/978-3-7965-4943-4
Das eBook ist seitenidentisch mit der gedruckten Ausgabe und erlaubt Volltextsuche.
Zudem sind Inhaltsverzeichnis und Überschriften verlinkt.

rights@schwabe.ch
www.schwabe.ch

Inhalt

Dank der Übersetzerin	7
Alexis Metzger: I. Einleitung	9
Christophe Petit, Laure Fontana: II. Archäologie und Klima	15
Laurent Litzenburger: III. Geschichtswissenschaft und Klima	61
Frédérique Rémy: IV. Die Wissenschaftshistoriker und das Klima	87
Philippe Bonnin: V. Architektur und Klima	103
Martine Tabeaud: VI. Die Klimatologie als ein klassisches Forschungsfeld des Fachs Geografie	131
Anouchka Vasak: VII. Literatur und Klima	155
Philippe Boudes: VIII. Soziologie und Klima	177
Ivo Wallimann-Helmer: IX. Philosophie des Klimawandels	207
Nathalie Blanc: X. Ästhetik und Klimawandel	221
Patrick Criqui, Sandrine Mathy: XI. Wirtschaft und Klima	241
Die Übersetzerin	263

Dank der Übersetzerin

Für die vielfältige Unterstützung danke ich Carola Best, Detlef Jahn, Cornelia Lüdecke, Bernd Siebenhüner, Jörn Sieglerschmidt und Christiane Textor sowie den Autorinnen und Autoren dieses Bandes, die mir bei Rückfragen stets gern behilflich waren. Darüber hinaus gilt mein besonderer Dank Michael Sethe für seine kritische Lektüre des Gesamtmanuskripts, Alexis Metzger und Fabrice Flückiger für die engagierte Betreuung des Publikationsprojekts und Christian Rohr für die Aufnahme des Bandes in die Reihe *Wirtschafts-, Sozial- und Umweltgeschichte*.

Karin Becker
Münster, April 2023

I. Einleitung

Alexis Metzger

Das Klima lässt sich auf vielfältige Weise erfassen, was mit der jeweiligen Lebenserfahrung und Ausbildung der Betrachtenden sowie einer bestimmten, der Fachrichtung geschuldeten Sichtweise zusammenhängt. Die vorliegende Publikation soll einen Überblick über diese verschiedenen Anschauungen geben und damit aufzeigen, in welchem Maße das Wort Klima – je nachdem, um welches Fach der Geistes- und Gesellschaftswissenschaften es sich handelt – ganz unterschiedliche Dinge bezeichnen kann. Dabei können sich verschiedene methodische Ansätze zu einem Verständnis des Klimas von einem Forschungszweig zum nächsten durchaus überlagern, wodurch es zu einer neuen Erkundung zuvor streng getrennter Schichten von Auffassungen kommt. So gilt beispielsweise das Interesse von Anthropologen und Anthropologinnen sowie von Ethnologen und Ethnologinnen der Beziehung, die eine Gesellschaft zu «ihrem» Klima unterhält, aber auch deren Umgang mit dem Klimawandel bzw. den Maßnahmen, mit denen sie diesem entgegentritt. Dabei werden jeweils andere raumzeitliche Koordinaten zugrunde gelegt: Im ersten Fall werden Wetter- und Klimaereignisse auf lokaler Ebene in ihrer Wechselbeziehung zu einer gesellschaftlichen Gruppe untersucht. Dagegen avancieren im zweiten Fall Veränderungen dieser Gegebenheiten über einen gewissen Zeitraum hinweg und/oder Vorstellungen von einem Klimawandel, die nicht zwangsläufig mit einem bestimmten Areal verknüpft sind, zu einem denkbaren Untersuchungsgegenstand.

In Abhängigkeit von den jeweils beteiligten Fachrichtungen kann die Bezeichnung Klima folglich einem ganzen Bündel gemeinsamer Begriffsbildungen und Vorstellungen entsprechen. Davon abgesehen entwickelt jedes Fach – dem Klimabegriff seiner Vertreter*innen entsprechend – seine eigenen Methoden zu dessen Untersuchung, die wahlweise auf Beobachtungen, Messungen, mathematischen Analysen oder Interviews basieren können. Es handelt sich also zugleich um ein Forschungsgebiet, das auf bestimmten Materialien und Praktiken beruht, die sich von einem Fach zum anderen unterscheiden. So vollzieht etwa ein Forscher oder eine Forscherin, die mittels der Installation von Messinstrumenten und der anschließenden Datenanalyse per Computer bestimmte Topoklimate untersuchen, ganz andere Handlungen als Wissenschaftler*innen, die mithilfe von Interviews, Gruppensitzungen oder teilnehmender Beobachtung gesellschaftliche Vorstellungen vom Klima in den Blick nehmen. Mithin bringen sich die Forschenden selbst mit ihrer Körperlichkeit ihrem Studienobjekt gegenüber in unterschiedlicher Weise ein, und gerade auf dieses mannigfache Rüstzeug von

Sichtweisen, Deutungen, theoretischen Bezügen, Methoden und Handlungen gründet sich die Vielfalt der Fachrichtungen und Forschungsgebiete. Folglich zeichnen sich fachübergreifende Untersuchungen zu den Auswirkungen des Klimas und des Klimawandels durch eben diesen Facettenreichtum an Forschungsansätzen aus, auch wenn sie weiterhin den stark ausgeprägten Vorgaben der fachspezifischen Sichtweisen unterliegen, die bisweilen polarisierend wirken können.

Es ist nicht Anliegen dieses Buches, die Gemeinsamkeiten all dieser Forschungsansätze hervorzuheben; vielmehr soll im Gegenteil eruiert werden, inwieweit sich ein jedes Fach für sich genommen bei der Erörterung von Klimafragen auf ein Netz von Theorieverweisen, Erfahrungswissen und Untersuchungsmethoden stützt. Darin liegt folglich der erste erforderliche Schritt, will man zu einer genaueren Kenntnis des Klimabegriffs gelangen, der ja von einer Geistes- und Gesellschaftswissenschaft zur nächsten stark variiert. Soweit ersichtlich wurde dieser Schritt bislang stets viel zu schnell übersprungen, mit der gelegentlichen Folge einer Sinnentleerung des Klimadiskurses: Infolgedessen geriet das Klima zu einer nichtssagenden Worthülse, die beliebig mit einer ganzen Reihe von (energetischen, politischen oder sozialen) Belangen verknüpft werden kann. So stellt sich die Frage, was die Personengruppen, die für «das Klima» auf die Straße gehen, darunter eigentlich verstehen; ob dies vielleicht eben dieses Gesamtpaket fachlicher Ansichten ist, die vor allem junge Menschen in ihrem jeweiligen Lebenslauf angesammelt haben; bzw. für welche konkreten Aspekte des Klimas sie überhaupt eintreten.

Der vorliegende Sammelband verfolgt die Absicht, die herkömmliche Abkapselung fachspezifischer Epistemologien zu überwinden und stattdessen neue Herangehensweisen in Betracht zu ziehen. Ein Katalog von Fragen ermöglicht eine kritische Infragestellung jener Denkmuster, die das Verständnis des Klimas in den einzelnen Geistes- und Gesellschaftswissenschaften bestimmen: Welche Fachrichtungen begreifen das Klima eher als globales Phänomen, und welche erfassen vielmehr regionale Klimate? Auf welche Weise werden in den verschiedenen Fächern (regionale oder globale) Mittelwerte herangezogen? Geht man von einem beständigen oder von einem veränderlichen Klima aus? Betrachtet man das Klima heutzutage ohne Umschweife unter dem Blickwinkel des Klimawandels und des Ausstoßes von Treibhausgasen? Inwieweit führt der Klimawandel zu einer Erneuerung oder aber zu einer Verwerfung fachspezifischer Erkenntnistheorien zum Klimabegriff?

In diesem Sinne stellt sich die Frage, ob anhand der jeweiligen räumlichen und zeitlichen Skala, mit der das Klima erfasst wird, eine Klassifikation der Geistes- und Gesellschaftswissenschaften möglich ist. Richten manche ihr Augenmerk mehr auf ein Meso- oder Mikroklima, wie etwa die Literaturwissenschaft, die bei der Untersuchung von Erzählungen, die in einem bestimmten Landstrich verankert sind, die Wahrnehmung und Beschreibung von Klimaphänomenen durch die Protagonisten und Protagonistinnen zu deuten versucht? Oder auch die Architektur, denn die Bauweise kann sich höchst unterschiedlichen Klimaten der Erde anpassen? Neigen andere Fächer dagegen dazu, den Zusammenhang zwischen Klima und Landstrich kurzerhand aufzugeben, wie die Philosophie? Allerdings erweist sich diese scheinbar so einfache räumliche Differenzierung des Klimas nach Vorgabe der einzelnen Fächer keineswegs als so sachdienlich wie vermutet. So thematisieren Literaturwissenschaftler*innen auch das Weltklima, insbesondere bei der Analyse von Science-Fiction-Romanen, während Philosophen und Philosophinnen ihrerseits auch um eine Bestimmung des phänomenologischen Verhältnisses des Menschen zum Wetter bemüht sind, für das von Ort zu Ort unterschieden werden muss.

Für den Versuch, bestimmte fachtypische Befunde herauszustellen, ist hier eine kurze Analyse des Wortgebrauchs angebracht, und zwar hinsichtlich der Verwendung der Bezeichnungen Klima und Klimawandel bzw. -erwärmung im Singular und im Plural. In der nachfolgenden sind alle entsprechenden Nennungen für die einzelnen Kapitel dieses Buches verzeichnet (ohne Bibliografien und Fußnoten).

Kapitel	«Klima»	«Klimate»	«Klimawandel»/«Klimaerwärmung»
Archäologie	68	3	1
Geschichtswissenschaft	44	1	0
Wissenschaftsgeschichte	47	1	3
Architektur	53	11	1
Geografie	43	46	1
Literaturwissenschaft	64	15	1
Erziehungswissenschaft[1]	79	9	48
Soziologie	102	0	24
Philosophie	31	0	45
Ästhetik	50	1	48
Wirtschaftswissenschaften	14	0	22

Innerhalb der einzelnen Fachrichtungen, die in diesem Band behandelt werden, scheint das Interesse für das Klima, für die Klimate bzw. den Klimawandel also auf eine Resonanz zu stoßen, die doch recht ungleich ausgeprägt ist. Die Anzahl

---

1 Anmerkung der Übersetzerin: Die französische Originalausgabe enthält ein Kapitel «Klima und Erziehungswissenschaften» aus der Feder von Clément Barniaudy. Da dieses stark auf das französische Bildungssystem abhebt, fiel die Entscheidung, dieses in die deutsche Übersetzung nicht mit einzubeziehen.

der Erwähnungen dieser Bezeichnungen in den verschiedenen Kapiteln hängt sicherlich mit der Wortwahl der Autoren und Autorinnen und dem Gedankengang der Kapitel zusammen, doch sollen dafür im Folgenden trotzdem einige mögliche Interpretationen vorgeschlagen werden.

Zunächst einmal begreifen die historischen Fächer den Untersuchungsgegenstand Klima am ehesten als einen universellen Parameter zur Erläuterung dieser oder jener Einrichtung des Menschen, eines bestimmten Ereignisses oder eines wissenschaftlichen Denkmusters. Sodann werden Klimate – im Plural – hauptsächlich von Geografen und Geografinnen untersucht, was sich in den Lehrplänen der Schulen niederschlägt, aber auch von Architekten und Architektinnen sowie Literaturwissenschaftler*innen (hier bei der Analyse von Texten des 18. Jahrhunderts, der Epoche der Klimatheorien, wo der Plural obligat war). Für die anderen Fächer sind es schließlich das Klima und der Klimawandel, die den Rahmen der entsprechenden Denkformen bilden. So berufen sich beispielsweise die Arbeiten von Wirtschaftswissenschaftler*innen auf ihre Berechtigung durch den Klimawandel, wie es das häufigere Vorkommen des Ausdrucks Klimawandel im Vergleich zu jenem des Wortes Klima nahelegt. Das bedeutet, dass diese mehr oder weniger gehäuften Verwendungen auch eine bestimmte Einstellung der Autoren und Autorinnen zu ihrem eigenen Fach ausdrücken. So stützt sich etwa das Kapitel über die Philosophie des Klimawandels auf die Vorstellung von der Notwendigkeit der Freiheit und des Privateigentums als Grundlage der freien Marktwirtschaft und des Wirtschaftswachstums.

Letztendlich haben die Geistes- und Gesellschaftswissenschaften die Herausforderungen, die mit dem Klima und dem Klimawandel verbunden sind, in ganz unterschiedlicher Weise bewältigt. In manchen Fächern weist die Begriffsbildung eine lange Vorgeschichte auf (wie in der Philosophie und der Geografie), in anderen ist das Interesse für Klimafragen jüngeren Datums (wie in der Soziologie). Die «aktuellen» Forschungsgebiete der relevanten Fächer blicken keineswegs auf eine vergleichbare Entwicklungszeit zurück; so reichen etwa die Geschichtswissenschaft und die Philosophie bis in die griechische Antike zurück. Etliche Fächer sind erst zu einem späten Zeitpunkt entstanden, obschon frühere Autoren und Autorinnen in ihnen durchaus ihren Platz gehabt hätten (so kann Herodot als Geograf oder als Historiker gelten). Die hier erstellte Zeitleiste verzeichnet grob den Moment, an dem das Thema Klima innerhalb der einzelnen Fächer erstmals behandelt wurde. Bei einigen von ihnen wird erst das Problem des Klimawandels, das vor etwa dreißig Jahren aufkam, zum Auslöser für diese Erweiterung des Forschungsgebiets (in der nachstehenden Tabelle in Kursivschrift). Bei wieder anderen (wie der Geschichtswissenschaft) verleiht jetzt der Klimawandel jenen Studien, die Klimafragen mit einschließen, eine gewisse Berechtigung.

Fächer	Vom Klima ...	... zum Klimawandel?	
Philosophie	Antike ...		2000
Geschichtswiss.	18. Jh.	1970 (Neuentdeckung)	
Wissenschaftsg.	18. Jh.		2010
Geografie	19. Jh.		1990
Erziehungswiss.	Anfang 20. Jh.		2000
Wirtschaftswiss.		1950er Jahre	2000
Architektur		1960er Jahre	2010
Archäologie		1990	
Soziologie		Ende 1990	2010
Literaturwiss.			2000 2010
Ästhetik			2010

Diese Zeitleiste kommt nur einer Überblicksdarstellung gleich und bildet das höchst komplexe Verhältnis zwischen den einzelnen Fächern und dem Klima nur unzureichend ab. Im Fall der Archäologie war es laut Laure Fontana erst die Verbindung von Geologie und Paläontologie, die eine genaue Altersbestimmung des Menschen auf seiner frühesten Entwicklungsstufe ermöglichte. Klimaforschung, der Nachweis von Kälteperioden, die Bestimmung der vorgeschichtlichen Tierwelt und die Untersuchung menschlicher Überreste sind hier untrennbar miteinander verbunden. Nimmt man jedoch jüngere Klimastudien jener Archäologen und Archäologinnen in den Blick, die sich Gesellschaften der Vergangenheit widmen, so tritt dieses Interesse nur zögerlich zutage und gilt den ihnen vor allem als Argument, um den Untergang von Zivilisationen mit dem Hinweis auf entsprechende Klimabedingungen zu erklären. Folglich stammt das Interesse der Archäologen und Archäologinnen an einer Klimaforschung, die dazu dient, die Entwicklung des Klimas und der verschiedenen Milieus nachzuvollziehen und die Wechselbeziehung zwischen Gesellschaften und der Umwelt zu verstehen, erst aus der jüngsten Zeit (aus den 1990er Jahren) und kann zudem in Abhängigkeit vom jeweiligen Untersuchungszusammenhang stark variieren.

Dieser Sammelband ist in zwei große Einheiten untergliedert. Im ersten Teil beschäftigen sich die Beiträge mit dem Klima bzw. den Klimaten in der Vergangenheit (Archäologie, Geschichtswissenschaft, Wissenschaftsgeschichte) und in verschiedenen – realen oder fiktiven – Zonen der Erde (Architektur, Geografie und Literaturwissenschaft). Der zweite Teil widmet sich weiteren Fachrichtungen, die sich schrittweise des Themas Klimawandel bemächtigt und damit ihr Forschungsgebiet weiterentwickelt haben (Soziologie, Philosophie, Ästhetik, Wirtschaftswissenschaften).

II. Archäologie und Klima

Christophe Petit, Laure Fontana

1. Einleitung

Folgt man der Ansicht der Archäologen und Archäologinnen haben das Klima und die Gesellschaften der Vergangenheit ihre jeweils eigene Geschichte und werden daher meist unabhängig voneinander untersucht. Gleichwohl haben sie auch eine gemeinsame Geschichte, da sie ja einen komplexen Zusammenhang aufweisen, der teils direkt (wechselseitige Einflüsse), teils aber auch indirekt ist (die Umwelt bedingt das Klima unabhängig von der Anwesenheit des Menschen). Aus diesem Grund ist die Verbindung von Klima und Gesellschaft vor allem für jene Archäologen und Archäologinnen von Interesse, die verschiedene Gesellschaften der Vergangenheit studieren, ob sie über Schriftzeugnisse verfügen oder nicht. Die Untersuchung dieser Wechselbeziehung stellt ein Forschungsziel dar, dessen Herausforderungen zwar auf der Ebene der Geschichtswissenschaft liegen, dessen Methodologie jedoch der Archäologie entstammt. Diese besteht nicht nur darin, jene Klimadaten zu berücksichtigen, die von Klimatologen und Klimatologinnen durch die Auswertung von geologischen, glaziologischen und dendroklimatischen Quellen gewonnen wurden, sondern sie ist zugleich auch um die Erstellung weiterer Datensätze auf der Basis von Überresten aus einem archäologischen bzw. natürlichen Zusammenhang bemüht. In der Tat liegt das generelle Ziel nicht nur in dem Entwurf eines Rahmens aus Klima- und Umweltdaten, es geht auch um eine Darlegung der wechselseitigen Einflüsse sowohl zwischen verschiedenen Aspekten einer Gesellschaft (Wirtschaft, Wohnstätten, technische Systeme, soziale Beziehungen, symbolisches System) als auch zwischen dem Klima und der Umwelt. Diese im Wesentlichen anthropologische Vorgehensweise weist demnach mehrere Ebenen von hoher Komplexität auf, da ja zunächst einmal ein Fragenkatalog entwickelt werden muss, dann Datenreihen zu erheben sind (die auf zahlreiche Fachgebiete zurückgreifen) und schließlich aus deren integrierter Analyse eine Synthese aller Erkenntnisse gewonnen werden soll.

Es kann hier weder darum gehen, einen solchen Gesamtüberblick dieser Erkenntnisse vorzulegen, wie sie inzwischen von Archäologen und Archäologinnen dank des Studiums der Verbindung zwischen Klima und menschlicher Gesellschaft vom Paläolithikum bis zur Neuzeit erarbeitet wurden, noch soll im Folgenden die Geschichte dieses Forschungszweiges aufgezeigt werden. Vielmehr geht es zunächst um eine Präzisierung der zur Diskussion stehenden Problematik und der verschiedenen Untersuchungsgegenstände, bevor anschließend zwei Fallbeispiele vorgestellt und kommentiert werden sollen, welche aus dem Paläolithikum und dem Neolithikum stammen und die Vielschichtigkeit des Vorgehens in diesem Kapitel verdeutlichen sollen. Die weitere Darstellung ist insbesondere bemüht, folgende Fragen zumindest teilweise zu beantworten: Haben Archäologen und Archäologinnen bei der Erforschung früherer Gesellschaften die Bedeutung von Klima- oder gar Umweltstudien ausreichend berücksichtigt, und – sollte dies der Fall sein – mittels der Entwicklung welcher Fragestellungen? Mit welchen methodologischen Arbeitsmitteln haben sie sich versehen, und in welche Verfahrensweisen haben sie diese einbezogen? Welche Forschungsergebnisse haben sie vorlegen können? Und wie sind die hauptsächlichen Schwierigkeiten ihres Ansatzes zu beurteilen?

2. Der Zusammenhang zwischen Klima, Umwelt und Gesellschaften: Untersuchungsgegenstand und Verfahrensweisen

Der Zusammenhang zwischen dem Klima und vergangenen Gesellschaften wurde zunächst für den Zeitraum des Pleistozäns konstatiert, und zwar indem Spuren einer Tierwelt, die den Tropen oder auch einem kalten Klima zuzurechnen ist, in Gebieten ausgemacht wurde, die heute zu einem gemäßigten Klima gehören. Das Vorkommen von Überresten unterschiedlicher Tierarten in verschiedenen Sedimentfüllungen als Anzeichen wechselnder Klimate erlaubte den Nachweis von beträchtlichen Klimaveränderungen und von höchst unterschiedlichen Milieus auf der Ebene von Zeit und Raum. Dann häuften sich die Beweise für die zeitlich parallele Existenz des Menschen, nämlich das Vorkommen von faunischen Überresten in Sedimentfüllungen, welche eine menschliche Besiedlung verrieten, sodann Gravuren und Gemälde von Tieren äußerst kalter Klimazonen in heute gemäßigten Regionen (Abb. 1) und schließlich die Datierung der natürlichen Fauna. Diese Beweise gestatteten die Vermutung – noch vor der Entdeckung der glazialen und interglazialen Zyklen (Kalt- und Warmphasen) –, dass der Mensch in unterschiedlichen Klimaten an ein und demselben Ort lebte.[1]

Das Holozän wurde zunächst als ein Erdzeitalter betrachtet, das einem einheitlichen Klima unterlag. Bei der Beschreibung der Geschichte der Gesellschaften wurde die Umwelt herangezogen, um die Entwicklung gewisser Zivilisationen zu erklären, insbesondere jener, die das Vorhandensein eines großen Flusses ausnutzten, um die angrenzenden Gebiete zu besiedeln, zu gestalten und seine Ressourcen zu nutzen (zum Beispiel in Mesopotamien und in Ägypten). Die Beziehung zwischen Menschen und Klima wurde auch anhand von Studien zu Naturkatastrophen belegt (wie Vulkanausbrüche, Erdbeben, Überschwemmungen), wobei vor allem die daraus folgenden Krisen die Aufmerksamkeit der Archäolo-

---

1   Z. B. Lartet, Christy 1875.

Abb. 1: Darstellung von Mammuts auf einer Wand der Höhle von Rouffignac aus dem Magdalénien (© Jean Plassard)

gen auf sich zogen. Entsprechend wurde der Zusammenhang zwischen dem Klima und den Gesellschaften oft wahrgenommen (und wird es manchmal immer noch) als ein fortwährender Kampf des Menschen gegen einen unbeherrschbaren, von außen einwirkendem Faktor, wobei jedwede «Beobachtung» die Verwundbarkeit – oder im Gegenteil die Widerstandskraft – der Gesellschaften aufzuzeigen schien. Das Problem des – klima- oder umweltspezifischen – Determinismus hat die Arbeit der Archäologen (und die der Historiker) lange Zeit geprägt, bevor einige von ihnen nach der Lektüre von Veröffentlichungen von Soziologen, Anthropologen sowie von Geografen[2] zu begreifen begannen, dass dies ohne Belang war, da ja die Umwelt kein Element darstellt, das außerhalb der Gesellschaften zu verorten wäre, sondern diesen im Gegenteil inhärent ist und all ihre Bereiche durchdringt. Seit etwa dreißig Jahren schreibt sich folglich die archäologische Forschung zur Verbindung von Gesellschaften und Klima ein in eine neuartige Verfahrensweise, die den früheren Ansatz überwindet, auch wenn überkommene Gedankengänge in einigen Konstellationen überlebt haben aufgrund der Schwierigkeit, die neuen Herausforderungen zu systematisieren.[3]

2.1. Der Untersuchungsgegenstand

Die grundlegende Fragestellung wird oft auf folgende Weise formuliert: Welche Rolle spielt das Klima für die Geschichte vergangener Gesellschaften, und in welchem Maße hat es ihre Entwicklung beeinflusst? Anders ausgedrückt: Stellt es für den Fortschritt von Gesellschaften einen vorherrschenden, einen zweitrangigen oder einen nur sporadischen Faktor dar? Allerdings ist diese Fragestellung

---

2   Z. B. Descola 2005, 2011; Godelier 2007; George 1971.
3   Vgl. Burnouf, Leveau 2004.

in den Augen der Autorin und des Autors dieses Beitrags unzutreffend, da das Klima, das ja integraler Teil des Ökosystems ist, letztlich – wie die Umwelt auch – ein Element darstellt, das Gesellschaften im Grunde ausmacht, welche es ja immer auf ihre jeweils spezifische Weise wahrnehmen.[4] Folglich stellt das Klima notwendigerweise einen vorherrschenden Faktor dar überall dort, wo ein extremes Milieu vorliegt, bzw. in Gebieten, die harten Klimaereignissen unterliegen. In gemäßigteren, weniger beeinträchtigten Umgebungen kann dieser Faktor weniger Bedeutung haben, doch unterliegt das Klima dennoch immer diversen Wechselfällen bzw. einem gewissen Wandel, und auch bloße jahreszeitliche Veränderungen können gravierend ausfallen. Doch welche Eigenschaften das Klima auch immer hat: Es ist kein Element, das außerhalb der Gesellschaft liegt und beherrscht werden müsste, sondern einen Bestandteil der Lebensweise, die eben gerade durch die Einbeziehung seiner Eigenschaften entstanden ist.

Vielmehr würde sich also die Frage nach einem Verständnis der Art und Weise stellen, wie frühere Gesellschaften das Klima und die Umwelt in ihre Gedankenwelt und ihre Lebensweise einbezogen haben, das heißt, wie genau sie die Veränderungen, die sich aus der Wechselhaftigkeit des Klimas ergeben, gehandhabt haben – eine weitaus komplexere Problematik. Genauer gesagt hat die Form, in der diese Gesellschaften den stetigen Wandel, der mit den Klima- und Umweltveränderungen zusammenhängt, wahrgenommen und überwunden haben, ihren Ausdruck gefunden in verschiedenen Lebensbereichen wie etwa in der Besiedlung oder auch der Aufgabe von Gebieten, in der konkreten Umsetzung dieser Besiedlung und der Gestaltung des Landstrichs, in der Mobilität (Verkehr und Migration) der Menschen und der von ihnen transportierten Güter oder auch in den Verfahren der Herstellung und Verwaltung von Ressourcen und Milieus.

Die hauptsächliche Herausforderung für die archäologische Forschung besteht folglich nach der hier vertretenen Meinung vor allem darin, die verschiedenen Prozesse, die den Austausch zwischen Gesellschaft, Klima und Umwelt bestimmen, zu rekonstruieren, anstatt Klimaveränderungen im Sinne eines unmittelbaren Einflusses zu bewerten. Ein solches Forschungsziel geht nämlich über die einfache Suche nach einer bestehenden Verbindung zwischen dem Klima und dem Schicksal der Gesellschaften, die ja oft vor allem Krisensituationen betrifft, letztlich weit hinaus: Dies betrifft etwa das Ende des Reiches von Akkad,[5] den «Kollaps» der Maya-Zivilisation[6] und den Untergang des Römischen Reiches.[7] Es handelt sich also um eine Beschreibung der Komplexität des engen Zusammenhangs zwischen vergangenen Gesellschaften und Klima, und zwar unter Berück-

---

4   Z. B. Descola 2005, 2011; Godelier 2007; Sahlins 2008.
5   Kerr 1998; Weiss 1993.
6   Hodell, Brenner, Curtis 2001; Hodell u. a. 2005; Iannone 2014; Kuzucuoglu, Tsirtsoni 2015.
7   Harper 2017.

sichtigung der Fakten, die sich aus archäologischen, umweltspezifischen und klimatischen Forschungsdaten ergeben, mit dem Ziel eines Nachweises eventueller Kausalverbindungen. Der vorliegende Beitrag beschränkt sich dabei auf jene Phänomene, die die Besiedlung, die Behausung und die Wirtschaft anbelangen, auch wenn sicher weitere kulturelle Bereiche (wie das gesellige Leben, die Religion und die Kunst) von Klima- und Umweltveränderungen indirekt betroffen sind und damit Formen annehmen, die diesen teilweise geschuldet sind.

Schließlich soll hier noch präzisiert werden, dass diese kulturellen Formen von der Art jener Beziehung abhängen, die eine Gesellschaft mit ihrer Umwelt und dem Klima unterhält. So unterscheidet sich diese Beziehung in Gesellschaften von eher nomadischen Jägern und Sammlern zwangsläufig von jener in Gesellschaften von Landwirten, die großteils sesshaft sind. Diese Verbindung war sehr eng, solange die Menschen in Behausungen lebten, die nicht als dauerhaft konzipiert, das heißt zwar eingerichtet, aber selten massiv gebaut waren, und eine Wirtschaft betrieben, die auf Jagen und Sammeln beruhte, denn in einem solchen Kontext verspürt man die klimatischen Bedingungen und ihre Auswirkungen auf die Umwelt meist auf direkte und unmittelbare Weise, insbesondere zu gewissen Jahreszeiten: Hier kommt es zu einem Leben mit extremen Temperaturen, zur Verknappung oder Unerreichbarkeit einer oder mehrerer Ressourcen und zu einer erschwerten Fortbewegung. Die Möglichkeit, diesen Problemen vorzubeugen, ist nicht immer gegeben aufgrund der Unvorhersehbarkeit bestimmter Veränderungen. Darüber hinaus führt die Gestaltung der Mobilität und der Wohnstrukturen zu Lösungen, von denen etliche – wie etwa die Fortbewegung oder die Lagerung von Gütern – nicht unbedingt innerhalb des traditionellen kulturellen Rahmens der Gesellschaften liegen. Wohlgemerkt hinderte das die Gesellschaften des Paläolithikums und des Mesolithikums nicht daran, in ihrer einmal gewählten Umgebung zu bleiben, jahreszeitliche Witterungsveränderungen vorauszusehen und ihre Ressourcen und Gebiete zu verwalten; dies allerdings im Rahmen eines Zusammenhangs, der ein unmittelbarer blieb. Gleichwohl konnten sie in ihre Umwelt eingreifen, wie es auch bestimmte heutige Gesellschaften tun, vor allem indem sie Verkehrswege offenhielten und indem sie das Feuer nutzten (wie im Kampf gegen Raubtiere oder bei der Jagd). Dies war bei den sesshaften Gesellschaften des Holozäns nicht der Fall, deren Lebensstil – vor allem vom Neolithikum an – durch eine Anpassung bzw. Voraussicht jährlicher oder mehrjähriger klimatischer und umweltrelevanter Veränderungen gekennzeichnet war, zumindest in bestimmten Gebieten. Indem sie selbst für ihren Lebensunterhalt sorgten, das heißt Lebensmittel, Wasser und Rohstoffe lagerten und verarbeiteten, Häuser, Wehre und Dämme bauten oder Straßennetze anlegten, gestalteten diese Gesellschaften den von ihnen besiedelten Raum aktiv. Dies erlaubte ihnen einen besseren Umgang mit bestimmten klimatischen Zwängen bzw. die Ausnutzung von daraus resultierenden Möglichkeiten. Folglich lässt sich der Unterschied zwischen diesen beiden Haupttypen von Gesellschaften generell ablesen an der Unüberwindbarkeit der Klima- und Umweltgegebenheiten vor dem Neolithikum und danach dann an dem Bemühen um eine Erweiterung dieses Handlungsrahmens zwecks Vergrößerung der Spanne von Lösungsmöglichkeiten.[8] Die Fragestellungen hinsichtlich des Verhaltens von Gesellschaften dem Klima und der Umwelt gegenüber unterscheiden sich folglich deutlich ihrem sozioökonomischen Kontext entsprechend, wie anhand der nachfolgend geschilderten Beispiele aufgezeigt werden soll.

2.2. Verfahrensweisen und methodische Schwierigkeiten

Verfahrensweisen

Die Erforschung des Zusammenhangs zwischen den Gesellschaften und dem Klima, das ihre Umwelt verändert, kann unseres Erachtens nur systematisch erfolgen und aus der Umweltarchäologie hervorgehen, denn sie betrifft beinahe alle Bereiche der Gesellschaft und vor allem deren Beziehung untereinander, und sie berücksichtigt jene Daten, die aus der Analyse von (natürlichen und anthropischen) Überresten aus Flora, Fauna und Mineralien gewonnen werden. Es geht dabei um die Frage nach der Klärung der Möglichkeit, bestimmte Entscheidungen der Gesellschaften und ihren Zusammenhang mit dem Klima nachzuweisen, und zwar für bestimmte Zeitabschnitte und Gebiete. Ob es sich nun um die Besiedlung oder die Aufgabe von Räumen handelt, um die Art und Weise der Besiedlung und ihre konkrete Ausgestaltung, um die Mobilität (Verkehr und Migration) der Menschen und der von ihnen transportierten Güter oder um Verfahren der Ausnutzung von Ressourcen – Archäologen und Archäologinnen sollten sich die Frage nach den Themen stellen, die die Umwelt und das Klima betreffen und die teilweise von ihrem angestammten Forschungsfeld abweichen: Weist die demographische Entwicklung einen Bezug zum Klimawandel auf? Stellen das Verlassen bestimmter Gebiete und der Bau bestimmter Wohnstrukturen Antworten auf politische Schwankungen oder auf umweltspezifische Veränderungen dar? Welche geologischen oder ökologischen Einschränkungen oder Eigenschaften sind Ausdruck eines Rückgriffs auf bestimmte Umweltressourcen?

Was soll mit den Klima- und Umweltdaten geschehen, die durch die Erforschung des natürlichen Milieus gewonnen wurden, etwa von Klimatologen, Paläontologen oder Geologen, sowie durch die Untersuchung von durch Menschenhand gestalteten Milieus, beispielsweise von Seiten der Archäozoologen,

---

[8] Und dieses sogar, wenn bestimmte Eigenschaften des Klimas und der Umwelt weiterhin unüberwindbar bleiben, trotz aller menschlichen Anpassungen: Das Leben im Klima der Arktis oder der Tropen kann nicht identisch ausfallen, und nicht alle heftigen Witterungs- oder Umweltereignisse (atmosphärische Erscheinungen, Überschwemmungen, Absenkungen von Gelände) können vorhergesehen oder beherrscht werden, wie wir noch heute erfahren müssen.

Geoarchäologen, Archäobotaniker und Biogeochemiker? Hier erweist sich schon die ganze Komplexität des anzuwendenden Verfahrens, da ja zwischen der Herstellung und Gewinnung diverser Daten (Sedimentanalysen, Temperaturkurven, Listen der Taxa und Spektren)[9] und der Antwort auf die gestellte Frage ein ganzes Bündel gemeinsamer Themen der verschiedenen Forschungsgebiete bearbeitet werden muss. Hinsichtlich dieses Fortschritts in der Fragestellung kann die stete Erweiterung der Anzahl der Forschungsgebiete als Konstante gelten. Diese Form der Transdisziplinarität geht theoretisch über eine bloße Zusammenarbeit hinaus, die sich damit begnügen würde, einfach die Forschungsdaten aller Beteiligten zusammen- oder gegenüberzustellen, denn sie ist um eine Antwort auf die Frage bemüht, welche von all diesen Daten das Forschungsthema am sinnvollsten dokumentiert Jenseits der generellen Herausforderung stellt bereits die Erarbeitung eines solchen hierarchisierten Fragenkatalogs einen wirklichen und unverzichtbaren wissenschaftlichen Austausch dar.

Um diese theoretische Herangehensweise zu veranschaulichen, soll hier kurz ein Aspekt der Erforschung der Gesellschaften von Jägern und Sammlern betrachtet werden, die gegen Ende der Eiszeit lebten, und anschließend ein Blick auf die Entstehung des Klimas und der Umwelt des Holozäns im westlichen Europa geworfen werden. In einem Milieu des Pleistozäns, das sich von der kühlen und trockenen Steppe (ca. 27.000 cal BP)[10] ausgehend in stärker bewaldete Gebiete ausbreitete, die ein eher gemäßigtes und feuchtes Klima aufwiesen (Ende der älteren Dryaszeit, 15.000 cal BP), bei einem Anstieg des Meeresspiegels und einem Rückzug der Gletscher in höhere Lagen, veränderten sich die Populationen von Tieren und Pflanzen, was unter anderem eine Umgestaltung der Ressourcennutzung nach sich zog. Die Zoozönose der Eiszeit mit ihrer von Mammuts bevölkerten Steppe wich dem Tross der Tierarten, die in gemäßigten Zonen vorkommen (Hirsche, Rehe, Wildschweine), während einige Wildtiere (Rentiere, Bisons, Saigaantilopen) verschwanden oder sich in den Norden zurückzogen und die Pflanzen, die aus erst lichten, dann dichteren Wäldern stammten, zu wichtigen Quellen der Ernährung und der Technik avancierten. So stellt sich die Frage, wie die Gesellschaften diesen Klimawandel über einen Zeitraum von einigen Tausend Jahren erlebten, ob sie etwa ihre Behausungen, ihre Mobilität und ihr Wirtschaftssystem radikal und einheitlich danach ausrichteten.

Unter den verschiedenen bislang untersuchten Aspekten ist mit jenem der Diversifizierung der tierischen Ressourcen eine der grundlegendsten Fragen verbunden, denn es wird seit mindestens fünfzig Jahren vermutet, dass die Gesellschaften seit dem Beginn der Klimaerwärmung und dem Aufkommen lichter Waldgebiete ihre tierische Nahrungsmittelversorgung, die bis zu diesem Zeit-

---

9   Das heißt der Bestimmung der dargestellten Tier- und Pflanzenarten und Mineralien und die Analyse ihres jeweiligen proportionalen Verhältnisses.
10 Cal BP = Kalibrierte Kalenderjahre *Before Present* (vor 1950).

punkt auf der fast ausschließlichen Nutzung großer Pflanzenfresser und generell des vorherrschenden Wilds (Rentiere und Pferde) basierte, diversifizierten durch eine Anpassung hinsichtlich des Jahreszyklus des Nomadenlebens. Die Menschen hätten demnach ihre Jagd neu ausgerichtet auf kleineres Wild (kleine Fleischfresser, Vögel, Fische, Muscheln), ohne deshalb jedoch die Jagd großer Pflanzenfresser aufzugeben. Damit hätten sie also ihren Lebensunterhalt in anderer Weise bestritten,[11] insbesondere durch eine Diversifizierung der Jagd, um so der Entstehung von Milieus zu entsprechen, die geschlossener, unterschiedlicher und gemäßigter ausfielen. Diese Frage wird unter anderem von Anne Bridault behandelt, die Daten zur Fauna vom Ende der Späteiszeit und vom Beginn des Holozäns für den Osten Frankreichs untersucht, und zwar im Licht isotopischer[12] und botanischer Daten.[13] Die Gesamtheit ihrer Forschungen[14] erhärtet ihre ersten Ergebnisse[15] für die nördlichen Alpen, den Jura und das Zentrum des Pariser Beckens, das heißt das Fehlen einer Diversifizierung des Wilds nach dem Bölling-Interstadial (14.600 cal BP) und für die weitere Geschichte der Gesellschaften des Oberen Paläolithikums das kontinuierliche Festhalten an einer grundlegenden Fleischnahrung, die durch einen großen Pflanzenfresser gewährleistet wurde, in diesem Fall durch den Hirsch. Auf dieselbe Weise beweist die ganzheitlich angelegte Studie zu mehreren Fundorten in den Pyrenäen, die auf der statistischen Auswertung datierter und quantifizierter Proben beruht, das Fehlen einer Diversifizierung des Wilds vom Bölling-Interstadial an.[16] In diesen beiden Fallbeispielen veranschaulicht die Arbeit durch die Einbeziehung von quantifizierten Faunenspektren, von Radiokarbondatierungen und bestimmten isotopischen und botanischen Daten sehr konkret die oben genannte Transdisziplinarität und ihre Bedeutung. Doch sie zeigt ebenso deren Grenzen auf, da die Ausgangsfrage die Berücksichtigung weiterer Fragestellungen verdient hätte wie etwa jene nach der jahreszeitlichen Bedingtheit, der Dauer der Besiedlungen sowie der Ausnutzung pflanzlicher und mineralischer Ressourcen. Nun sind diese Daten jedoch, obgleich verfügbar, nicht unter dem Gesichtspunkt der Diversifizierung untersucht worden, und die erforderlichen Angaben müssen demnach

---

11   Vom Standpunkt der Statistik aus betrachtet ist die Diversität Ausdruck des Anteils der verschiedenen Taxa, doch im Kontext der Archäologie ist eine Quantifizierung mittels der Entropie nach Shannon-Wiener vorzuziehen.
12   Drucker, Bridault, Cupillard 2012. Die Werte $\delta^{13}C$ und $\delta^{15}N$, die sich aus den Kollagenen der Überreste von Pflanzenfressern an Ausgrabungsstätten ergeben, belegen die Nahrung, die die Tiere zu sich genommen haben, sowie die mikrobiologischen Prozesse der Böden. Diese dienen also als gute Indikatoren der jeweiligen Milieus, die im Licht anderer Angaben zu untersuchen sind.
13   Bégeot u. a. 2006.
14   Bridault 2016.
15   Ebd. 1994, 1997.
16   Fontana, Brochier 2009.

noch nachgeliefert werden, sobald ein entsprechender Austausch zwischen den Forschenden zustande kommt.

Methodische Schwierigkeiten

Die Untersuchung des Zusammenhangs zwischen Gesellschaften und Klima (oder zwischen Gesellschaften und Milieus) weist eine Schwierigkeit auf, die durch die Komplexität der zu bestimmenden Prozesse bedingt ist, aber auch durch gewisse Merkmale archäologischer und umweltspezifischer Gegebenheiten wie etwa ihre Datierung und ihre Aussagekraft. Im Idealfall sollte die Untersuchung des Zusammenhangs zwischen Gesellschaften und Klima anhand einer einheitlichen chronologischen Skala erfolgen, doch dieses Forschungsziel ist nur schwer zu erreichen, denn die Auflösung archäologischer und paläoklimatischer Daten fällt in den meisten Fällen sehr unterschiedlich aus, denn die Veränderlichkeit des Klimas wird anhand mehrerer zeitlicher Skalen beobachtet: für den Verlauf einer Jahreszeit, eines ganzen Jahres, eines Jahrhunderts, eines Jahrtausends oder auch mehrerer Jahrtausende. Auf der Ebene des gesamten Planeten verändert sich nämlich das Klima, das ja geografische Varianten entsprechend dem Breitengrad, der Höhe und der Nähe zum Meer aufweist, darüber hinaus im Verlauf der Zeit mit unterschiedlicher Häufigkeit und Stärke, welche die paläoklimatische Forschung zu rekonstruieren bemüht ist (Abb. 2). Damit wird es möglich, bestimmte Jahre zu ermitteln sowie schnelle Klimaereignisse (Rapid Climate Changes, RCC) und glaziale oder interglaziale Zyklen. Allerdings nimmt die chronologische Auflösung umso rapider ab, je weiter man in die Vergangenheit zurückgeht. Desgleichen weisen archäologische Chronologien je nach Alter des untersuchten Zeitraums nicht dieselbe zeitliche Staffelung auf. Für die beiden letzten Jahrtausende können archäologische Chronologien für bestimmte Zeiträume und geografische Gebiete eine Auflösung in der Größenordnung von etwa zwanzig Jahren erreichen (auf Grundlage von Daten der Ausgabe von Währungen, datierte Inschriften, dendrochronologische Datierungen), aber für die Urgeschichte fallen sie für gewöhnlich ungenauer aus, denn sie basieren auf der Chronotypologie des Fundmaterials und auf Radiokarbondatierungen, die mit dem steigenden Alter der Besiedlung immer unsicherer werden.[17]

So stellt sich die Frage, ob Archäologen und Archäologinnen dennoch imstande sind, archäologische Fakten mit paläoklimatischen Daten in Korrelation zu bringen. Noch geschieht es selten, dass die genaue Bestimmung innerhalb der Chronologie archäologischer Fakten mit jener von paläographischen Daten übereinstimmt. Es sind nur einige wenige Fälle belegt, und hier handelt es sich meist um Fundplätze in feuchtem Milieu, in denen das konservierte Holz die

---

17 Der Unsicherheitsgrad erreicht regelmäßig tausend Jahre für Datierungen um 40.000–35.000 Jahre.

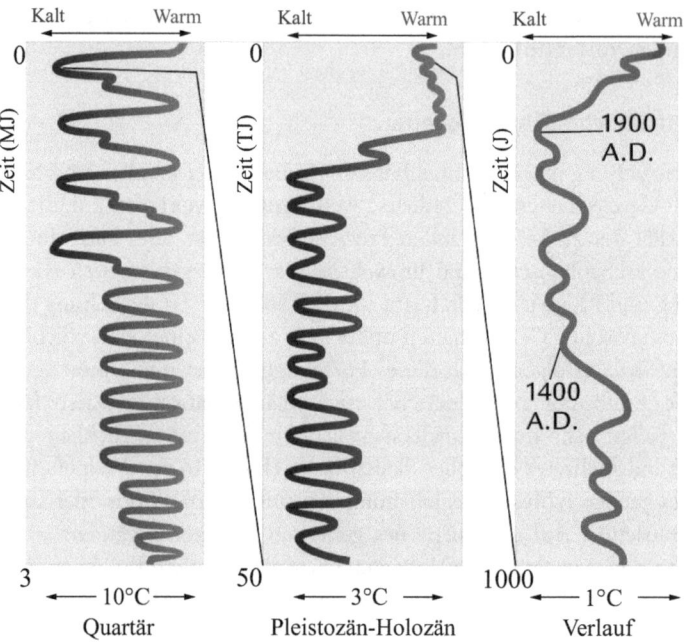

Abb. 2: Stärke und Rhythmus von Temperaturveränderungen anhand verschiedener Zeitskalen (angepasst nach: Ruddiman 2008)

Gewinnung von dendrochronologischen Daten erlaubt. In der Mehrheit der Fälle schlagen Archäologen und Klimatologen Korrelationen nur näherungsweise vor, so dass allenfalls Hypothesen aufgestellt werden können.

Abgesehen von dem Problem der chronologischen Auflösung stellt sich die Frage nach der Repräsentativität der Daten, und zwar sowohl für die archäologische als auch für die paläoklimatische Forschung. Obwohl sie immer zahlreicher werden, bleiben die paläoklimatischen Daten dennoch eher punktueller Natur, denn sie stammen mehrheitlich aus Bohrungen, die in Eisschichten und Meeressedimenten und zum Teil auch auf dem Festland (in Höhlen, Seen und Mooren) vorgenommen wurden. Diese gestatten es nicht immer, alle Bestandteile des Klimas und der Umwelt archäologischer Stätten auf lokaler oder regionaler Ebene zu rekonstruieren. Dies hätte zur Voraussetzung, dass die räumliche (globale, kontinentale, regionale, lokale) sowie die zeitliche Veränderlichkeit (nach Jahreszeit, Jahr, Jahrhundert) der verschiedenen Eigenschaften der Paläoklimate bekannt ist mit ihren jeweiligen Temperaturen, Niederschlägen, Schneemengen, Windaufkommen. Im Übrigen stellt in der Archäologie die Repräsentativität der Daten auf der Ebene des Fundorts oder der Region und darüber hinaus ein Problem dar, das diesem Fach in vielfacher Hinsicht inhärent und abhängig ist vom

Konservierungsgrad der Ausgrabungsstätten und des Fundmaterials, der Repräsentativität archäologischer Karten und der Anpassung der Grabungstechniken. Die Repräsentativität archäologischer und/oder klimatischer Daten bleibt also oft schwer zu beurteilen, was es erforderlich macht, einer ganzen Reihe von Hypothesen nachzugehen.

3. Klimaschwankungen und ihre globale Auswirkung auf die Umwelt und das Verhalten von Gesellschaften

Klimaveränderungen im zeitlichen Verlauf wirken hauptsächlich auf vier Bestandteile der Ökosysteme ein: 1) auf die Hydrosphäre und vor allem auf den Meeresspiegel, die Masse und Ausdehnung von Gletschern, den Pegel der Grundwasserspeicher und die Strömungen innerhalb des Gewässernetzes; 2) auf das System der natürlichen Brände, die unmittelbar vom Klima beherrscht werden (Einfluss von Blitz, Wind, mehr oder weniger trockenen Bedingungen); 3) auf die obere Geosphäre (Böden, Berghänge, Schwemmland, Sedimente an Küsten), deren Dynamik durch geomorphologische Faktoren bedingt ist (Pedogenese, Kryoklastik, Verlagerung durch Schwerkraft und Wasser auf Berghängen, System der Flüsse und Küstenregionen); 4) auf alles Lebendige (Menschen, wilde und domestizierte Fauna und Flora).

Die Folgen von Klimaveränderungen für die Umwelt sind mannigfaltig und betreffen bestimmte Bereiche der Gesellschaft auf verschiedenen Ebenen. Hier sollen nun einige jener Komponenten von Gesellschaften untersucht werden, die von Klimaveränderungen betroffen sind – Wohnstätten, Wirtschaft, menschliche Gesundheit – sowie ihre Lösungsansätze zum Umgang mit diesen Veränderungen, soweit sie dank der Archäologie bestimmt werden können. Es geht hier nicht um die Aufstellung eines vollständigen Verzeichnisses aller Klimaveränderungen und aller – theoretischen oder beobachteten – Folgen, sondern vielmehr um eine Veranschaulichung der Vielfalt der Forschungsbereiche bzw. der Fächer, die damit befasst sind, und zwar ausgehend von einigen Beispielen.

3.1. Paläogeografie, Mobilität des Menschen und Verkehrsnetze

Ein Klimawandel findet seinen Niederschlag in einer Verringerung, Verlegung oder Veränderung der bewohnbaren Zonen, in der Mobilität der nomadischen Gesellschaften und des Warenverkehrs zu Wasser und zu Lande. Die Zugänglichkeit von Territorien wurde hauptsächlich durch eine Verschiebung von Küstenregionen, durch eine Vergrößerung der Eisschilde und eine Ausdehnung des Permafrostbodens eingeschränkt.

Während der Eiszeit lagen die Küstenstreifen tiefer als heutzutage (um ungefähr 120 Meter während des letzten Kältemaximums der Eiszeit) und stellten folglich freie Gebiete dar, die von den frühen Gesellschaften besiedelt wurden. Bestimmte Meerengen wurden für den Menschen zugänglich, so dass man jetzt Zonen zu Fuß erreichen konnte, die zuvor durch Meeresarme nicht erreichbar gewesen waren. So waren zum Beispiel Australien, Neuguinea und Tasmanien während der letzten Phase der Eiszeit nicht isoliert, sondern bildeten zusammen einen einzigen Kontinent,[18] bevor dann im Holozän der Meeresspiegel wieder anstieg.[19] Umgekehrt mussten einige Populationen von Jägern und Sammlern erleben, wie ihre Fortbewegung durch die Ausweitung zugefrorener Zonen eingeschränkt wurde, die damit unüberwindbare paläographische Schwellen bildeten; dies war während des letzten Kältemaximums der Eiszeit der Fall, als die Ausdehnung zum Teil dauerhaft gefrorener Zonen die Besiedlung des südwestlichen Europas begrenzte.

Während des Holozäns waren bestimmte Klimaveränderungen ausschlaggebend sowohl für den Seehandel und die Flussschifffahrt als auch für die Wanderbewegungen des Menschen. Die Veränderungen der Seewege waren höchstwahrscheinlich verantwortlich für die neuen Bedingungen der Überseeschifffahrt. So wurden die regelmäßigen Seehandelsverbindungen, die die auf Grönland ansässigen skandinavischen Gemeinschaften mit dem europäischen Kontinent unterhielten, vom Beginn der Kleinen Eiszeit an unterbrochen, wahrscheinlich aufgrund der durch Zunahme von Stürmen und der Zahl der Eisberge erschwerten Bedingungen der Seefahrt.[20] Während der Abkühlung um 850 v. Chr. wurde das Rheindelta nach und nach verlassen im Zuge des Anstiegs des Grundwasserspiegels, der zu einer Ausdehnung der Sumpflandschaft führte und jegliche Besiedlung dieser Zone verhinderte.[21] Wiederkehrende säkulare Kaltperioden während des Holozäns waren ebenfalls ursächlich für Wanderbewegungen wie etwa für jene der östlichen Völker (Germanen, Goten, Hunnen) zwischen dem Ende des Weströmischen Reiches (Ende des 5. Jahrhunderts n. Chr.) und dem Jahr 1000, das heißt zum Zeitpunkt der Abkühlung in der Kleinen Eiszeit der Spätantike (536–660 n. Chr.).[22]

3.2. Die Wohnstätten des Menschen

Die geomorphologischen Risiken, die sich mit dem Klima verbinden, können zur Zerstörung, zur Wiederherstellung oder zur Verlegung von Wohn- und Ver-

---

18 Als der Meeresspiegel während der Eiszeit tief lag, bildeten Australien, Tasmanien und Neuguinea eine riesige, zusammenhängende Landmasse, die Sahul genannt wird.
19 Bellwood 2017.
20 Dugmore u. a. 2007; Bichet u. a. 2012.
21 Van Geel, Magny 2002.
22 Büntgen u. a. 2011; Büntgen u. a. 2016.

kehrsstrukturen führen oder sogar den Bau spezieller Einrichtungen zur Folge haben. In Schwemmlandebenen ist es der Rhythmus der Überflutungen, der die Entwicklung von Behausungen erlaubt, erleichtert oder behindert, und das Hochwasser kann Wohnstätten ebenso vernichten wie das Verkehrsnetz (Straßen, Brücken). Das Absinken des Pegelstands der Grundwasserspeicher im Laufe von Trockenperioden ruft Probleme bei der Wasserversorgung der Wohnbebauung hervor, denn es kann passieren, dass die Brunnen oder Qanate[23] austrocknen, was wiederum zur Errichtung großer Wasserleitungsbauten führen kann. So wurde zum Beispiel der große Aquädukt von Karthago mit einer Länge von 120 Kilometern nach einer mehrjährigen katastrophalen Trockenheit erbaut, um die Lebensfähigkeit Karthagos zu gewährleisten.[24]

Bestimmte extreme Klimaereignisse betreffen das Verkehrsnetz und den Handel. Küstenstraßen können zerstört werden oder versanden infolge von Stürmen oder Zyklonen, die häufiger auftreten und/oder stärker ausfallen als gewöhnlich.[25] Winterfrost oder ein besonders ausgeprägtes Niedrigwasser können die Flussschifffahrt beeinträchtigen.[26] Schlammlawinen und ein Abrutschen oder eine Verlagerung von Böden, die auf Frostperioden zurückgehen, zerstören die Infrastruktur des Straßennetzes.[27] Die Zunahme von Blitzeinwirkungen hat unkontrollierbare Brände zur Folge, die Wohnstätten und Umwelt völlig zunichtemachen können, was von Seiten der Archäologie noch zu belegen bleibt.

3.3. Tierische und pflanzliche Ressourcen der Wirtschaft

Wilde tierische und pflanzliche Ressourcen

Die Verfügbarkeit der verschiedenen Arten (Vorkommen, Häufigkeit, Diversität) variiert mit den verschiedenen Biomen und der jeweiligen Umwelt. Zudem haben Klimaveränderungen Folgen für die Ernährung, das Handwerk, die Jagd- und Sammelstrategien, das heißt für die Wirtschaft, soweit sie auf tierischen und pflanzlichen Ressourcen beruht. Die räumliche Verteilung von Flora und Fauna im Pleistozän veränderte sich infolge der Erwärmung am Ende der Volleiszeit und zu Beginn des Holozäns: Einige Arten verschwanden, andere entwickelten sich, wieder andere wanderten weiter, wodurch sich ihr Verteilungsgebiet wandelte. Jenseits dieser allgemeinen Feststellung kann man davon ausgehen, dass Klimave-

---

23 Eine Anlage, die ein unterirdisches Wasservorkommen auffangen und nach außen leiten soll und sich aus mehreren senkrechten Schächten zusammensetzt, die mit einem Freispiegelstollen verbunden sind.
24 Leveau 2018.
25 Petit u. a. 2018.
26 Bonnamour 2000.
27 Guélat, Rentzel 2014.

ränderungen während des Holozäns weitreichende Folgen für jene Bevölkerungen hatten, die vom Fischfang und von der Sammeltätigkeit lebten. So können die Fischereiressourcen der Flüsse von allzu trockenen Sommern betroffen sein aufgrund eines ausgesprochen niedrigen Wasserstands und einer sommerlichen Erhitzung des Flusswassers, die ein massives Fischsterben verursachen.[28]

Ackerbau und Viehzucht

Seit dem Neolithikum unterlag die Herstellung von Erzeugnissen pflanzlichen und tierischen Ursprungs den wechselnden Einflüssen des Klimas. So scheinen in der Jungsteinzeit, der Frühgeschichte und der Antike die Zahl und die Ausdehnung der bewirtschafteten Flächen des Pariser Beckens während der trockeneren Warmzeiten zugenommen zu haben, da diese ja den Anbau von Getreide begünstigen.[29] Auf der Ebene der jährlichen Klimaschwankungen konnten bestimmte schlechte Jahre ursächlich sein für Hungersnöte in Frankreich, wie historische Quellen[30] und dendroklimatische Untersuchungen belegen[31]. Einschneidende Klimaereignisse (Trockenheit, Hitze, allzu reichliche Niederschläge, extreme Kälte) hatten mehr oder weniger gravierende Ernteausfälle zur Folge (verbranntes Getreide, verfaulte Kulturen aufgrund übermäßigen Regens, von der Sonne versengte Weintrauben). Im Übrigen ist bekannt, dass die geografische Verbreitung des Anbaus der Weinrebe (*vitis vinifera*), einer im Mittelmeerraum verbreiteten Sorte, etliche klimabedingte Varianten aufweist. Während des römischen Klimaoptimums wurde Letztere auf den britischen Inseln angepflanzt, wo ihr Anbau jedoch mit der Rückkehr kälterer Perioden wieder aufgegeben wurde.[32] Bestimmte klimatische Voraussetzungen betreffen auch die Qualität der Böden und verändern die Produktionsbedingungen. Die Austrocknung (bisweilen von einer Versalzung der Böden begleitet) oder auch die Zunahme der Bodenbelastung verhindern einen Anbau und führen zu Ernteausfällen. Die Erosion von Berghängen, die auf Witterungsereignisse zurückgeht (Starkregen), vernichtet landwirtschaftliche Böden und Agrareinrichtungen.

Was die Viehzucht betrifft, so ist die regelmäßige Sterblichkeit des Viehs, insbesondere jene der schwächsten Tiere (der jüngsten und der ältesten), häufig an klimatische Wechselfälle geknüpft (harte Winter, zu trockene Sommer). Darüber hinaus standen bestimmte Tierseuchen in unmittelbarem Zusammenhang mit Klimakrisen, wie etwa die beiden Panzootien von 1820 und 1939–1942;[33]

---

28 Maire u. a. 2019.
29 Marcigny 2012.
30 Le Roy Ladurie 2004, 2006; Devroey 2019.
31 Petit u. a. 2018.
32 Brown u. a. 2001.
33 Newfield 2015.

auch die Archäozoologie ist imstande, ein derartiges klimabedingtes Massensterben aufzuzeigen.[34]

Die Gesundheit des Menschen

In bestimmten Zusammenhängen ziehen extreme Klimabedingungen eine Übersterblichkeit der Menschen nach sich, entweder durch direkte (extreme Kälte oder Hitze) oder durch indirekte Einflüsse (Entwicklung epidemischer Krankheiten), so dass sie den allgemeinen Gesundheitszustand der Gesamtbevölkerung verschlechtern.[35] So haben archäothanatologische und paläogenetische Studien zu menschlichen Gebeinen gezeigt, dass bestimmte Personen, die auf dem Friedhof von Aschheim-Bajuwarenring (Deutschland) begraben wurden, an der justinianischen Pest verstorben waren, die zwischen dem 6. und 8. Jahrhundert während der Abkühlung der Kleinen Eiszeit der Spätantike im Umkreis des Mittelmeers und in Europa gewütet hatte.[36] Stressindikatoren auf den Knochen und den Zähnen der Menschen (unterentwickelter Zahnschmelz, Harris-Linie) werden häufig als Zeugnisse einer Fehlernährung gedeutet, die bisweilen mit verschlechterten klimatischen Bedingungen zusammenhing.[37]

Außerdem verschlechtert sich die für die Gesundheit relevante Wasserqualität in Zeiten großer Hitze (das Wasser wird brackig und pestilenzialisch), was zu einer Zunahme der Seuchengefahr führt. In Sumpfgebieten breitet sich bei verstärkter Nässe die Malaria schneller aus. Folglich führte in der Zeit des Ancien Régime die Gesundheitspolitik der Hygieniker zu einer Trockenlegung von Moorland (etwa in den Landes, der Sologne und in den Dombes), was auch aus wirtschaftlichen Erwägungen heraus geschah.[38]

Es gibt also zahlreiche Bereiche einer Gesellschaft, die von Klimaveränderungen betroffen sein können. Darüber hinaus ist der Nachweis jener Lösungen, die vergangene Gesellschaften zum Umgang mit Veränderungen, die mit einem Klima- oder Umweltwandel einhergingen, entwarfen, ein höchst komplexes Unterfangen, insbesondere in der Archäologie. Ein solcher Nachweis basiert zum Teil auf der Gewinnung und Untersuchung von Daten, was im Folgenden anhand zweier Beispiele aufgezeigt werden soll.

---

34 Binois-Roman 2017.
35 Valleron 2006.
36 Little 2007; Harbeck u. a. 2013.
37 Polet, Orban 2001; Bayard, Bayard-Maret, Cordeiro 2019.
38 Derex 2017; Morera 2011.

4. Das Solutréen – Ein Produkt des Kältemaximums und eine Periode des Nahrungsmangels?

Die Kenntnis des Klimas und die Beschreibung der Umwelt des Pleistozäns sind teilweise zur Angelegenheit von Spezialisten und Spezialistinnen – nicht immer Archäologen und Archäologinnen – geworden, die aus natürlichen oder anthropischen Fundorten stammende Daten untersuchen, mit dem Ziel, einen lokalen, regionalen oder noch weiter gefassten Rahmen zu rekonstruieren. Für die urgeschichtliche Forschung wird es damit möglich, die klimatischen Bedingungen und die Merkmale der jeweiligen Umgebung zu eruieren, in der eine Gruppe über einen ganzen Jahreszyklus hinweg lebte, und zwar jeweils zu einem bestimmten Zeitpunkt des Jahres und an einem Ort, der der archäologischen Stätte entspricht, oder auch in einer dieser entsprechenden Region. Durch den Abgleich dieser Informationen mit den archäologischen Funden selbst versuchen Vorzeithistoriker*innen mehr oder weniger direkte Korrelationen zwischen dem Klima und menschlichem Verhalten aufzuzeigen wie etwa zwischen der Besiedlung gewisser Gebiete, der Lebensmittelwirtschaft und der Wohnhausbebauung. Welchen Zuschnitts auch immer der chronologische Kontext und die betreffende zeitliche Skala sind, so spiegeln diese Vorhaben doch stets zwei unterschiedliche Wahrnehmungsweisen der Umwelt wider. Entweder wird die Umwelt als grundlegender Parameter der Entwicklung von Gesellschaften und Klimaschwankungen mit kulturellen Veränderungen korreliert oder aber der Umweltfaktor wird als vernachlässigbar betrachtet, was die von Menschen erfundenen Lösungen zur Beherrschung der Umwelt angeht, da sie sich durch den Entwurf von kulturellen Antworten von dieser befreien. Das Verhältnis zwischen Gesellschaft und Umwelt wird also meist als eine zwangsläufig überspitzt formulierte Wechselbeziehung angesehen und vor allem als ein Abhängigkeitsverhältnis des Menschen gegenüber dem Klima und der Natur.

4.1. Eine aktuelle Sicht auf das Leben im Solutréen: Überleben in einer feindlichen Umgebung

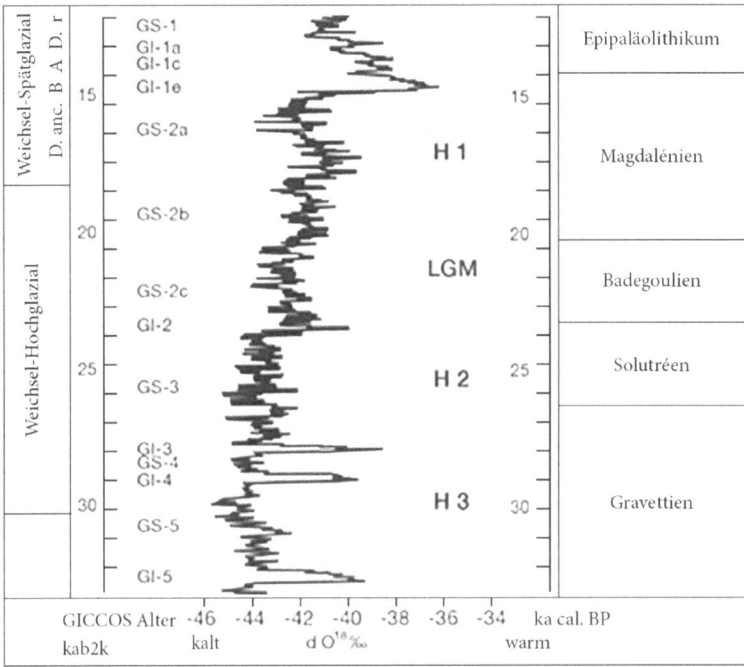

Abb. 3: Chronoklimatischer Rahmen des Jungpaläolithikums Westeuropas (nach: Blockley u. a. 2012; Aubry, Almeida 2013; Bertran u. a. 2013)

Das Solutréen war ein chronokultureller Komplex, der traditionell über sein steinernes Fundmaterial definiert wird und jene Gesellschaften umfasst, die während der kältesten und trockensten Periode des Jungpaläolithikums von 26.000 bis 22.000 cal BP im Südwesten Europas lebten (Abb. 3). Das Fortschreiten der Vereisung, das um 30.000 cal BP begann, führte zunächst bis etwa 27.000 cal BP zu instabilen Klimaverhältnissen, bevor die Abkühlung kontinuierlich zunahm und die Schließung der Ost-West-Passage in Nordeuropa herbeiführte sowie ein maximales Absinken des Meeresspiegels auf −120 Meter.[39] Die Besiedlung beschränkte sich damals auf Gebiete auf geringer Höhe im Südwesten Europas und punktuell auf einige weitere Gegenden Frankreichs (im Süden des Pariser Beckens, im Norden und Nordosten des Zentralmassivs). Eine kalte Steppe mit Krautvegetation und einer äußerst lichten Bewaldung war Kennzeichen einer

---

39 Duplessy, Ruddiman 1984; Clark, Mix 2002; Clark u. a. 2009; Blockley u. a. 2012; Van Vliet-Lanoë 2005, 2014; Van Vliet-Lanoë u. a. 2019.

weiten, offenen Umgebung,[40] deren Zoozönose, was die großen Pflanzenfresser betrifft, von Populationen von Rentieren und in geringerem Umfang von Pferden beherrscht wurde.

Ausgehend von diesen allgemeinen Merkmalen hat sich bei zahlreichen Prähistoriker*innen[41] das Bild einer Krise verbreitet, die viertausend Jahre gedauert und prekäre Lebensbedingungen mit sich gebracht habe. Die Gesellschaften hätten in einer äußerst harten Umgebung leben müssen, insbesondere im Winter, der nur rare Ressourcen von miserabler Qualität bereitgehalten habe, da das Wild nicht nur spärlich vorhanden, sondern auch von kleinerem Wuchs gewesen sei.[42] Die Menschen seien gezwungen gewesen, die Jagd zu diversifizieren und ihren Lebensunterhalt zu intensivieren, ja sogar ihre Jagdwaffen anzupassen.[43] Jacques Pelegrin sieht in dieser Verschlechterung des Klimas sogar den Ursprung für die Erfindung einer Technologie, die dem Solutréen eigen sei, und für das Aufkommen des neuen Status des «Jägers und Steinmetzes».[44] Manche haben auch die Hypothese von ökologischen Nischen aufgestellt, die echte Rückzugsgebiete dargestellt hätten, sowohl für Menschen als auch für Tiere.[45]

Allerdings stellt sich die Frage, ob dieser Zusammenhang zwischen Klima, Umwelt und den verschiedenen Aspekten des Solutréens – wie etwa der Herstellung und den Techniken von Steinmetzarbeiten oder der auf tierischen Ressourcen beruhenden Wirtschaft, ja sogar der Mobilität der Menschen – wirklich als bewiesen gelten kann. Entsprechend ergeht an dieser Stelle die Forderung nach einer Umformulierung der Ausgangsfrage. Es geht nicht um die Erkenntnis, dass die klimatischen Bedingungen bestimmte Aspekte des Lebens der Menschen veränderten, denn das ist nur allzu offensichtlich: Das Klima hat immer einen Einfluss auf die menschlichen (und tierischen) Gesellschaften gehabt, und dies umso mehr, wenn es sich um nomadische Jäger und Sammler handelte. Die Frage sollte vielmehr auf die Erkenntnis dessen zielen, was genau sich veränderte und wie, und auch darauf, ob dieser Wandel so verlief, dass er die ökonomischen, technischen und symbolischen Systeme veränderte wie etwa das Wohnen und die Mobilität. Im Fall des Solutréens bedeutet das, dass man diese Veränderungen – sofern sie tatsächlich das gesamte System grundlegend umstrukturierten – zunächst einmal genau bestimmen und datieren muss, bevor man ihre Ursache diskutiert und sie dem Klimawandel zuschreibt.

---

40 Beaulieu, Reille 1984; Guiot 1987; Guiot u. a. 1993; Harrison, Sánchez Goñi 2010.
41 Mit Ausnahme von Zilhão 1997, 2013 beispielsweise.
42 Delpech 1983, 1999.
43 Straus 2013; Castel 1999, 2013.
44 Pelegrin 2013.
45 Bémilli, Hinguant 2012; Banks u. a. 2009; Grayson, Delpech 2003.

4.2. Ein unwiderlegbares Gegenargument: Die auf tierischen Ressourcen basierende Wirtschaft

Einer der Autoren dieses Kapitels hat zu dieser Diskussion schon mehrere Beiträge geleistet, indem er das System untersucht hat, durch das während des Solutréens in Frankreich die tierischen Ressourcen genutzt wurde.[46] Das Forschungsziel lag in der Analyse der Daten zur Auswahl des Wilds, zu den Strategien der Jagd auf Rentiere, die die Mehrheit des Wilds darstellten, und zur Beschaffung ihres Geweihs sowie zur jahreszeitlichen Bedingtheit dieser Beschaffungsarbeiten. Es ging um eine Bestimmung eventueller Besonderheiten, von denen etliche angeblich dem äußerst kalten und trockenen Klima geschuldet waren, um jene Szenarien, wie sie regelmäßig entworfen werden, auf ihren Gehalt hin zu überprüfen. All diese Aspekte wurden ebenfalls für die frühere (das Gravettien) und für die spätere Periode (das Magdalénien) untersucht,[47] um ermessen zu können, ob die Merkmale der auf tierischen Ressourcen beruhenden Wirtschaft des Solutréens möglicherweise mit harten klimatischen Bedingungen zusammenhängen. All diese – veröffentlichten[48] – Sammlungen faunischer Fundobjekte wurden verzeichnet und analysiert,[49] genauer gesagt 49 aus dem Solutréen und 207 aus dem Gravettien, dem Badegoulien und dem Magdalénien. Sie stammen aus 117 französischen Ausgrabungsstätten. Im Folgenden sollen die Ergebnisse dieser Untersuchungen zusammengefasst werden, wobei eine Fokussierung auf zwei wesentliche Aspekte erfolgt.

Tierpopulationen und Wild im Zeitalter des Solutréens

Zunächst einmal soll klargestellt werden, dass die Gruppen während des Solutréens in der Tat unter sehr kalten, aber zwischen 25.500 und 23.000 cal BP leicht wechselnden Bedingungen lebten: ein tatsächliches Kälte- und Trockenheitsmaximum im Unteren Solutréen zumindest bis 24.500, das durch eine leichte, feuchte Erwärmung (GI-2) am Ende der Periode gegen 23.600 im Oberen Solutréen abgeschwächt wurde (Abb. 3).[50] Es gilt nun zu klären, auf welche Weise die gefundenen Jagdtiere dieses Milieu belegen und welche Besonderheiten sie aufweisen.

Zum einen liegen die geochemischen Daten und vor allem die δ^{15}N-Werte der Kollagene der Knochenreste von Rentieren – welche die Bedeutung der mikrobiologischen Aktivität der Böden ausdrücken – nicht etwa zwischen 21.500

---
46 Fontana 2013, 2018, 2022a.
47 Ebd. 2022b.
48 Sammlungen von faunischen Überresten, die an den Ausgrabungsstätten gefunden wurden und einer gesonderten anatomischen Bestimmung unterzogen und gezählt wurden.
49 Sammlungen, deren Überreste die Zahl 30 überstiegen.
50 Banks u. a. 2019.

und 25.200 cal BP im untersten Bereich, sondern erst zweitausend Jahre später.[51] Dasselbe gilt für die Größe des Rentiers, denn die einzige Verringerung des Wuchses, die belegt ist, erweist sich als ein späteres Phänomen, das heißt zweitausend Jahre danach.[52] Diese Befunde weisen also nicht auf eine starke Verschlechterung der Lebensbedingungen dieses vorherrschenden Wildtiers während des Zeitalters des Solutréens hin.

Zum anderen belegt das gefundene Jagdwild der Ausgrabungsstätten des Solutréens, dass in der natürlichen Umwelt durchaus auch die klassischen Spezies der Steppe vorkamen, die ja von Mammuts geprägt war, einem verschwundenen Biom, dessen Biomasse einer Schätzung nach weit größer war als jene des Ökosystems des aktuellen Nordens und eher der Savanne vergleichbar:[53] Gefunden wurden nämlich Rentiere, Pferde, Bisons, Steinböcke, Gämse, Hirsche, Saigaantilopen, Moschusochsen, Wollnashörner und Mammuts. Im Vergleich zu der vorausgegangenen Periode lässt sich keinerlei Veränderung beim Jagdwild (und bei Wildtieren) feststellen, allerdings kann man einige Besonderheiten beobachten.[54]

Das Rentier nimmt den ersten Platz bei den Jagdtieren ein, und auf die untersuchten zehntausend Jahre gesehen ist es im Durchschnitt maximal vertreten (77 Prozent), wobei die Jagd im Solutréen eine äußerst geringe Vielfalt aufweist, was mit der Tatsache erklärt werden kann, dass Rentiere und Pferde zusammen mehr als 80 Prozent der Überreste in 44 der insgesamt 49 Fundsammlungen ausmachen.[55] Dennoch weist dieser maximale Anteil des Rens nur reine leichte, graduelle Abweichung zwischen 25.000 und 15.000 cal BP auf (Abb. 4). Dabei scheint die sehr geringe Bandbreite der Jagdtiere, die durch die weitgehende Beschränkung auf die beiden Wildtierarten bedingt ist, keine gravierenden Auswirkungen auf die auf tierischen Ressourcen basierende Wirtschaft gehabt zu haben.

Im Solutréen wurde nur ein einziges Tier gejagt, das im Jungpaläolithikum zuvor nicht gejagt worden war, was Ausdruck eines sehr kalten und sehr trockenen Klimas sein könnte: die Saigaantilope. Dieser kleine Hornträger, der trockene Milieus bevorzugte, schien während des Solutréens von Zentraleuropa aus in den Südwesten Frankreichs abgewandert zu sein. Gleichwohl konnte dieses Tier nur an 10 der 24 Fundorte des Solutréens sicher bestimmt werden, und zwar in einem Verhältnis, das unter 3 Prozent liegt (zwischen 1 und 22 Überreste pro Ebene), mit einer einzigen Ausnahme (44 Überreste).[56] Was die anderen Tierar-

---

51 Drucker 2001.
52 Weinstock 2000.
53 Guthrie 1968; Guthrie 2001.
54 Fontana 2013, 2018, 2022a, 2022b.
55 Ebd. 2018.
56 Verhältnis zwischen der Anzahl der Überreste, die der Saigaantilope zugeschrieben werden können, und der Anzahl der Überreste anderer, sicher bestimmter Spezies.

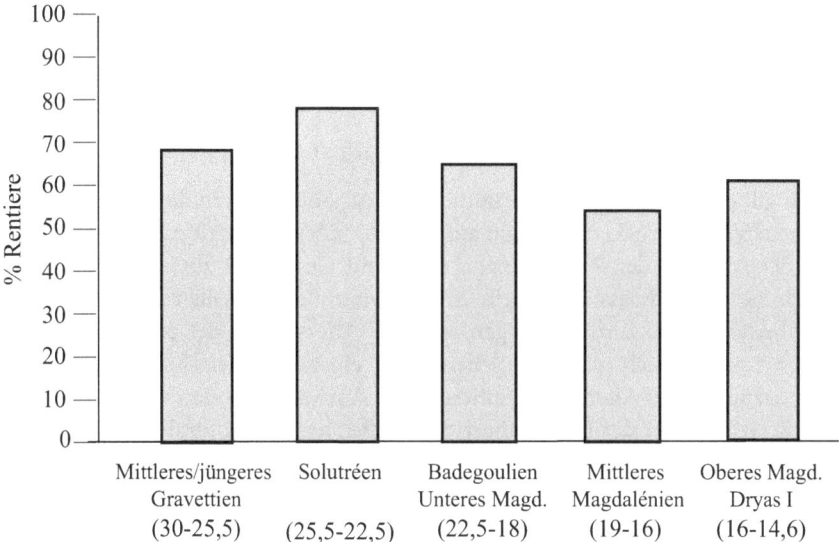

Abb. 4: Anteil des Rentiers in den faunistischen Sammlungen in Frankreich zwischen 30.000 und 15.000 cal BP, ausgedrückt durch den Prozentsatz der Gesamtzahl der bestimmten Überreste (nach Fontana 2022b)

ten angeht, die für ein sehr kaltes Klima typisch sind, so waren diese so gut wie gar nicht vertreten und wurden auch kaum gejagt (Mammuts, Wollnashörner, Moschusochsen, Schneehasen und Polarfüchse). Vor allem aber waren diese Spezies in der natürlichen Umwelt schon vor dem Solutréen vorhanden und sollten es auch danach bleiben, wie etwa die Saigaantilope.

Was jene Spezies betrifft, die von weniger kalten und feuchteren Milieus abhängig sind, wodurch sich die Rückzugsräume bestimmen lassen, so handelt es sich vor allem um Rehwild an vier Ausgrabungsstätten (1–14 Überreste: weniger als 2,8 Prozent) sowie um Wildschwein an sechs Fundorten (1–5 Überreste: weniger als 1 Prozent). Die Gams und der Hirsch, die dagegen an vielen Orten anzutreffen sind, sind insgesamt etwas stärker vertreten, bleiben aber eher selten. Es ist also möglich, dass dieses Wild, das im Solutréen nur selten und wenig gejagt wurde, solche Zufluchtsorte markiert, doch ist sein Vorkommen im Solutréen nichts Neues. Außerdem muss man sich vergewissern, dass diese Funde nicht durch Intrusion entstanden sind, ausgehend von darüber liegenden Schichten, die einer jüngeren,[57] wenn nicht subaktuellen Besiedlung entsprechen.

---

[57] Wie in Rochefort in der Mayenne, in der Höhle XVI in der Dordogne oder auch in Les Peyrugues im Lot (Fontana 2018, 2022a).

Die Merkmale des Solutréens, soweit sie mit dem Jagdwild zusammenhängen, beschränken sich also auf die maximale Bedeutung des Rens, auf die minimale Vielfalt der Jagdtiere und die (eher gelegentliche) Jagd der Saigaantilope.

Strategien und jahreszeitliche Bedingtheit der Jagd

Auch gilt es zu eruieren, inwiefern die Jäger des Solutréens in diesem ausgesprochen kalten und trockenen Milieu auf eine besondere Strategie zurückgriffen, die mit der Auswahl der Rentiere nach Alter und Geschlecht zusammenhing, wodurch sie eine Anpassung an ein Milieu unter Beweis stellen würden, dessen Wildbestand stark zurückgegangen war. Die Altersprofile der erlegten Rentiere zeigen im Vergleich zum Überlebensprofil einer aktuellen Karibupopulation, dass bezüglich des Alters der Rentiere keine Auswahl getroffen wurde (Abb. 5), gleich, welcher Art der Besiedlungstyp und die Lage der Ausgrabungsstätte auch sein mögen.

Diese Entscheidung, das wichtigste Wildtier ohne Rücksicht auf sein Alter (oder sein Geschlecht) zu erlegen, beweist, dass die Jagd sich nicht auf eine Ergiebigkeit des Fleisches richtete, und zwar auf Kosten der Kitze, die zwischen 10 und 20 Prozent der erlegten Tiere ausmachten. Zudem war diese Strategie der Rentierjagd im gesamten Paläolithikum vorherrschend, vom Aurignacien bis zum Ende des Magdaléniens,[58] was beweist, dass die fehlende Auswahl des Solutréens keineswegs eine eigentümliche Jagdstrategie war, die Ausdruck des dringenden Verbesserungsbedarfs einer unsicher gewordenen Versorgungslage wäre.

Unter Umständen könnte die jahreszeitliche Anpassung der Rentierjagd aber als Zeugnis einer Neuorganisation der Jagd dienen, wodurch einer angenommenen Verknappung und Zerstreuung der Tiere entgegengewirkt würde, zumal das Wild womöglich seinerseits auf Nahrungssuche gewesen sein könnte und deshalb zunehmend Ortswechsel vollzog. Doch hat nur ein einziger Ausgrabungsabschnitt quantitativ auswertbare Daten geliefert, jener im Süden der Charente und im Norden der Dordogne, wo die Rentiere zu verschiedenen Zeiten des Jahres gejagt wurden, und zwar zu jeder Jahreszeit. Dieses ganzjährige Vorkommen der standorttreuen Rentiere war kein alleiniges Merkmal des Zeitraums von 26.000 bis 22.000 cal BP, da dies auch für frühere und spätere Perioden festgestellt werden konnte,[59] insbesondere in derselben Region, wie etwa in La Madeleine (Abb. 6).[60] Es sieht also nicht danach aus, als seien die Jäger des Solutréens gezwungen gewesen, Wanderrentiere zu jagen, ganz im Gegenteil.

---

[58] Ebd. 2000, 2012.
[59] Ebd. 2012.
[60] Ebd. 2017.

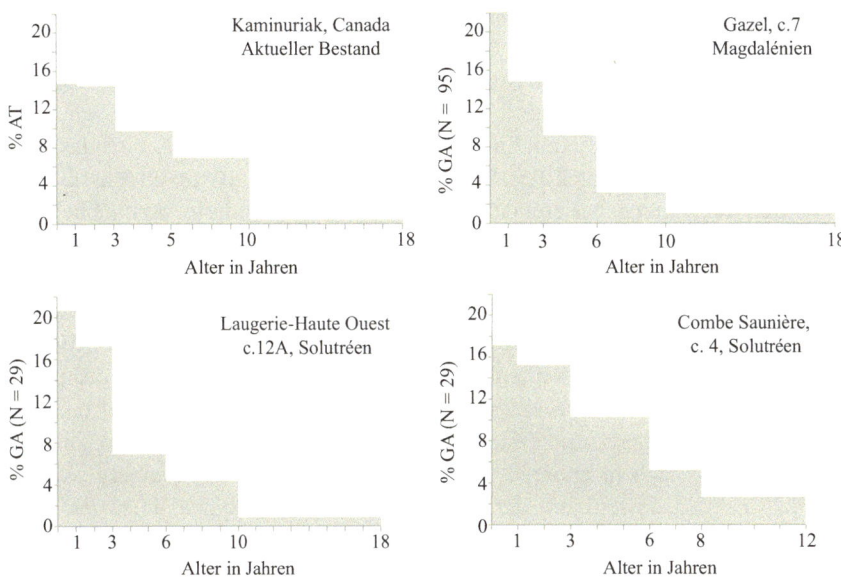

Abb. 5: Überlebensprofil einer aktuellen Karibupopulation (Miller 1974) und Altersprofil der erlegten Rentiere von drei französischen Ausgrabungsstätten des Oberen Paläolithikums (Fontana 2000)
AT (Anzahl der Tiere); GA (geringste Anzahl der Tiere zusammengenommen).

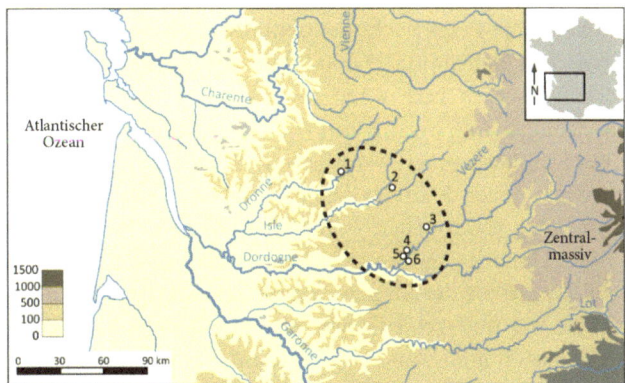

Abb. 6: Ausgrabungsabschnitt im Südwesten Frankreichs, in dem die Rentiere das ganze Jahr über gejagt wurden, zwischen 27.000 und 15.000 cal BP
1) Fourneau du Diable, 2) Combe Saunière, 3) Badegoule, 4) La Madeleine, 5) Laugerie-Haute, 6) Abri Pataud (Fontana 2022b)

4.3. Fazit

Die aus französischen Fundorten gewonnenen Daten erlauben den Schluss, dass das Rentier zwischen 27.000 und 15.000 cal BP die meistgejagte Beute war, vom Ende des Gravettien bis zum Ende des Mittleren Magdaléniens, und dass der leichte Anstieg beim Anteil des Rens an den Jagdtieren des Solutréens die auf tierischen Ressourcen basierende Wirtschaft nicht veränderte. Auch blieb die Strategie der Rentierjagd, die vom Aurignacien bis zum Ende des Magdaléniens auf keiner genaueren Auswahl der Beutetiere beruhte, bei den Jägern des Solutréens dieselbe, welche damit nicht auf der Suche nach einer erhöhten Rentabilität waren. Die jahreszeitliche Bedingtheit dieser Versorgung (wie auch die der Beschaffung von Rentiergeweihen) war nicht ausgeprägter, da das Ren das ganze Jahr über gejagt wurde, zumindest seit dem Ende des Gravettiens und bis zum Ende des Magdaléniens, und zwar in der am besten dokumentierten Region und wahrscheinlich auch in anderen Gebieten.[61] Die Geweihe der Rentiere wurden ebenfalls genutzt, sowohl jene der erlegten Tiere als auch solche, die abgeworfen und aufgesammelt wurden, und bis heute zeigen keine der gewonnenen Daten hinsichtlich der wirtschaftlichen Bedeutung dieses Materials einen deutlichen Unterschied zwischen dem Solutréen und früheren oder späteren Perioden. Desgleichen konnte bislang keinerlei spezifische Nutzung der Rentierkörper ausgemacht werden.[62] Folglich ist kein Anzeichen einer Intensivierung der Grundversorgung erkennbar: Ungeachtet der besonderen Umweltbedingungen in der Zeit von 26.000 bis 23.000 cal BP veränderten die Menschen ihr System der Nutzung tierischer Ressourcen nicht, das ja wenig diversifiziert und relativ risikolos war.

Hier stellt sich die Frage nach den Gründen. Zum einen erlebten die Menschen zwar zwischen 26.000 und 23.000 cal BP ein Maximum an Kälte und Trockenheit, doch herrschten bereits seit der Oberen Volleiszeit dieselben harten klimatischen Bedingungen, auch wenn diese manchmal unterbrochen wurden und etwas weniger ausgeprägt waren. Diese Klima- und Umweltverhältnisse stellten also keinen neuen Rahmen dar. Zum anderen schuf das sehr kalte und trockene Klima im südwestlichen Frankreich (ebenso wie auf der Iberischen Halbinsel) keine Umwelt, die der aktuellen Arktis oder Subarktis vergleichbar wäre,[63] wie die Zoozönose der Mammutsteppe beweist: ein Zusammenleben von Tieren, die heute von unterschiedlichen Milieus abhängig sind, eine vermutlich sehr große Biomasse und standorttreue Rentierpopulationen im Südwesten Frankreichs. Auch der Einfluss des Meeres auf das Klima und eine durch den Breitengrad bedingte höhere Sonneneinstrahlung machten diese Region vorteil-

---

61 Ebd. 2022b.
62 Ebd. 2022a, 2022b.
63 Guthrie 2001; Fontana 2022b.

hafter für Tier- und Menschenpopulationen.⁶⁴ Damit ergeben sich folgende Schlussfolgerungen: Ja, die Jäger des Solutréens lebten in einer sehr kalten und sehr trockenen Umgebung. Ja, sie erhöhten den Anteil des Rens an ihrer Ernährung (der ja schon zuvor sehr hoch gewesen war) leicht. Und ja, sie bezogen auch einige seltene Saigaantilopen mit ein. Nein, sie litten nicht unter einer Verschlechterung der körperlichen Konstitution einer immer geringeren Zahl weit versprengter und umherwandernder Rentiere. Nein, sie veränderten nicht ihre Jagdstrategie, die nicht auf einer Auswahl der Tiere beruhte, indem sie etwa ausgewachsenen männlichen Tieren den Vorzug gegeben hätten. Die auf tierischen Ressourcen beruhende Wirtschaft wies folglich zwischen 26.000 und 23.000 cal BP im Vergleich zu anderen Perioden keinerlei besondere Merkmale auf. Dabei bleibt – soweit ersichtlich – für den Moment eine Frage unbeantwortet, nämlich jene nach der Mobilität der menschlichen Gemeinschaften und der jährlichen Zyklen des Nomadismus, die anders hätten ausfallen können, was die Dauer der Besiedlung bestimmter Gebiete vor allem im Winter sowie die Häufigkeit und die Reichweite der Wanderungen betrifft. Doch auch in diesem Punkt liegt die Antwort allein in der Analyse von Daten.

5. Der Rhythmus der Besiedlungen der Seeufer im neolithischen Juragebirge als ein Ausdruck von Klimaschwankungen – Und sonst?

Die Erforschung der Umwelt, basierend auf der Untersuchung von Veränderungen des Wasserpegels der Seen und von Besiedlungen am Ufer der Seen von Clairvaux und Chalain im französischen Jura (Abb. 7), hat den Nachweis erbracht, dass der Rhythmus der Besiedlungen der Uferstreifen des Mittleren und Jüngsten Neolithikums (4200–2000 v. Chr.) durch Klimaveränderungen vorgegeben wurde.⁶⁵ Pierre Pétrequin zufolge brachten die periodischen Verschlechterungen des Klimas eine Verschärfung der Produktionsbedingungen für Getreide mit sich, das für die dörflichen Gesellschaften unentbehrlich war, so dass diese die Gebiete am Seeufer aufgaben und die Juraplateaus verließen.⁶⁶ Bei jeder Verbesserung des Klimas, wenn es also weniger kalt und weniger nass war und damit günstiger für den Getreideanbau, ließen sich die neusteinzeitlichen Populationen erneut an den Seeufern nieder und entwickelten sich fort, solange das

---

64 Fontana 2017.
65 Arbogast, Magny, Pétrequin 1995.
66 Pétrequin, Magny, Bailly 2005.

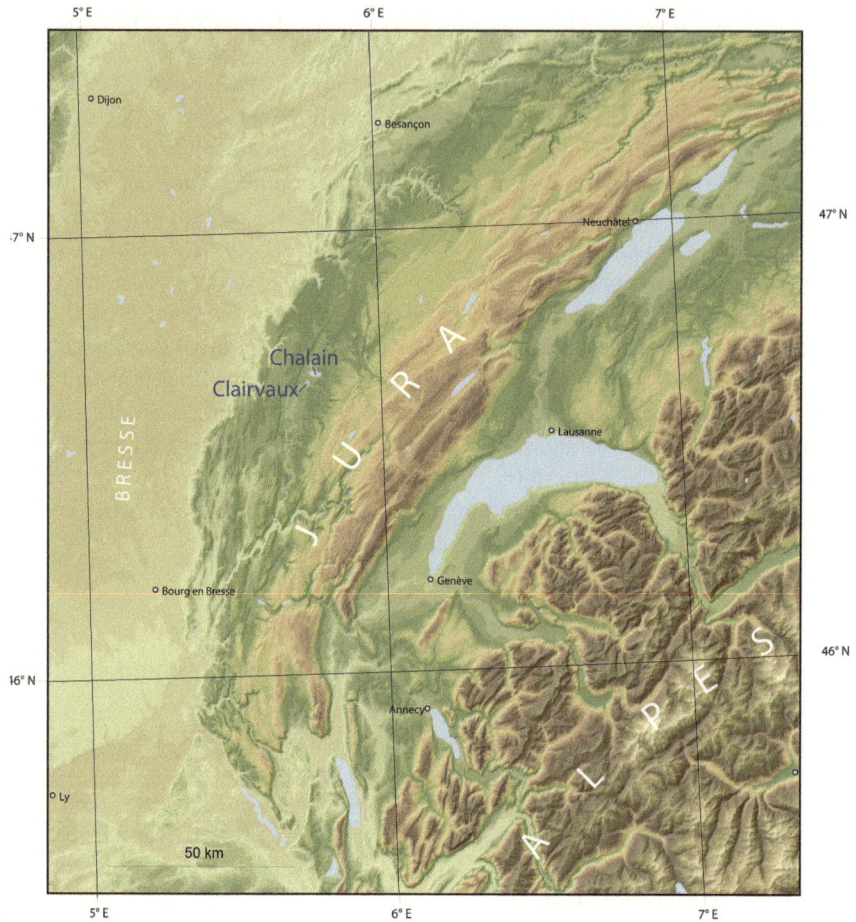

Abb. 7: Lagebestimmung der Seen von Clairvaux und Chalain (Kartengrundlage: Vincent Bichet)

Klima förderlich blieb. Es stellt sich jedoch die Frage, auf welche Argumente sich dieses Szenario stützt.[67]

---

67 In jüngeren Artikeln (zum Beispiel Pétrequin, Magny, Bailly 2005; Pétrequin u. a. 2015) werden soziokulturelle Phänomene erwähnt, um die Besiedlung des Jura zu kommentieren, und das Klima wird für die Besiedlung der Seen als ein Faktor von vielen angesehen; diese beiden Aspekte sollen jedoch in diesem Kapitel nicht besprochen werden.

5.1. Klimazyklus, Veränderung des Wasserpegels der Seen und Rhythmus der Anlegung von Wohnstätten

Die Grundüberlegung geht von einer Korrelation zwischen den Besiedlungsphasen und den Klimaveränderungen aus, welche aus den Schwankungen des Wasserstands der Seen abgeleitet werden können (Abb. 8). Ausgrabungen, die etwa dreißig Jahre lang an den Ufern der Seen von Clairvaux und von Chalain durchgeführt wurden, beförderten eine große Zahl neusteinzeitlicher Häuser zutage, die in Dörfern oder Weihern zusammengefasst waren.[68] Der Rhythmus der Errichtung der Dörfer wurde abgeleitet von der Analyse dendrochronologischer Daten, die aus dem Bauholz der Häuser gewonnen wurden, und dieser Rhythmus kann heute als gesichert gelten.[69] Die Ausgrabungen wurden ergänzt durch die vollständige Untersuchung der Uferstreifen mittels Schürfproben, was die Erstellung einer Kartografie der Dörfer und Weiher erlaubte.[70] Die Entwicklungsphasen der Wohnbebauung an den Seeufern, die oft urplötzlich durch jahrhundertelange Lücken unterbrochen wurden, sind also gut bekannt.

Die Schwankungen des Wasserstands der beiden Seen im Holozän wurden ermittelt mittels der Sedimentanalyse der Bohrkerne aus den Seen. Entlang ein und derselben Bohrung konnten anhand des Wechsels der Sedimentfazies[71] die Schwankungen der Höhe des Wasserspiegels rekonstruiert werden.[72] Die Chronologie dieser Schwankungen wurde erstellt auf der Basis von Radiokarbondaten, die vor allem aus den Torfschichten gewonnen wurden, die bei den Bohrungen gefunden wurden,[73] sowie ausgehend von der Dendrochronologie, insbesondere für die Uferbebauung. Es hat sich herausgestellt, dass die bathymetrischen Schwankungszyklen aller Seen des Jura und der Schweiz innerhalb des Holozäns synchron verliefen. Sie waren Ausdruck schneller Klimaveränderungen, die ihrerseits mit den globalen Schwankungen der Sonneneinstrahlung korrelierten,[74] welche die Veränderungen im System der Luftmassenzirkulation über Westeuropa bestimmten.[75] Im Gebiet der Alpen und des Jura schlug sich eine

---

68 Siehe zum Beispiel Pétrequin 1989, 1997.
69 Viellet 2009.
70 Pétrequin 2000.
71 Die karbonisierte weiße Kreide (karbonisierter Lehm) lagert sich unter Wasser ab und weist zwischen 0 und 10 Metern Tiefe unterschiedliche Fazies auf; schwarzer Torf lagert sich oberhalb des Wasserspiegels auf den sumpfigen Uferstreifen ab.
72 Z. B. Magny 1991, 1992, 1993.
73 Ebd. 2004.
74 Die globale Sonneneinstrahlung wird von einem Gehalt von ^{14}C in der Atmosphäre abgeleitet, der von der Sonnenaktivität abhängt (Stuiver u. a. 1998); ein hoher Radiokarbonwert der Atmosphäre zeigt eine Abnahme der Sonnenaktivität an.
75 Magny 2013.

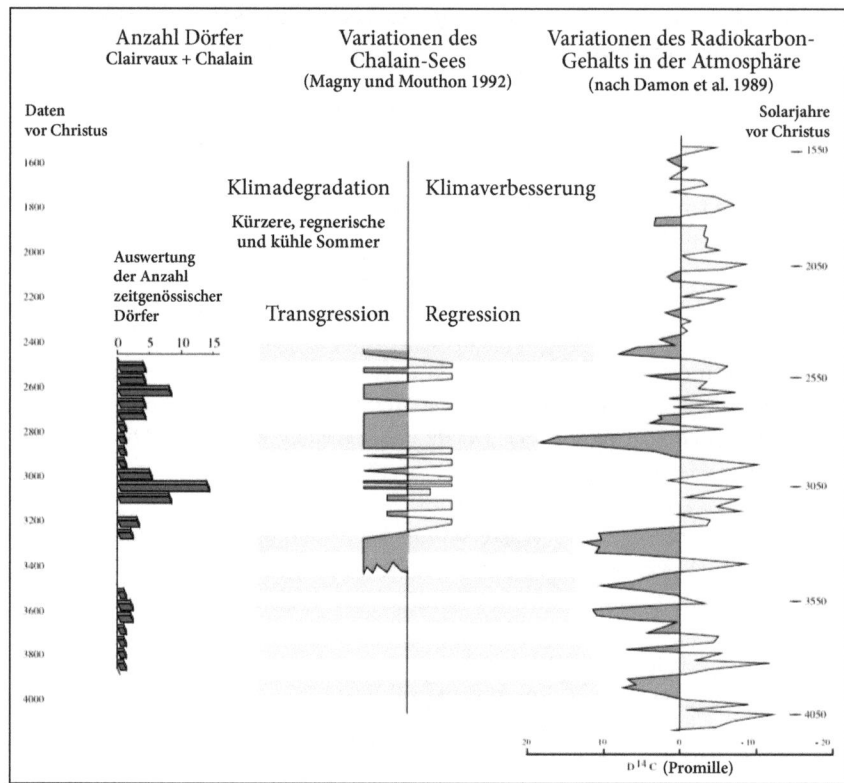

Abb. 8: Entwicklung der Anzahl der Dörfer an den Seen von Clairvaux und Chalain, der Schwankungen des Wasserstands des Sees von Chalain und der Veränderungen des atmosphärischen Radiokarbons (Pétrequin u. a. 2002)

Abnahme der globalen Sonneneinstrahlung[76] auf lokaler Ebene in feuchteren und kälteren Klimaverhältnissen nieder,[77] die dazu führten, dass die Seen über die Ufer traten. In Zeiten einer starken globalen Sonneneinstrahlung und bei einem wärmeren und trockeneren lokalen Klima lag der Pegel dagegen im niedrigen Bereich. So kann man für den hier untersuchten Zeitraum (4000–2300 v. Chr.) drei wärmere Perioden ausmachen (von 3950 bis 3700 v. Chr., von 3250 bis 2900 v. Chr. und von 2850 bis 2350 v. Chr.) sowie zwei kältere (von 3700 bis 3250 v. Chr. und von 2900 bis 2850 v. Chr.).[78]

---

76   Stuiver u. a. 1998.
77   Die durchschnittliche jährliche Temperaturschwankung wurde auf ca. 1,5 °C geschätzt (Magny 2013).
78   Magny 2004, 2013.

Für den Zeitraum von 4000 bis 2300 v. Chr. hat Pierre Pétrequin drei Phasen der Wohnbauentwicklung bestimmt (von 3800 bis 3400, von 3200 bis 2900 und von 2800 bis 2450 v. Chr.), wobei auf jede dieser Phasen eine Unterbrechung oder eine sehr starke Abnahme der Besiedlung folgte (um 3400, um 2900 und um 2450 v. Chr.).[79] Die Ansiedlung in Dörfern verlief zeitgleich mit den Perioden eines niedrigen Wasserstands der Seen, und ihre urplötzliche Aufgabe erfolgte genau zu dem Zeitpunkt, an dem der Wasserspiegel anstieg und die Seen über die Ufer traten.[80] Dabei verliefen die wichtigsten Hochwasserphasen der Seen zeitgleich mit den Perioden einer Klimaverschlechterung, in denen die Uferbewohner*innen gänzlich fehlten (Lac de Chalain) oder aber selten waren (Lac de Clairvaux).[81] Folglich lässt sich für die Zeit von 4000 bis 2300 v. Chr. eine Korrelation zwischen der Dynamik der Errichtung von Siedlungen, den Schwankungen des Wasserstands der Seen und den schnellen, globalen Klimawechseln beobachten (Abb. 8). Diese Korrelation, die für die Seen des französischen Jura als gesichert gelten kann, hat auch für die Mehrzahl der Schweizer Seen ihre Gültigkeit.[82]

5.2. Klimaverschlechterung, Erntevernichtung, Nahrungsmangel und Aufgabe der Siedlungen

Pierre Pétrequin zufolge wurde der Getreideanbau rund um die Seen von Clairvaux und Chalain ermöglicht durch eine Agroforstwirtschaft, die auf Brandrodung beruhte. Die Klimaverschlechterung, die ein Heranreifen der Ernte nicht erlaubt hätte, habe die große Gefahr eines Nahrungsmangels mit sich gebracht, die für die Aufgabe der Siedlungen ursächlich gewesen sei.[83] Dieses Szenario beruht auf mehreren Elementen, die im Folgenden untersucht werden sollen: auf der Existenz des Getreideanbaus, dem Anteil des Getreides an der Ernährung und der Art der landwirtschaftlichen Produktion.

Der Anteil des Getreides an der Ernährung

Die Überreste von Getreide, die bei Ausgrabungen in den Wohngebieten gefunden wurden, und das Vorhandensein von Werkzeugen (wie Sicheln und Messern) belegen einen lokalen Getreideanbau.[84] Im Übrigen findet sich entlang der Sequenzen, die aus den Seegebieten des Neolithikums stammen, nur eine niedri-

---

79 Pétrequin u. a. 2002.
80 Magny 1998.
81 Pétrequin u. a. 2002.
82 Magny 2004.
83 Pétrequin, Magny, Bailly 2005.
84 Lundström-Baudais 1989; Schaal, Pétrequin 2015.

ge Pollenzahl (weniger als 1 Prozent), und dies auch nicht kontinuierlich, was darauf hinweist, dass es weiterhin überall Waldgebiete gab[85] und die Landwirtschaft eventuell wenig ausgeprägt war, das heißt ohne eine dauerhafte Anlage von Feldern, im Unterschied zu späteren Perioden.[86]

Das Getreide stellte Pierre Pétrequin zufolge einen wichtigen Teil der Ernährung dar, was die Aufgabe der Siedlungsgebiete nach einem Ernteausfall rechtfertigte. Allerdings kann der Anteil der pflanzlichen Ernährung aufgrund des Fehlens isotopischer Analysen[87] menschlicher Gebeine, die bei dieser Art von Fundplätzen selten sind, letztlich nicht bewertet werden. Gleichwohl lässt die Analyse von tierischen und pflanzlichen Essensresten, die genauer bestimmt werden konnten, darauf schließen, dass die Ernährung eher abwechslungsreich war. Zum einen wurden unterschiedliche Körner und Waldfrüchte verzehrt (Eicheln, Haselnüsse, Brombeeren, Himbeeren, Bärlauch, Äpfel), zum anderen beruhte die Fleischnahrung auf zahlreichen Arten von Jagdtieren (Hirsch, Reh, Auerochse, Wildschwein, Dachs, Frosch) und von Zuchttieren (vor allem Rind und Schwein).[88] Die Ernährung dieser Siedler*innen war folglich abwechslungsreich, und möglicherweise wurde die Getreidenahrung ergänzt durch eine Versorgung, die noch weitestgehend auf der Jagd und der Sammeltätigkeit beruhte, so dass die Erzeugnisse aus der Tierzucht eher eine Ergänzung darstellten. Der Zusammenhang zwischen dem Wegzug der Bewohner*innen der Seeufer und aus Getreidemangel resultierenden Nahrungskrisen ist also nicht allzu offensichtlich, aber es stimmt, dass die Bevölkerung möglicherweise sogar bei einem geringeren Anteil der Getreidenahrung daran festhalten wollte.

Die Art der Getreideproduktion

Indem er sich hauptsächlich auf ein ethnographisches Modell stützt,[89] geht Pierre Pétrequin von einer Agroforstwirtschaft auf Basis von Brandrodungen aus, ähnlich jener, die er bei der heutigen Bevölkerung Neuguineas beobachtet hat.[90] Er betrachtet die Sumpflandschaft der Uferzonen nicht als Anbaugebiete – die Parzellen wurden in größerem Abstand zu den Seen angelegt, weit jenseits der

---

85 Außerhalb der besiedelten archäologischen Schichten, die durch die Anwesenheit des Menschen «verschmutzt» wurden (Richard 1983), liegen die Baumpollen in den palynologischen Diagrammen des Jura für diese Perioden immer oberhalb von 85 Prozent in Chalain und von 80 Prozent in Clairvaux (Richard, Ruffaldi 1996).
86 Gauthier 2004; Gauthier u. a. 2019.
87 Die Dosis der Karbon- und Stickstoffisotope in menschlichen Knochen erlaubt die Quantifizierung des Anteils der pflanzlichen Ernährung im Vergleich zur tierischen, gleich, ob diese nun auf Land- oder Wassertiere zurückgeht.
88 Arbogast, Magny, Pétrequin 1995.
89 Boserup 1970.
90 Pétrequin u. a. 2015.

Dörfer, auf den Böden der Combe-d'Ain-Senke und benachbarter Kalkplateaus, die niemals überschwemmt wurden, die nicht sehr tief und mehr oder weniger fruchtbar waren (Rendzina, Kalkerde).[91] Die Ausdehnung der landwirtschaftlichen Nutzflächen habe einen Abbau des Waldbestands auf größeren oder kleineren Arealen zur Folge gehabt, da diese Praxis ja lange Perioden der Brache erfordere, um die Fruchtbarkeit der Böden wiederherzustellen. Diese Verschlechterung des Zustands der Wälder habe mit der Entwicklung der Dörfer[92] weiter zugenommen, und die Größenordnung der Abnahme von Waldflächen werde, so Pierre Pétrequin, belegt durch verschiedene Anzeichen, die auf eine Versorgung mit Viehfutter und Bauholz aus der Ferne schließen lassen.[93] Nun liegen aber etliche Fakten vor, die eine Infragestellung dieses Szenarios erlauben.

Zum einen schien es am Fundort Chalain 19 so, als ergänzten zu jenem Zeitpunkt, als die Besiedlung am dichtesten war, Zweige von Weißtannen (*abies alba*), die vermutlich aus höher gelegenen Wäldern stammten, das übliche Viehfutter (Ulmen- und Eschenzweige aus nahegelegenen Wäldern). Obschon dieser Rückgriff auf eine Nutzung entlegener Wälder (weiter als 6 Kilometer von den Dörfern entfernt) durchaus Ausdruck einer Futtermittelknappheit sein kann, die auf eine Verschlechterung des Zustands der angrenzenden Wälder zurückgeht, so kann er ebenso gut als Beleg für eine gezielte Auswahl für einen Teil des Viehbestands gelten.

Zum anderen entwickelte sich während des Entwicklungszyklus der Wohnbauten zwischen 3200 und 2900 v. Chr. das Spektrum des verwendeten Bauholzes weiter. Runde Stützpfeiler aus Eschenholz wurden bis 3075 v. Chr. verbaut, danach fiel die Wahl auf gespaltene Eichenstämme. Dieser Wandel sei die Folge einer Ausweitung der Suche nach Bauholz in Zonen gewesen, die in größerer Entfernung zu den Dörfern gelegen hätten.[94] Allerdings ist es nicht möglich, Esche und Eiche ohne weiteres verschiedenen Zonen zuzuweisen, denn einerseits finden sich diese beiden Hartholzarten in ein und demselben Wald und andererseits ist die genaue geografische Verteilung des neolithischen Baumbestands nicht bekannt.[95] Eher könnte dieser Wechsel in der Wahl des Bauholzes ein Beleg für unterschiedliche Bautraditionen sein, und dies umso mehr, als er die An-

---

91 Pétrequin u. a. 2015. Im Jura entwickeln sich die Rendzinaböden auf Kosten der jurassischen Kalkböden und der Ablagerungen der Gletscherbewegungen.
92 Die Waldfläche, die im Umkreis der Dörfer genutzt wurde, habe in den Phasen der dichtesten Besiedlung einen Radius von mehreren Kilometer aufweisen können (Dufraisse u. a. 2015; Pétrequin u. a. 2015).
93 Pétrequin u. a. 2002.
94 Ebd.
95 Zahlreiche Wälder der Juraplateaus weisen heute ein gemischtes Vorkommen von Eiche und Esche auf, in wechselndem Zahlenverhältnis, wie wahrscheinlich im Neolithikum auch (Leguédois u. a. 2011).

kunft neuer Siedlergruppen begleitet,[96] welche Eichenholz von einer außergewöhnlichen architektonischen Güte einsetzten, womit sie eine höchstmögliche Lebensdauer der Häuser gewährleisteten.[97]

Die Hypothese einer auf Brandrodung basierenden Landwirtschaft, die sich auf eine Beweisführung zur Verschlechterung des Zustands der Wälder gründet, erscheint also aus dieser Perspektive sehr zweifelhaft; und dies umso mehr, als dieser Einsatz von Feuer verhängnisvolle Folgen hatte wie die Vernichtung des Baumbestands und eine Verarmung der Böden. Darüber hinaus ergeben sich für diese Überlegungen neue Gesichtspunkte aus jüngeren interdisziplinären Untersuchungen zu den neolithischen Wohnbauten der Schweizer Seen, die sich auf die Analyse sowohl hochauflösender Sedimentsequenzen jenseits der Ausgrabungsstätte (Pollen und Mikropartikel aus Kohle) als auch einer Vielzahl verschiedener pflanzlicher Makro- und Mikroüberreste (Holz, Getreide, Unkraut) stützen.[98] Das regelmäßige Vorkommen von ganzjährigem Unkraut, das dem geernteten Getreide beigemischt ist, ist ein Anzeichen dafür, dass sich die bestellten Böden durch landwirtschaftliche Praktiken wie Abbrennen und Jäten veränderten und die Parzellen zumindest zwei Jahre in Folge bewirtschaftet und dann über kurze Zeit, für ein oder zwei Jahre, als Brachland stillgelegt wurden. Wären die Perioden der Brache länger gewesen, wie in dem von Pierre Pétrequin angenommenen Szenario, hätten sich im geernteten Getreide mehrjährige Pflanzen oder andere mit einer Urbarmachung verknüpfte Pflanzen finden müssen. Folglich wurden die einmal urbar gemachten Felder wahrscheinlich relativ dauerhaft genutzt, indem man die ergiebigsten und humushaltigsten Böden bestellte, die vielleicht gedüngt und mit dem Kot dort weidender, pflanzenfressender Haustiere angereichert wurden.[99] Was Chalain betrifft, so weist die Untersuchung eines Bohrkerns aus der Mitte des Sees hin auf eine Verbindung von Getreidepollen (*Poaceae* und *Cerealia-Type*) und von *Gelasinospora*, das heißt von mit einer Verbrennung einhergehenden Pilzsporen,[100] was für die landwirtschaftlichen Praktiken während des Neolithikums die Nutzung von Feuer bestätigen würde.

Nimmt man an, dass die Landwirte des Jura die von Natur aus ergiebigsten Böden bestellten, ergibt sich die Frage nach der genauen Lage dieser bewirtschafteten Böden. Diese Frage ist von grundlegender Bedeutung, denn die große Mehrzahl der Böden war nicht tief und nur wenig ertragreich. Die einzigen Bö-

---

96   Für diesen Zeitpunkt kann man im Jura die Ankunft von Siedlern aus Südfrankreich ausmachen, die wahrscheinlich aus der Ardèche kamen (Pétrequin u. a. 1998).
97   Viellet 2009.
98   Arbogast u. a. 2006; Jacomet u. a. 2016.
99   Die hohe Anzahl an Mikropartikeln aus Kohle, die in den an den Fundorten von Häusern bestimmten Kuhfladen gefunden wurden, weisen darauf hin, dass auf den verbrannten Böden Rinder weideten (Jacomet u. a. 2016).
100 Angeli u. a. 2018.

den mit sehr vielen organischen Substanzen sind kleinflächig, ihre Ausdehnung beschränkt sich auf die Torfböden der sumpfigen Uferstreifen. Um dort Getreide anbauen zu können, muss ihre oberste Schicht über Wasser liegen, denn der Getreideanbau verträgt sich nicht mit durchnässten Böden. Es kann also sein, dass die Torfböden am Seeufer während der Phasen eines niedrigen Wasserstands bewirtschaftet wurden, da die obere Schicht des Bodens dann über eine längere Zeit des Jahres trockenfiel, zumindest im Frühjahr und im Sommer. Nun hat sich aber gezeigt, dass diese Hypothese eines (Getreide-)Anbaus auf Parzellen, die in sumpfigen, aber abgetrockneten Uferzonen liegen, also unmittelbar an die Siedlungen angrenzend, von Pierre Pétrequin niemals in Betracht gezogen wurde, da er vielmehr von einer Bewirtschaftung ärmerer, aber nie überschwemmter Böden ausgegangen ist, wie sie im großen Becken um die Seen herum vorherrschen, das heißt in weiterer Entfernung zur Bebauung. Dabei hat inzwischen der Nachweis des neusteinzeitlichen Abbrennens im Sumpfgebiet von Limagne (Puy-de-Dôme, Frankreich)[101] die Diskussion über den Getreideanbau in teilweise trockengelegten Sümpfen bereits neu entfacht. Diese Praxis besteht darin, dass die Bodenoberfläche und der vorwiegend aus Gräsern bestehende Bewuchs abgetragen, aufgehäuft, verbrannt und dann vor dem Aussäen wieder über das Feld verteilt werden.[102] An den Ausgrabungsstätten des Jura, in Frankreich wie in der Schweiz, wurden bei in Speichern gelagerten Ähren vor allem jene Getreidesorten gefunden, deren Wachstum ergiebige Böden erfordert (größtenteils Emmer sowie Weizen und Gerste).[103] Einkorn – eine Getreideart, die sich mit ärmeren Böden zufriedengibt – findet sich dagegen nur sporadisch.[104] Außerdem findet sich prinzipiell kein Stroh in den bebauten Zonen, im Jura wie in der Schweiz: Es wäre also nicht beschnitten, sondern auf den bewirtschafteten Äckern zurückgelassen worden, um es anschließend zu verbrennen. Und schließlich würde der Anbau auf organischen Uferböden auch erklären, warum die Dörfer auf Pfahlbauten sich in den größten Zonen der sumpfigen Ufer zusammendrängen, also jenen, die maximal 300 Meter umfassen (Abb. 9).[105]

---

101   Diese Praxis wird in der ethnographischen Fachliteratur für Frankreich beschrieben, und zwar vom Mittelalter bis zur Moderne (Sigaud 1975); archäologische Spuren aus dem Mittelalter wurden in der Champagne sichergestellt (Guiblais-Starck u. a. 2020), und rotgefärbte Schichten, die in der Limagne ausgemacht wurden (Vernet, Raynal 2008) werden heute als Spuren des Abbrennens gewertet (in Arbeit befindliche Studie).
102   Menbrivès u. a. 2019.
103   Lundström-Baudais 1989; Schaal, Pétrequin 2015. Der Emmer (*Triticum dicoccum*) überwiegt bei weitem (52 Prozent des Getreides am Fundort Clairvaux), gefolgt vom Weizen (*Triticum aestivum, durum* ou *turgidum*, 14 Prozent) und dann von der Gerste (*Hordeum vulgare*, 1,5 Prozent) (Schaal, Pétrequin 2015).
104   Schaal, Pétrequin 2015.
105   Pétrequin 2000.

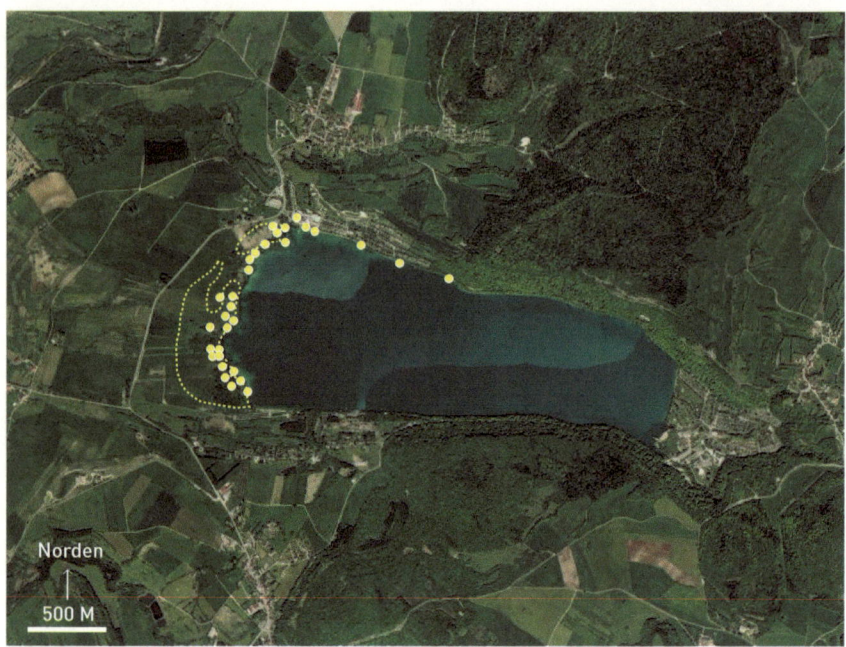

Abb. 9: Karte der Ausgrabungsstätte am See und Chalain (Punkte) und der Ausdehnung der Torfböden in der Uferzone (gestrichelte Linien) (nach: Pétrequin 2000)

Diese neue Hypothese einer Landwirtschaft, die vornehmlich organische Böden im Uferbereich nutzte, erlaubt hinsichtlich des Besiedlungsrhythmus der Uferdörfer den Entwurf eines ganz anderen Schemas, denn das Absinken des Wasserstands hätte in einer Phase der Klimaerwärmung die Bewirtschaftung der Ufersümpfe ermöglicht, wogegen diese mit dem erneuten Anstieg des Wasserpegels sowie des Grundwasserspiegels in einer Abkühlungsphase unmöglich geworden wäre. Der Besiedlungsrhythmus wäre damit eher ein Ausdruck der wechselnden Höhe des Wasserstands und der Unmöglichkeit eines landwirtschaftlichen Anbaus als Zeichen einer mangelhaften Reifung des Getreides. Dieses neue Szenario wird noch plausibler durch die Tatsache, dass im Jura die Bebauung am Seeufer jeweils direkt nach einem erneuten Anstieg des Wasserspiegels aufgegeben wurde, also sobald sich eine Verschlechterung des Klimas auch nur abzeichnete.[106]

---

[106] Arbogast, Magny, Bailly 1995.

5.3. Diskussion

Die Korrelation zwischen dem Klima, das an den Schwankungen des Wasserstands der Seen ablesbar ist, und der Besiedlung der Seeufer im Jura des Mittleren und Jüngeren Neolithikums steht nicht in Zweifel, wie die Pionierarbeit von Pierre Pétrequin und seinen Mitarbeitern gezeigt hat. Ihre Hypothese, die die Aufgabe bzw. Besiedlung der Dörfer mit der – vorhandenen oder fehlenden – Möglichkeit des Getreideanbaus in Verbindung bringt, erscheint hier ebenfalls wahrscheinlich, allerdings aus Gründen, die sich von den von ihnen vorgebrachten unterscheiden. So sieht man sich zwei verschiedenen Szenarien gegenüber.

Das erste Szenario, in dem die Gefahr eines Ernteausfalls mit der Klimaverschlechterung zusammenhängen würde, scheint die Gesamtheit der gewonnenen Daten nicht zu berücksichtigen. Ein kälteres und feuchteres Klima habe Nahrungsmangel und Hungersnöte nach sich gezogen, und zwar in einem Umfang, der die Dorfgemeinschaften dazu veranlasst habe, das Gebiet zu verlassen. Sie seien dann zurückgekehrt, sobald die Klimabedingungen für die Getreideproduktion günstiger geworden seien. Das setzt voraus, dass die Siedlergruppen ihr Dorf während einer Klimaabkühlung aufgaben, obschon sie ja gar nicht wissen konnten, welche Klimaverhältnisse in den kommenden Jahren herrschen würden. Es besteht also Anlass zum Zweifel, vor allem wenn man die Möglichkeit in Betracht zieht, dass es inmitten von Warmzeiten auch schlechte Jahre geben konnte (bisweilen sogar in Folge), die dann nicht zu einem Fortzug der Siedler geführt hätten. Um den Wert dieser Hypothese zu überprüfen, müsste man Untersuchungen mit einer sehr hohen chronologischen Auflösung durchführen: dendroklimatische Analysen der archäologischen Hölzer und hochauflösende Analysen der Bohrkerne vom Seegrund (Pollen, andere Mikrofossilien, Mikropartikel aus Kohle etc.).

Das zweite Szenario, das von den Autoren dieses Beitrags vertreten wird, betrifft die Bewirtschaftung der sumpfigen Uferzonen und ihre Überschwemmung zu Zeiten einer Klimaverschlechterung, wodurch der Anbau verhindert wird. Über die bereits dargelegten Argumente hinaus erscheint diese Hypothese hier die bessere Erklärung für den Fortzug der Siedlergruppen und ihre Abwesenheit in kalten und nassen Perioden. Die landwirtschaftliche Nutzung der trockengelegten sumpfigen Uferzonen während trockeneren und wärmeren Klimaphasen würde erklären, warum die Dörfer bevorzugt in jenen Zonen gebaut wurden, in denen die Sümpfe am stärksten ausgeprägt waren. Darüber hinaus hätte die landwirtschaftliche Nutzung der fruchtbarsten Uferbereiche die Auswirkungen der landwirtschaftlichen Nutzung wenig ertragreicher Berghänge begrenzt, welche eine Analyse der archäobotanischen Daten noch nicht wirklich bestätigen kann. In Ergänzung zu Analysen mit sehr hoher chronologischer Auflösung würde der archäologische Nachweis landwirtschaftlicher Parzellen, die im Neolithikum in Sumpfgebieten angelegt wurden, diese Hypothese bestätigen.

Dieses Beispiel veranschaulicht das Vorgehen eines Forscherteams, das die Dynamik der menschlichen Besiedlungen in ihrem Zusammenhang mit dem Klima und der Umwelt untersucht hat. Die Gesamtheit der veröffentlichten Arbeiten ist deutlicher Ausdruck einer archäologischen Wissenschaft, die das Forschungsthema des Verhältnisses zwischen Gesellschaft und Milieu sowie die Bedeutung des fachübergreifenden Ansatzes der Umweltarchäologie mit einbezieht. Die sicher datierbare Korrelation zwischen der Höhe des Wasserstands der Seen und der Ab- oder Abwesenheit menschlicher Gruppen hat es erlaubt, Verhaltensweisen auszumachen, deren Ursprung unmittelbar mit dem Klima zusammenhing, und zwar im Rahmen einer Landwirtschaft, die auf dem Abbrennen von Feldern in einigem Abstand zur Wohnbebauung basierte. Nun sieht es so aus, als sei weder das Agrarsystem noch die auf pflanzlichen und tierischen Ressourcen beruhende Wirtschaft Gegenstand alternativer Hypothesen gewesen, die zu überprüfen wären. Dies veranschaulicht an dieser Stelle deutlich, wie schwierig ein Dialog zwischen Forschenden aller Fachrichtungen oft ist, wie schon in dem vorangegangenen Fallbeispiel aufgezeigt wurde.

6. Schlussbetrachtung

Für Archäologen ist bei der Rekonstruktion eines Fundorts, einer Besiedlung oder einer Gesellschaft die Wahrnehmung des Klimas immer eine indirekte Angelegenheit. Die Spuren und Fakten, die sie zutage fördern, sind sämtlich Ausdruck von aufeinander folgenden (sozialen, politischen, wirtschaftlichen oder symbolischen) Auswahlentscheidungen, welche die Art und Weise belegen, wie Zivilisationen und Individuen ihre Umwelt wahrnahmen und wie sie dort lebten, ob diese Umwelt nun beständig war oder nicht. Auf der Grundlage von Spuren der Wohnbebauung, jener der Herkunft gewisser Gegenstände oder Materialien und der Essensreste an einer Ausgrabungsstätte, oder auch bei der Rekonstruktion von Besiedlungen und Wirtschaftssystemen können Archäologen und Archäologinnen entsprechend bei Bedarf versuchen, den gesamten Prozess zu rekonstruieren, der Klimaveränderungen, ihre Auswirkungen auf die Umwelt und die Gesamtheit der von Menschengruppen getroffenen Entscheidungen miteinander verbindet. Ein solcher Ansatz erlaubt ein Verständnis der Eigenschaften des Klimas und seines Wandels, das zur Entstehung und Veränderung der Umwelt führte, sowie der Verhaltensweisen von Gesellschaften, die gewisse Merkmale ihres Systems umgestalteten oder beibehielten.

Dieses Verfahren weist vor allem eine hohe Komplexität auf in dem Sinne, dass es sich nicht einfach darum handelt, eine Reaktion auf ein Ereignis auszumachen, ob dieses nun punktuell oder dauerhaft eintrat. Die beiden dargelegten Fallbeispiele veranschaulichen die Tatsache, dass Gesellschaften Auswahlentscheidungen trafen, die von vielfältigen Parametern bestimmt wurden – welche zudem gewisse gedankliche Entwürfe ausdrückten, von denen heute nichts bekannt ist. Diese Vielzahl von Faktoren, auf denen diese Entscheidungen beruhten (Wahrnehmung des Raums, der Tierwelt, der großen Flüsse, des Meeres, der zwischenmenschlichen Beziehungen, des politischen und gesellschaftlichen Systems etc.), stellen die Grundpfeiler eines Systems dar und müssen berücksichtigt werden, auch wenn Archäologen und Archäologinnen bei ihrer genaueren Bestimmung Schwierigkeiten haben. Die Aufgabe oder Verlagerung eines Wohngebiets, die Veränderung von Praktiken im Bereich der Ernährung oder der Technik, der Übergang zu einer neuen Bewirtschaftungsart der Ländereien – all das geht zu einem bestimmten Zeitpunkt auf eine Reihe von Entscheidungen zurück, die sich über eine mehr oder weniger lange Zeit erstrecken und die heute zwangsläufig nur schwer in einen einheitlichen Prozess gefasst werden können. An dieser Stelle – und bereits zuvor – konnte dargelegt werden, dass ein solches Vorgehen gleichwohl im Bereich des Möglichen liegt und für die Erforschung vergangener Gesellschaften eine wirkliche wissenschaftliche Herausforderung darstellt.

7. Bibliografie

Angeli, Amandine; Gauthier, Émilie; Richard, Hervé;, Bichet, Vincent: Impact des sociétés humaines sur le bassin versant du lac de Chalain (Jura, France). Le cas du sondage profond 2. In: Revue scientifique Bourgogne-Franche-Comté Nature H. S. 16 (2018): 205–215.

Arbogast, Rose-Marie; Jacomet, Stéfanie; Magny, Michel; Schibler, Jörg M.: The Significance of Climate Fluctuations for Lake Level Changes and Shifts in Subsistence Economy during the Late Neolithic (4300–2400 b. c.) in Central Europe. In: Vegetation History and Archaeobotany 15/4 (2006): 403–418, DOI: doi.org/10.1007/s00334-006-0053-y.

Arbogast, Rose-Marie; Magny, Michel; Pétrequin, Pierre: Expansions et déprises agricoles au Néolithique. Populations, cultures céréalières et climat dans la Combe d'Ain (Jura) de 3700 à 2500 av. J.-C. In: L'homme et la dégradation de l'environnement. Actes des XVe Rencontres internationales d'archéologie et d'histoire d'Antibes. Juan-les-Pins 1995: 20–41.

Aubry, Thierry; Almeida, Miguel: Analyse critique des bases chronostratigraphiques de la structuration du Solutréen. In: Le Solutréen. 40 ans après Smith' 66. Actes du colloque de Preuilly-sur-Claise (2007) = Beihefte zur Revue archéologique du Centre de la France 47 (2013): 37–52.

Banks, William E.; Bertran, Pascal; Ducasse, Sylvain; Klaric, Laurent; Lanos, Philippe; Renard, Caroline; Mesa, Miriam: An Application of Hierarchical Bayesian Modeling to Better Constrain the Chronologies of Upper Paleolithic Archaeological Cultures in France between ca. 32,000–21,000 Calibrated Years before Present. In: Quaternary Science Reviews 220 (2019): 188–214, DOI: doi.org/10.1016/j.quascirev.2019.07.025.

Banks, William E.; Zilhão, João; D'Errico, Francesco; Kageyama, Masa; Sima, Adriana; Ronchitelli, Annamaria: Investigating Links between Ecology and Bifacial Tool Types in Western Europe during the Last Glacial Maximum. In: Journal of Archaeological Science 36/12 (2009): 2853–2867, DOI: doi.org/10.1016/j.jas.2009.09.014.

Bayard, Adrien; Bayard-Maret, Vanessa; Cordeiro, Gabriel: Vers une archéologie des crises alimentaires? In: Mélanges de l'École française de Rome – Moyen Âge 131/1 (2019), DOI: doi.org/10.4000/mefrm.5303.

Beaulieu, Jacques-Louis de; Reille, Maurice: A Long Upper Pleistocene Pollen record from Les Échets, near Lyon, France. In: Boreas 13/2 (1984): 111–132, DOI: doi.org/10.1111/j.1502-3885.1984.tb00066.x.

Bégeot, Carole; Pion, Gilbert; Marochi, Yves; Argant, Jacqueline; Birringer, Peggy; Bocherens, Hervé; Bridault, Anne; Chaix, Louis; Thiebault, Stéphanie: Environnement végétal et climatique des sociétés magdaléniennes et épipaléolithiques dans les Alpes du Nord françaises et le Jura méridional. In: Miras, Yannick; Surmely, Frédéric (Hg.): Environnement et peuplement de la moyenne montagne, du Tardiglaciaire à nos jours. Actes de la table ronde de Pierrefort (2003). Besançon 2006: 19–27.

Bellwood, Peter: Migration et préhistoire. In: Garcia, Dominique; Le Bras, Hervé (Hg.): Archéologie des migrations. Paris 2017: 93–110, DOI: doi.org/10.3917/dec.garci.2017.01.0093.

Bémilli, Céline; Hinguant, Stéphane: Premiers résultats sur le comportement de subsistance solutréen à la grotte Rochefort (Mayenne, France). In: Espacio, Tiempo y Forma, Serie I, Nueva época. Prehistoria y Archeologia 5 (2012): 309–332.

Bertran, Pascal; Andrieux, Éric; Antoine, Pierre; Coutard, Sylvie; Deschodt, Laurent; Gardère, Philippe; Hernandez, Marion; Legentil, Claude; Lenoble, Arnaud; Liard, Morgane; Mercier, Norbert; Moine, Olivier; Sitzia, Luca; Van Vliet-Lanoë, Brigitte: Distribution and Chronology of Pleistocene Permafrost Features in France. Database and First Results. In: Boreas 10 (2013): 699–711.

Bichet, Vincent; Gauthier, Émilie; Massa, Charly; Petit, Christophe; Richard, Hervé: Aux limites de l'agriculture. Les archives sédimentaires de la colonisation médiévale au Groenland. In: Berger, Jean-François (Hg.): Des climats et des hommes. Paris 2012: 307–325, DOI: doi.org/10.3917/dec.berge.2012.01.0307.

Binois-Roman, Annelise: L'archéologie des épizooties. Mise en évidence et diagnostic des crises de mortalité chez les animaux d'élevage du Néolithique à Pasteur. Dissertation, Université Paris I. Paris 2017, theses.hal.science/tel-01783693/, 10.06.2024.

Blockley, Simon P. E.; Lane, Christine S.; Hardiman, Mark; Rasmussen, Sune Olander; Seierstad, Inger K.; Steffensen, Jørgen Peder; Svensson, Anders; Lotter, André F.; Turney, Chris S. M.; Ramsey, Christopher, Bronk: Synchronisation of Palaeoenvironmental Records over the Last 60,000 years, and an Extended INTIMATE 1 Event Stratigraphy to 48,000 b2k. In: Quaternary Science Reviews 36 (2012): 2–10, DOI: doi.org/10.1016/j.quascirev.2011.09.017.

Bonnamour, Louis: Archéologie de la Saône. 150 ans de recherche. Paris 2000.

Boserup, Ester: Évolution agraire et pression démographique. Paris 1970.

Bridault, Anne: Les économies de chasse épipaléolithiques et mésolithiques dans le Nord et l'Est de la France. Nouvelles analyses. In: Anthropozoologica 19 (1994): 55–67.

Bridault, Anne: Broadening and Diversification of Hunted Resources, from the Late Palaeolithic to the Late Mesolithic, in the North and East of France and the Bordering Areas. In: Anthropozoologica 25 (1997): 295–308.

Bridault, Anne: Vers une anthropologie environnementale. Habilitationsschrift, Université Paris Nanterre. Paris 2016.

Brown, Anthony G.; Meadows, Ian; Turner, Sam D.; Mattingly, David J.: Roman Vineyards in Britain. Stratigraphie and Palynological Data from Wollaston in the Nene Valley, England. In: Antiquity 75 (2001): 745–757, DOI: doi.org/10.1017/s0003598x00089250.

Büntgen, Ulf; Myglan, Vladimir S.; Charpentier, Fredrik; McCormick, Michael; Cosmo, Nicola di; Sigl, Michel; Jungclaus, Jean; Wagner, Sébastien; Krusic, Paul J.; Esper, Jan, Kaplan, Jed O.; De Vaan, Michel; Luterbacher, Jürg; Wacker, Lucas; Tegel, Willy; Kirdyanov, Alexandre V.: Cooling and Societal Change during the Late Antique Little Ice Age from 536 to around 660 AD. In: Nature Geoscience 9 (2016): 231–236, DOI: doi.org/10.1038/ngeo2652.

Büntgen, Ulf; Tegel, Willy; Nicolussi, Kurt; McCormick, Michael; Frank, David; Trouet, Valérie; Kaplan, Jed O.; Herzig, Franz; Heussner, Karl-Uwe; Wanner, Heinz; Luterbacher, Jürg; Esper, Jan: 2500 Years of European Climate Variability and Human Susceptibility. In: Science 331 (2011): 578–582, DOI: doi.org/10.1126/science.1197175.

Burnouf, Joëlle; Leveau, Philippe (Hg.): Fleuves et marais, une histoire au croisement de la nature et de la culture. Sociétés préindustrielles et milieux fluviaux, lacustres et palustres. Pratiques sociales et hydrosystèmes. Paris 2004.

Castel, Jean-Christophe: Comportements de subsistance au Solutréen et au Badegoulien d'après les faunes de Combe Saunière (Dordogne) et du Cuzoul de Vers (Lot). Dissertation, Université de Bordeaux 1. Bordeaux 1999.

Castel, Jean-Christophe: Archéozoologie du Solutréen. Le cas du Sud-Ouest français. In: Le Solutréen 40 ans après Smith'66. Actes du colloque de Preuilly-sur-Claise (2007) = Beihefte zur Revue archéologique du Centre de la France 47 (2013): 367–380.

Clark, Peter U.; Dyke, Arthur S.: Shakun, Jeremy D.: Carlson, Anders E.; Clark, Jorie; Wohlfarth, Barbara; Mitrovica, Jerry X.; Hostetler, Steven W.; McCabe, A. Marshall: The Last Glacial Maximum. In: Science 325 (2009): 710–714, DOI: doi.org/10.1016/s0277-3791(01)00118-4.

Clark, Peter U.; Mix, Alan C.: Ice Sheets and Sea Level of the Last Glacial Maximum. In: Quaternary Science Reviews 21 (2002): 1–72.

Delpech, Françoise: Les faunes du Paléolithique supérieur dans le Sud-Ouest de la France. Paris 1983.

Delpech, Françoise: Biomasse d'Ongulés au Paléolithique et inférences sur la démographie. In: Paléo 11 (1999): 19–42.

Derex, Jean-Michel: La mémoire des étangs et des marais. Paris 2017.

Descola, Philippe: Par-delà nature et culture. Paris 2005.

Descola, Philippe: L'écologie des autres. Anthropologie et la question de la nature. Versailles 2011.

Devroey, Jean-Pierre: La Nature et le Roi. Paris 2019.

Drucker, Dorothée: Validation méthodologique de l'analyse isotopique d'ossements fossiles et apports aux reconstitutions paléoécologiques du Paléolithique supérieur du Sud-Ouest de la France. Dissertation, Université Paris 6. Paris 2001.

Drucker, Dorothée; Bridault, Anne; Cupillard, Christophe: Environmental Context of the Magdalenian Settlement in the Jura Mountains using Stable Isotope Tracking (13C, 15N, 34S) of bone collagen from reindeer (Rangifer tarandus). In: Quaternary International 272–273 (2012): 322–332, DOI: doi.org/10.1016/j.quaint.2012.05.040.

Dufraisse, Alexa; Viellet, Amandine; Duplaix-Rata, Anne; Schaal, Caroline; Pétrequin, Pierre: Territoires et gestion de la forêt autour du lac de Clairvaux. In: Pétrequin, Pierre; Pétrequin, Anne-Marie (Hg.): Clairvaux et le Néolithique Moyen Bourguignon. Besançon 2015: 1365–1374.

Dugmore, Andrew J.; Keller, Christian; McGovern, Thomas H.: Norse Greenland Settlement. Reflections on Climate Change, Trade, and the Contrasting Fates or Human Settlements in the North Atlantic Islands. In: Arctic Anthropology 44/1 (2007): 12–36, DOI: doi.org/10.1353/arc.2011.0038.

Duplessy, Jean-Claude; Ruddiman, William F.: La fonte des calottes glaciaires. In: La Recherche 156 (1984): 807–818.

Fontana, Laure: La chasse au Renne au Paléolithique supérieur dans le Sud-Ouest de la France. Nouvelles hypothèses de travail. In: Paléo 12 (2000): 141–164, DOI: doi.org/10.3406/pal.2000.1600.

Fontana, Laure: L'Homme et le Renne. La gestion des ressources animales en Préhistoire. Paris 2012.

Fontana, Laure: Chasser au maximum glaciaire. Particularités de l'environnement et prédation. In: Le Solutréen 40 ans après Smith'66. Actes du colloque de Preuilly-sur-Claise (2007) = Beihefte zur Revue archéologique du Centre de la France 47 (2013): 353–366.

Fontana, Laure: The Four Seasons of Reindeer. Non-migrating Reindeer in the Dordogne Region between 30 and 18k? Data from the Middle and Upper Magdalenian at La Madeleine and Methods of Seasonality Determination. In: Journal of Archaeological Science. Reports 12C (2017): 346–362, DOI: doi.org/10.1016/j.jasrep.2017.02.012.

Fontana, Laure: Économie des ressources animales et environnement des sociétés solutréennes. In: Otte, Marcel (Hg.): Les Solutréens. Arles 2018: 9–36.

Fontana, Laure: Is the Solutrean Linked to Climatic and Environmental Changes of the Upper Pleniglacial? Searching for the Drivers of the Changes in the Economy and Mobility of Solutrean Groups in Southwestern France. In: PaleoAnthropology 2022/1 (2022a), DOI: doi.org/10.48738/2022.iss1.

Fontana, Laure: Reindeer hunters of the Ice Age in Europe. Economy, Ecology, and the Annual Nomadic Cycle. Cham 2022b.

Fontana, Laure; Brochier, Jacques Élie: Diversification ou stabilité de la prédation au cours du Tardiglaciaire dans les Pyrénées françaises: et si on analysait les données? In: Bulletin de la Société préhistorique française 106/3 (2009): 477–490, DOI: doi.org/10.3406/bspf.2009.13871.

Gauthier, Émilie: Forêts et agriculteurs du Jura. Les quatre derniers millénaires. Besançon 2004.

Gauthier, Émilie; Jassey, Vincent E. J.; Mitchell, Edward A. D.; Lamentowicz, Mariusz; Payne, Richard; Delarue, Frédéric; Laggoun-Defarge, Fatima; Gilbert, Daniel; Richard, Hervé: From Climatic to Anthropogenic Drivers. A Multi-Proxy Reconstruction of Vegetation and Peatland Development in the French Jura Mountains. In: Quaternary 2/38 (2019), DOI: doi.org/10.3390/quat2040038.

George, Pierre: L'environnement. Paris 1971.

Godelier, Maurice: Au fondement des sociétés humaines. Ce que nous apprend l'anthropologie. Paris 2007.

Grayson, Donald K.; Delpech, Françoise: Ungulates and the Middle-to-Upper Paleolithic Transition at Grotte XVI (Dordogne, France). In: Journal of Archaeological Science 30 (2003): 1633–1648, DOI: doi.org/10.1016/s0305-4403(03)00064-5.

Guélat, Michel; Rentzel, Philippe: Micromorphologie: étude des sols enfouis. In: Moulin, Bernard (Hg.): L'habitat alpin de Gamsen 2. Le contexte géologique. Histoire sédimentaire d'un piedmont en contexte intra-alpin, du tardiglacaire à l'actuel = Cahiers d'archéologie romande 154/Archaeologia Vallensiana 12 (2014): 209–249.

Guiblais-Starck, Arthur; Menbrivès, Clément; Coubray, Sylvie; Dandurand, Gregory; Giosa, Alain; Martin, Sophie; Petit, Christophe: Première identification archéologique d'un écobuage médiéval: le site de Vaudes «Les Trappes» (Aube). In: Archeosciences 44/2 (2020): 219–235, DOI: doi.org/10.4000/archeosciences.7900.

Guiot, Joël: Late Quaternary Climatic Change in France Estimated from Multivariate Pollen Time Series. In: Quaternary Research 28 (1987): 100–118, DOI: doi.org/10.1016/0033-5894(87)90036-6.

Guiot, Joël; Beaulieu Jacques-Louis de, Cheddadi, Rachid; David, Fernand; Ponel, Philippe; Reille, Maurice: The Climate in Western Europe during the last Glacial/Interglacial Cycle Derived from Pollen and Insect Remains. In: Palaeogeography, Palaeoclimatology, Palaeoecology 103/1–2 (1993): 73–93, DOI: doi.org/10.1016/0031-0182(93)90053-l.

Guthrie, R. Dale: Paleoecology of the Large-mammal Community in Interior Alaska during the Late Pleistocene.In: American Midland Naturalist 79 (1968): 346–363, DOI: doi.org/10.2307/2423182.

Guthrie, R. Dale: Origin and Causes of the Mammoth Steppe. A Story of Cloud Cover, Woolly Mammal Tooth Pits, Buckles, and Inside-out Beringia. In: Quaternary Science Reviews 20 (2001): 549–574, DOI: doi.org/10.1016/s0277-3791(00)00099-8.

Harbeck, Michaela; Seifert, Lisa; Hänsch, Stephanie; Wagner, David M.; Birdsell, Dawn; Parise, Katy L.; Wiechmann, Ingrid; Grupe, Gisela; Thomas, Astrid; Keim, Paul; Zöller, Lothar; Bramanti, Barbara; Riehm, Julia M.; Scholz, Holger C.: Yersinia Pestis DNA from Skeletal Remains from the 6th Century AD Reveals Insights into Justinianic Plague. In: PLoS Pathogens 9/5 (2013), DOI: doi.org/10.1371/journal.ppat.1003349.

Harper, Kyle: Comment l'empire romain s'est effondré. Paris 2017.

Harrison, Sandy P.; Sánchez Goñi, Maria Fernand: Global Patterns of Vegetation Response to Millennial-Scale Variability and Rapid Climate Change during the Last Glacial Period. In: Quaternary Science Reviews 29 (2010): 2957–2980, DOI: doi.org/10.1016/j.quascirev.2010.07.016.

Hodell, David A.; Brenner, Marquer; Curtis, Jason H.: Terminal Classic Drought in the Northern Maya Lowlands Inferred from Multiple Sediment Cores in Lake Chichancanab (Mexico). In: Quaternary Science Reviews 24 (2005): 1413–1427, DOI: doi.org/10.1016/j.quascirev.2004.10.013.

Hodell, David A.; Brenner, Marquer; Curtis Jason H.; Guilderson Thomas: Solar Forcing of Drought Frequency in the Maya Lowlands. In: Science 292/5560 (2001): 1367–1370, DOI: doi.org/10.1126/science.1057759.

Iannone, Gyles (Hg.): The Great Maya Droughts in Cultural Context. Case Studies in Resilience and Vulnerability. Boulder 2014.

Jacomet, Stéfanie; Ebersbach, Renate; Akeret, Örni; Antolín, Ferran; Baum, Tilman; Bogaard, Amy; Brombacher, Christophe; Bleicher, Niels K.; Heitz-Weniger, Annekäthi; Hüster-Plogmann, Heide; Brut, Eda; Kühn, Marlu; Rentzel, Philippe; Steiner, Bigna L.; Wick, Lucia; Schibler, Jörg M.: On-site Data Cast Doubts on the Hypothesis of Shifting Cultivation in the Late Neolithic (c. 4300–2400 cal. BC). Landscape Management as an Alternative Paradigm. In: The Holocene 26/11 (2016): 1858–1874, DOI: doi.org/10.1177/0959683616645941.

Kerr, Richard A.: Sea-Floor Dust Shows Drought Felled Akkadian Empire. In: Science 279/5349 (1998): 325–326, DOI: doi.org/10.1126/science.279.5349.325.

Kuzucuoglu, Catherine; Tsirtsoni, Zoi: Changements climatiques et comportements sociaux dans le passé. Quelles corrélations? In: Nouvelles de l'Archéologie 142 (2015): 49–55, DOI: doi.org/10.4000/nda.3280.

Lartet, Édouard; Christy, Henry: Reliquiae Aquitanicae, being Contributions to the Archaeology and Palaeontology of Perigord and the Adjoining Provinces of Southern France. Hg. von Thomas Rupert Jones. London 1875.

Leguédois, Sophie; Party, Jean-Paul; Dupouey, Jean-Luc; Gauquelin, Thierry; Gégout, Jean-Claude; Lecareux, Caroline; Badeau, Vincen; Probst, Anne: La carte de végétation du CNRS à l'ère du numérique. La base de données géographique de la végétation de la France. Couverture vectorielle harmonisée à 1/1 000 000 et scan géoréférencé à 1/200 000. In: Cybergeo: European Journal of Geography, Environnement, Nature, Paysage. Paper 559 (2011), DOI: doi.org/10.4000/cybergeo.24688.

Le Roy Ladurie, Emmanuel: Histoire humaine et comparée du climat. Paris 2004.

Le Roy Ladurie, Emmanuel: Canicules, fraîcheurs et vendanges (France XVe–XIXe siècles). In: Bard, Édouard (Hg.): L'homme face au climat. Paris 2006: 247–261.

Leveau, Philippe: Climat, sociétés et environnement aux marges sahariennes du Maghreb. Une approche historiographique. In: Guédon, Stéphanie (Hg.): La frontière méridionale du Maghreb et ses formes. Essai de définitions (Antiquité-Moyen Âge). Bordeaux 2018: 19–106.

Little, Lester K. (Hg.): Plague and the End of Antiquity. The Pandemic of 541–750. Cambridge 2007.

Lundström-Baudais Karen: Les macrorestes végétaux du niveau V de la Motte-aux-Magnins à Clairvaux. In: Pétrequin, Pierre (Hg.): Les sites littoraux néolithiques de Clairvaux-les-Lacs (Jura), Bd. II: Le Néolithique moyen. Paris 1989: 417–439.

Magny, Michel: Une approche paléoclimatique de l'Holocène. Les fluctuations des lacs du Jura et des Alpes du Nord françaises. Dissertation, Université de Franche-Comté. Besançon 1991.

Magny, Michel: Holocene Lake-Level Fluctuations in Jura and the Northern Subalpine Ranges, France. Regional Pattern and Climatic Implications. In: Boreas 21 (1992): 319–334, DOI: doi.org/10.1111/j.1502-3885.1992.tb00038.x.

Magny, Michel: Une nouvelle mise en perspective des sites archéologiques lacustres. Les fluctuations holocènes des lacs jurassiens et subalpins. In: Gallia préhistoire 35 (1993): 253–282, DOI: doi.org/10.3406/galip.1993.2088.

Magny, Michel: Reconstruction of Holocene Lake-Level Changes in the Jura (France). Methods and Results. In: Harrison, Sandy P.; Frenzel, Burkhard; Huckried, Ursula; Weiss, Miriam M. (Hg.): Palaeohydrology as Reflected in Lake-Level Changes as Climatic Evidence for Holocene Times. Stuttgart 1998: 67–85.

Magny, Michel: Holocene Climate Variability as Reflected by Mid-European Lake-Level Fluctuations and its Probable Impact on Prehistoric Human Settlements. In: Quaternary International 113/1 (2004): 65–79, DOI: doi.org/10.1016/s1040-6182(03)00080-6.

Magny, Michel: Orbital, Ice-sheet, and Possible Solar Forcing of Holocene Lake-Level Fluctuations in West-Central Europe. A Comment on Bleicher. In: The Holocene 23/8 (2013): 1202–1212, DOI: doi.org/10.1177/0959683613483627.

Maire, Anthony; Thierry, Eva; Viechtbauer, Wolfgang; Daufresne, Martin: Poleward Shift in Large-River Fish Communities detected with a Novel Meta-Analysis Framework. In: Freshwater Biology 64 (2019): 1143–1156, DOI: doi.org/10.1111/fwb.13291.

Marciny, Cyril: Au bord de la mer. Rythmes et natures des occupations protohistoriques en Normandie (IIIe millénaire – fin de l'âge du Fer). In: Honegger, Matthieu; Mordant, Claude (Hg.): L'homme au bord de l'eau. Archéologie des zones littorales du Néolithique à la Protohistoire, Actes du 135e Congrès CTHS (Neuchâtel, Suisse, 2010). Lausanne (= Cahiers d'archéologie romande 132). Paris 2012: 365–384.

Menbrivès, Clément; Petit, Christophe; Elliott, Michelle; Eddargach, Wassel; Fechner, Kai: Feux agricoles, des techniques méconnues des archéologues. L'apport de l'étude archéo-pédologique des résidus de combustion de Transinne (Belgique). In: Deák, Judit; Ampe, Carole; Mikkelsen, Jari Hinsch (Hg.): Soils as Records of Past and Present. From Soil Surveys to Archaeological Sites. Research Strategies for Interpreting Soil Characteristics. Brügge 2019: 121–139.

Miller, Frank L.: Biology of the Kaminuriak Population of Barren-Ground Caribou, Teil 2: Dentition as an Indicator of Sex and Age, Composition and Socialization of the Population (= Canada. Canadian Wildlife Service Report Series 31). Ottawa 1974.

Morera, Raphaël: L'assèchement des marais en France au XVIIe siècle. Rennes 2011.

Newfield, Timothy: Domesticates, Disease and Climate in Early Post-Classical Europe. The Cattle Plague of c. 940 and its Environmental Context. In: Post-Classical Archaeologies 5 (2015): 95–126.

Pelegrin, Jacques: Les grandes feuilles de laurier et autres objets particuliers du Solutréen: une valeur de signe. In: Le Solutréen. 40 ans après Smith' 66. Actes du colloque de Preuilly-sur-Claise (2007) = Beihefte zur Revue archéologique du Centre de la France 47 (2013): 143–164.

Petit, Christophe; Bernigaud, Nicolas; Binois, Annelise; Camizuli, Estelle; Fajon, Philippe; Fechner, Kai; Giosa, Alain; Parrondo, Bastien; Rossignol, Benoît; Spiesser, Jérôme: Conditions environnementales de l'exploitation des espaces ruraux en Gaule du Nord. In: Les campagnes du nord-est de la Gaule, de la fin de l'âge du Fer à l'Antiquité tardive. In: Gallia Rustica 50/2 (2018): 31–82.

Pétrequin, Pierre (Hg.): Les sites littoraux néolithiques de Clairvaux-les-Lacs (Jura). Le Néolithique moyen. Paris 1989.

Pétrequin, Pierre (Hg.): Les sites littoraux néolithiques de Clairvaux-les-Lacs et de Chalain (Jura), Bd. 3: Chalain station 3. 3200–2900 av. J.-C. Paris 1997.

Pétrequin, Pierre (Hg.): Chalain, quatre millénaires d'habitat lacustre mis en question. Besançon 2000.

Pétrequin, Pierre; Arbogast, Rose-Marie; Bourquin-Mignot, Christine; Duplaix, Anne; Martineau Rémi, Pétrequin Anne-Marie, Viellet Amandine: Le mythe de la stabilité. Déséquilibres et réajustements d'une communauté agricole néolithique dans le Jura français, du 32e au 30e siècle av. J.-C. In: Richard, Hervé; Vignot, Anne (Hg.): Équilibre et ruptures dans les écosystèmes durant les 20 derniers millénaires en Europe de l'Ouest. Actes du colloque international de Besançon, 2000. Besançon 2002: 175–190.

Pétrequin, Pierre; Arbogast, Rose-Marie; Bourquin-Mignot, Christine; Lavier, Catherine; Viellet, Amandine: Demographic Growth, Environmental Changes and Technical Adaptations. Responses of an Agricultural Community from the 32nd to the 30th centuries BC. In: World Archaeology 30/2 (1998): 181–192, DOI: doi.org/10.1080/00438243.1998.9980406.

Pétrequin, Pierre; Magny, Michel; Bailly, Maxence: Habitat lacustre, densité de population et climat – L'exemple du Jura français. In: Della Casa, Philippe; Trachsel, Martin (Hg.):

Wetland Economies and Societies. Proceedings of the International Conference in Zurich, 2004. Zurich 2005: 143–168.

Pétrequin, Pierre; Pétrequin, Anne-Marie; Schaal, Caroline: Introduction: rythmes d'occupation des villages et agriculture céréalière. In: Pétrequin, Pierre; Pétrequin, Anne-Marie (Hg.): Clairvaux et le Néolithique Moyen Bourguignon. Besançon 2015: 1129–1150.

Polet, Caroline; Orban, Rosine: Les dents et les ossements humains. Que mangeait-on au Moyen Âge? Brepols 2001.

Richard, Hervé: Nouvelles contributions à l'histoire de la végétation franc-comtoise tardiglaciaire et holocène à partir des données de la palynologie. Dissertation, Université de Franche-Comté. Besançon 1983.

Richard, Hervé; Ruffaldi, Pascale: L'hypothèse du déterminisme climatique des premières traces polliniques de néolithisation sur le massif jurassien (France). In: Comptes rendus de l'Académie des Sciences de Paris 322/IIa (1996): 77–83.

Ruddiman, William F.: Earth's Climate. Past and Future. New York 2008.

Sahlins, Marshall: The Western Illusion of Human Nature. With Reflections on the Long History of Hierarchy, Equality and the Sublimation of Anarchy in the West. Chicago 2008.

Sánchez Goñi, Maria Fernanda; Harrison, Sandy P.: Millennial-Scale Climate Variability and Vegetation Changes during the Last Glacial. Concepts and Terminology. In: Quaternary Science Reviews 29 (2010): 2823–2827.

Schaal, Caroline; Pétrequin, Pierre: Approche archéobotanique du Néolithique moyen de Clairvaux. In: Pétrequin, Pierre; Pétrequin, Anne-Marie (Hg.): Clairvaux et le Néolithique Moyen Bourguignon. Besançon 2015: 1193–1278, DOI: doi.org/10.1016/j.quascirev.2009.11.014.

Sigaud, François: L'agriculture et le feu. Rôle et place du feu dans les techniques de préparation du champ de l'ancienne agriculture européenne. Paris 1975.

Straus, Laurence G.: Qu'est-ce que «le Solutréen»? In: Le Solutréen. 40 ans après Smith' 66. Actes du colloque de Preuilly-sur-Claise (2007) = Beihefte zur Revue archéologique du Centre de la France 47 (2013): 27–36.

Stuiver, Minze; Reimer, Paula J.; Bard, Édouard; Beck, J. Warren; Burr, George S.; Hughen, Konrad A.; Kromer, Bernd; McCormac, Gerry; Van der Plicht, Johannes; Spurk, Marco: Intcal98 Radiocarbon Age Calibration, 24,000–0 cal BP. In: Radiocarbon 40 (1998): 1041–1108, DOI: doi.org/10.1017/s0033822200019123.

Valleron, Alain-Jacques: Climat et santé. In: Bard, Édouard (Hg.): L'homme face au climat. Paris 2006: 227–245.

Van Geel, Bas; Magny, Michel: Mise en évidence d'un forçage solaire du climat à partir de données paléoécologiques et archéologiques. La transition Subboréal-Subatlantique. In: Richard, Hervé; Vignot, Anne (Hg.): Équilibres et ruptures dans les écosystèmes durant les 20 derniers millénaires en Europe de l'Ouest. Actes du colloque international de Besançon, 2000. Besançon 2002: 107–122.

Van Vliet-Lanoë, Brigitte: La planète des glaces. Histoire et environnements de notre ère glaciaire. Paris 2005.

Van Vliet-Lanoë, Brigitte: Environnements froids. Paris 2014.

Van Vliet-Lanoë, Brigitte; Pissart, Albert; Baize, Stéphane; Bruhet, Jacques; Ego, Frédéric: Evidence of Multiple Thermokarst Events in Northeastern France and Southern Belgium during the two Last Glaciations. A Discussion on «Features Caused by Ground Ice Growth and Decay in Late Pleistocene Fluvial Deposits, Paris Basin, France». In: Geomorphology 327 (2019): 613–628, DOI: doi.org/10.1016/j.geomorph.2018.08.036.

Vernet, Gérard; Raynal, Jean-Paul: La Formation de Marsat et le Téphra CF7, marqueurs distaux d'éruptions trachytiques violentes de la chaîne des Puys au Boréal. In: Quaternaire 19/2 (2008): 97–106, DOI: doi.org/10.4000/quaternaire.2202.

Viellet, Amandine: Apport des études dendrochronologiques à la connaissance des sites lacustres néolithiques de Chalain et Clairvaux (Jura). Clairvaux II–IIbis, Chalain 19 et Chalain 2. Gallia préhistoire, 51 (2009): 273–318.

Weinstock, Jaco: Late Pleistocene reindeer population in Middle and Western Europe. An osteometrical study of Rangifer tarandus. Tübingen 2000.

Weiss, Harvey: The Genesis and Collapse of Third Millennium North Mesopotamian Civilization. Science, 261/5124 (1993), 995–1004, DOI: doi.org/10.1126/science.262.5138.1358.b.

Zilhão, João: O Paleolítico superior da Estremadura portuguesa, Bd. 1. Lisbonne 1997.

Zilhão, João: Forty years after Roche 1964: a far-west view of the Solutrean. In: Le Solutréen … 40 ans après Smith'66. Actes du colloque de Preuilly-sur-Claise (2007), Beihefte zur Revue archéologique du Centre de la France 47 (2013): 87–99.

Danksagung der Autoren

Besonderer Dank gebührt Alexis Metzger für seine Einladung, dieses Kapitel zu verfassen, sowie für seine freundliche Bereitschaft zu dessen Durchsicht. Auch danken wir allen Kollegen sehr herzlich für ihr kritisches Lektorat: Sophie de Beaune, Émilie Gauthier, Michel Magny, Claude Mordant, Hervé Richard, Charles Stépanoff sowie einem weiteren, anonym bleibenden Lektor. Vielen Dank auch an Frédéric Plassard für seine Bereitschaft, das Foto der Mammuts von Rouffignac zur Verfügung zu stellen, und an Vincent Bichet für die Übermittlung der Kartengrundlage des Jura (Abb. 7).

III. Geschichtswissenschaft und Klima

Laurent Litzenburger

1. Einleitung

Seit dem Beginn des 21. Jahrhunderts lässt sich anhand der Einrichtung zahlreicher regionaler und internationaler Netzwerke, in denen sich Forschergruppen aus dem Bereich der allgemeinen Umweltgeschichte und speziell der Klimageschichte zusammenschließen, deutlich erkennen, in welchem Maße dieses Thema dem Zeitgeist entspricht. Die frühesten Arbeiten stammen bereits aus den 1970er Jahren: Sie schreiben sich ein in die Tradition der fortlaufenden Appelle, welche Forschende weltweit an die politische Führung und die Zivilgesellschaft richten hinsichtlich des globalen Wachstums, der begrenzten Ressourcen des Planeten und der verschiedenen Formen der Umweltverschmutzung, die aus deren Nutzung sowie aus den diversen Aktivitäten des Menschen resultieren.[1] Heutzutage teilen diese Besorgnis keineswegs nur die westlichen Kulturen, worüber die Internetseite *Historical Climatology* Aufschluss gibt, die 2010 von Dagomar Degroot (Georgetown University) entwickelt wurde und die für sämtliche Kontinente entsprechende Forschungsaktivitäten nachweist.[2]

Der Begriff Klimageschichte steht für zwei verschiedene Forschungszweige, die mit unterschiedlichen Quellen und Methoden arbeiten. So ist die Paläoklimatologie ein Teilbereich der Geowissenschaften, welche die vielfältigen «natürlichen Archive» auswerten (kontinentale oder marine Sedimentgesteine, Korallenriffe, Eisbohrkerne, Jahresringe von Bäumen usw.) mit dem Ziel, Klimaveränderungen über einen sehr langen Zeitraum hinweg und auf der Ebene der gesamten Erde zu rekonstruieren. Dagegen untersuchen Forschende aus der Geschichtswissenschaft, den Umwelt- und Sozialwissenschaften sowie der Geografie jene Archive, die von menschlichen Gesellschaften verschiedener historischer Epochen geschaffen wurden, und zwar in dem Bemühen, meteorologische und klimatische Veränderungen auf einer feineren räumlichen und zeitlichen Skala zu rekonstruieren.[3]

Im Folgenden soll dieses zweite Forschungsfeld in den Blick genommen werden, das bereits eine sehr reichhaltige Wissenschaftsgeschichte aufweist: Im Laufe von etwa vierzig Jahren hat es sich von einem ersten, vorsichtigen Projekt,

---

1   Fressoz u. a. 2014; Pfister 2015: 70–77.
2   Siehe https://www.historicalclimatology.com/about.html, 15.08.2023.
3   Pfister, White, Mauelshagen 2018; Mauelshagen 2018a.

das der Untersuchung des Klimas «um seiner selbst willen» gewidmet war,[4] weiterentwickelt zu einer «Vergleichenden Humangeschichte des Klimas»[5] – Ausdruck eines Wandels sowohl der Problemstellungen als auch der angewandten Methoden, die nunmehr die Tätigkeit der Historiker*innen selbst hinterfragen, die stets der Gefahr einer deterministischen Sichtweise ausgesetzt sind, das heißt der Annahme, dass die biophysikalische Umwelt (hier das Klima) die Entwicklung einer Gesellschaft direkt oder indirekt beeinflusst.[6]

Die von Klimahistoriker*innen genutzten Quellen sind mannigfaltig und ermöglichen mithin eine große Vielfalt komplementärer Forschungsansätze im Rahmen einer standardisierten und allgemein verbreiteten Methodologie, jener der «Pfister-Klimaindizes»,[7] denn diese befördert ein vergleichendes Vorgehen und einen fachübergreifenden Dialog, insbesondere mittels Datenbanken, welche zu Plattformen einer Zusammenarbeit avancieren, die sich mehr und mehr auch Entscheidungsträger*innen und der Zivilgesellschaft öffnen. Die Forschung zur Klimageschichte lässt sich dabei nach drei großen Zielsetzungen einteilen, die einander ergänzen. Erstens geht es um eine möglichst genaue Rekonstruktion der Chronologie meteorologischer und klimatischer Zusammenhänge sowie der entsprechenden Risiken und Naturkatastrophen, und zwar mit dem Ziel, ihre Veränderlichkeit auf verschiedenen räumlichen und zeitlichen Ebenen zu erfassen. Zweitens soll die Verletzlichkeit vergangener Gesellschaften und Wirtschaftssysteme ausgelotet werden, die solchen Klimaveränderungen, Extremereignissen und Naturkatastrophen ausgesetzt waren. Und schließlich gilt drittens das Interesse den kulturellen und sozialen Vorstellungen von Wetter und Klima.[8] Innerhalb des so abgesteckten Rahmens liegt der wohl wichtigste Beitrag der Klimageschichte in der Einschätzung der Verwundbarkeit vergangener Gesellschaften in ihrer Auseinandersetzung mit klimatischen Veränderungen und Wechselfällen, wobei die Vielfalt der Anpassungsstrategien hervorzuheben ist, die im Bereich der Politik, der Wirtschaft und der Gesellschaft, aber auch in Kultur und religiösen Praktiken zum Ausdruck kamen.[9] Dieses Forschungsprojekt weist mittlerweile eine internationale Ausrichtung auf und vereint Teams von Wissenschaftler*innen aus allen Teilen der Welt.[10]

---

4 Le Roy Ladurie 1967: 11.
5 Ebd. 2004, 2006, 2009.
6 Brázdil u. a. 2005.
7 Mauelshagen 2010: 55.
8 Brázdil u. a. 2005, 2010.
9 Ebd. 2010.
10 White, Pfister, Mauelshagen 2018.

2. Geschichtswissenschaft und Klima, Geschichte des Klimas

2.1. Eine Geschichte des Klimas um seiner selbst willen

Fragestellungen zum Verhältnis von Wetter, Klima und Geschichte gehen schon weit zurück und bildeten im Kreis der Gelehrten des 18. und 19. Jahrhunderts eine regelrechte Modeerscheinung, so dass allenthalben Schriften von «Wetterfreunden», von Ärzten, Philosophen, Gelehrten, Denkern, Intellektuellen und Amateuren entstanden, die sich für diese Fragen interessierten. Ihre Texte sind ein Glücksfall der schriftlichen Überlieferung und stellen für die Forschenden des 21. Jahrhunderts einen wertvollen Untersuchungsgegenstand dar.[11]

Dieses umfangreiche Schrifttum nahm die Auswirkungen von Wetter und Klima auf den Menschen in den Blick, indem es ihn mit den Zusammenstößen und Unglücksfällen der jeweiligen Epoche und Nationalgeschichte in Beziehung setzte, und zwar aus einer deterministischen Perspektive, wie sie namentlich Montesquieu 1748 mit seiner Klimatheorie einnahm, die den gesamten dritten Teil seines Hauptwerks *De l'esprit des lois* ausmacht.[12] Ein Jahrhundert später, im Jahre 1845, veröffentlichte der Arzt Joseph-Jean-Nicolas Fuster sein Werk *Des changements dans le climat de la France*. Er entnahm dafür den ihm zugänglichen historischen Quellen alle Einträge, die das Klima der Vergangenheit betrafen. Dabei kommen seine Forschungsfragen den heutigen Anliegen und Methoden erstaunlich nahe: Sein Interesse galt den genauen Zeiten der Weinlese sowie der Qualität und der Quantität der Weine, zudem war er bemüht, besonders heiße Sommer und kalte Winter sowie Extremereignisse auszumachen (Überschwemmungen, Dürren, Stürme). Daneben versuchte Fuster, auch die Entwicklung der großen Gletscherzungen zu berücksichtigen, mit deren Messung man zu jener Zeit begann. Er nahm an, dass der Zustand der Böden das Klima unmittelbar beeinflusse, dessen Veränderungen folglich durch menschliches Handeln ausgelöst würden. Davon ausgehend machte er zwei große Klimaperioden aus: Die erste, kältere, habe sich von der Epoche Julius Cäsars bis zum 6. Jahrhundert erstreckt. Hernach hätten seiner Meinung nach bis zum 9./10. Jahrhundert die Christianisierung und die Führung weiser Herrscher – deren Symbolfigur Karl der Große sei – eine wirksame Erschließung der Böden ermöglicht, welche demnach die Hauptursache für eine Aufheiterung des Klimas gewesen sei. Fuster war der Ansicht, dass sich die Situation nach dem Tod Karls des Großen bis hin zu seiner eigenen Epoche durchgehend verschlechtert habe. Die Auflösung des Feudalsystems, die Zeit der Fürstentümer, die Kriege sowie politische und religiöse Unruhen der Neuzeit hätten nämlich zu einer geringeren Effizienz der Bodener-

---

11   Metzger, Desarthe, Rémy 2017.
12   Mauelshagen 2018.

schließung geführt, was als unmittelbare Folge eine allgemeine Abkühlung nach sich gezogen habe. Doch Fusters modern anmutende Thesen verbergen nur unzureichend seinen deterministischen Ansatz und den moralisierenden und nationalistischen Diskurs innerhalb dieses Propagandawerks im Dienst der Julimonarchie (1830–1848). Seine Methoden und Schlussfolgerungen wurden von den Mitgliedern der Académie des sciences heftig angefochten, wobei man ihm mangelnde Verlässlichkeit bei der Quellenauswertung, Fehler im Textverständnis, voreilige Auslegungen der Schriftzeugnisse und zahllose Datenfälschungen vorwarf. Die beißende Kritik sollte diese Art der Forschung dauerhaft in Verruf bringen,[13] denn aus dieser Kontroverse resultiert eine Art langlebiger Argwohn, den Historiker*innen gegenüber der Gefahr einer deterministischen Sicht hegen, aber auch hinsichtlich einer Geschichtsschreibung, die sich in die Debatten ihrer Zeit einschreibt, so dass solchen Untersuchungen jede Objektivität bzw. Wissenschaftlichkeit abgesprochen wird.[14]

Gleichwohl stellen diese Schriften Quellen dar, die für Historiker*innen heutzutage ein wahrer Segen sind: Indem diverse gelehrte Gesellschaften die Transkription und Publikation heute verlorener oder in Vergessenheit geratener Handschriften oder auch lokaler und regionaler Erhebungen zur landwirtschaftlichen Produktion veranlassten (um nur ein paar Beispiele zu nennen), stehen heute wertvolle historische Informationen zur Verfügung, die in Archiven, in Bibliotheken und in Digitalisatsammlungen wie *Gallica*,[15] *Europeana*[16] und der *World Digital Library*[17] mittlerweile leicht zugänglich sind. Diesen Fundus gilt es nunmehr mit den quellenkritischen Methoden der Geschichtswissenschaft zu durchkämmen, wie beispielsweise das gewaltige Opus von Maurice Champion *Les inondations en France depuis le VIe siècle jusqu'à nos jours*, dessen sechs Bände, von 1858 bis 1864 veröffentlicht, aus einer riesigen Sammlung von Auszügen aus alten Quellen bestehen. Die einzelnen Angaben sind hier nach Abflussgebieten sortiert und werden noch heute von Geowissenschaftler*innen und Historiker*innen genutzt.[18] Gemäß der historisch-kritischen Methode werden nun die Anmerkungen, wie der Autor sie wiedergibt, systematisch mit den von ihm erschlossenen Quellen abgeglichen und, soweit möglich, bis auf den Archetyp bzw. das Original zurückverfolgt, wodurch es gelingt, Interpolationen von Daten, Ereignissen und Texten ausfindig zu machen. Diese Arbeit trägt dazu bei, das Textkorpus von Fehlern zu befreien und damit die Zuverlässigkeit und Qualität der Angaben zu verbessern. Diese textkritische Analysemethode, wie sie von

---

13 Litzenburger 2015: 15–19.
14 Garnier 2010.
15 Siehe gallica.bnf.fr/.
16 Siehe https://www.europeana.eu/.
17 Siehe https://loc.gov/collections/world-digital-library/about-this-collection/, 15.08.2023.
18 Champion 2001; Lang, Cœur 2014.

Pierre Alexandre in *Le climat en Europe au Moyen Âge* entwickelt wurde, gilt heutzutage als modellhaft für die Auswertung historischer Quellen.[19]

Die Entstehung moderner Wetterbeobachtungsnetze und die Veröffentlichung von Reihen von Temperatur- und Niederschlagswerten und von detaillierten Berichten in unterschiedlichem räumlichem Maßstab (vom örtlich begrenzten bis hin zum landesweiten) bringen ihrerseits eine Anzahl von Quellen hervor, denen außerordentliche Bedeutung zukommt.[20] Auch bei diesem reichhaltigen Schrifttum gilt es, dieses mittels einer kritischen Analyse zu filtern – eine Arbeit, bei der Historiker*innen ihre Fachkompetenz einbringen, indem sie systematisch den Entstehungszusammenhang der Quellen berücksichtigen, um die Datenreihen im Kontext ihrer spezifischen Vorbedingungen, Methoden und Instrumente zu bereinigen und zu überprüfen.[21]

Die Klimageschichte als Forschungsgegenstand im heutigen Wortsinn, die folglich aktuellen methodologisch-kritischen Ansprüchen Rechnung trägt, entstand erst im Laufe der 1970er Jahre, und zwar im Rahmen neu entwickelter Fragestellungen im Umweltbereich: Schlüsselfiguren dieser Entwicklung waren Hubert Horace Lamb und Emmanuel Le Roy Ladurie mit ihren jeweiligen Vorschlägen zu einer entsprechenden Methodologie.[22] Mit seiner 1967 veröffentlichten *Histoire du climat depuis l'an mil* legte Le Roy Ladurie eine grundlegende Untersuchung vor, in der er neue Auswertungsformen bislang unbeachteter Quellen vorstellte, wobei er auf eine Zusammenarbeit mit den Geowissenschaften hinzielte. Auch wenn er sein Projekt im Kern vorsichtig auf «das historische Studium des Klimas um seiner selbst willen» beschränkte, erschloss er damit nichtsdestoweniger einer jungen Forschergeneration neue Wege.[23]

2.2. Eine vergleichende Humangeschichte des Klimas

Etwa vierzig Jahre später lässt allein schon der Titel der letzten großen Gesamtdarstellung Le Roy Laduries, *Histoire humaine et comparée du climat*, die Weiterentwicklung dieser Art der Forschung erkennen: Durch die Zusammenstellung eines breiten Spektrums an Untersuchungen betonte er sowohl die Zunahme fächerübergreifender Ansätze als auch die internationale Zusammenarbeit, die die *histoire du climat* bzw. die Klimageschichtsforschung nunmehr kennzeichneten.[24] Vor allen Dingen kann jetzt – nach einem sehr langen Rei-

---

19 Alexandre 1987.
20 Camuffo 2018.
21 Rousseau 2009.
22 Pfister 2015: 70–77.
23 Le Roy Ladurie 1967: 11.
24 Ebd. 2004, 2006, 2009.

fungsprozess – die herkömmliche Determinismusproblematik als überwunden gelten.

Die heikle Frage hinsichtlich einer deterministischen Perspektive, die Historiker*innen lange abschreckte, kann nun dank der Fortschritte, die diesbezüglich seit der Jahrhundertwende in der Geografie erzielt wurden, nach und nach umgangen werden. So war Paul Vidal de la Blache (1845–1918) der Ansicht, dass menschliche Gesellschaften keineswegs durch das Milieu bestimmt würden, denn diese hätten der Natur gegenüber einen gewissen Freiheitsgrad, welcher ihnen diverse Möglichkeiten eröffne, das heißt, ihnen bestimmte Vorteile biete, die sie sich zunutze machen könnten – in Abhängigkeit von den zur Verfügung stehenden Technologien. Und es seien die jeweiligen Entscheidungen für die Ausnutzung dieser Vorteile, die Einfluss auf ihre Weiterentwicklung hätten.[25] Sein Schüler, der Historiker Lucien Febvre (1878–1956), trug dann dazu bei, diese klare Ablehnung eines jeden Klimadeterminismus weiter durchzusetzen, indem er diese neue Haltung in der Formel des «Possibilismus» zusammenfasste:

> «*Nirgends zwangsläufige Einflüsse, aber überall Möglichkeiten*; und der Mensch, der Herr ist über die Möglichkeiten, befindet über deren Inanspruchnahme; das bedeutet, eine notwendige Wende zu vollziehen und ihn von nun an in den Vordergrund zu rücken: der Mensch und nicht mehr die Erde, noch den Einfluss des Klimas, noch ausschlaggebende örtliche Bedingungen.»[26]

Nachdem diese Theorien nach und nach Eingang in die Geschichtswissenschaft gefunden hatten, in der sie dann in den 1970er Jahren ihre ganze Wirksamkeit entfalteten, erscheint das Klima heutzutage gleichermaßen als Vorteil und als Zwang.[27] Es kann Gesellschaften auf der einen Seite zum Vorteil gereichen und ihnen damit zur Entfaltung verhelfen, wie beispielsweise während des Kleinen Mittelalterlichen Klimaoptimums (der mittelalterlichen Wärmeperiode von ca. 950 bis ca. 1300),[28] oder aber auf der anderen Seite eine Zwangslage bedeuten, die sie in Schwierigkeiten bringt, wie dies während der Kleinen Eiszeit (ca. 1300–1800) der Fall war, welche die Einführung einer Reihe von Anpassungsstrategien erforderte. Letztere erfolgte in Abhängigkeit von Parametern, die allein auf der Ebene von sozialen, kulturellen, politischen und wirtschaftlichen Bedingungen zu suchen sind und die jeweils in ihren historischen Zusammenhang eingebettet werden müssen. Es geht folglich in Zukunft darum zu ermessen (ohne dies vorauszusetzen), welchen Grad der Verletzbarkeit Gesellschaften auf-

---

25 Veyret 2004.
26 Febvre 1922: 284.
27 Brázdil u. a. 2005: 402–403.
28 Fagan 2008.

wiesen, die Klimaveränderungen ausgesetzt waren, und die verschiedenen Anpassungsstrategien zu eruieren, die diese nachweislich entwickelten.[29]

2.3. Ein Forschungsfeld, das sich fachübergreifender und gemeinschaftlicher Arbeit geöffnet hat

Der starke Anstieg der Anzahl von Untersuchungen zur Klimageschichte seit den 1990er Jahren ist geradezu schwindelerregend, was beweist, wie lebendig die Forschung zu diesem Thema inzwischen ist, ob sie nun die Rekonstruktion von Klimaveränderungen betrifft,[30] insbesondere die Erstellung phänologischer Reihen über einen langen Zeitraum hinweg,[31] oder die Auswertung von Logbüchern der britischen Marine[32] oder auch die Darstellung der Abfolge extremer Klimaereignisse wie etwa jene der Hochwasserperioden am Rhein[33] und in Italien[34] oder die Untersuchung einer extremen Wetterlage auf europäischer Ebene wie jene des Hitzesommers und der Dürrezeit von 1540[35] oder die Berechnung der Auswirkungen dieser Veränderungen und Wechselfälle auf die Landwirtschaft und den Getreidehandel,[36] aber auch Forschungen zur Haltung jener lokalen, regionalen oder nationalen Behörden, die mit den klimabedingten Katastrophen und Krisen konfrontiert waren,[37] und nicht zu vergessen die Behandlung kultureller und religiöser Aspekte.[38] Diese keineswegs vollständige Liste beweist den unbegrenzten Einfallsreichtum der beteiligten Wissenschaftler, der sich auf alle Arten von Quellen erstreckt, die der Mensch je mit seinen Händen geschaffen hat, bis hin zu seinen Kunstwerken.[39]

All diese Arbeiten sind weit davon entfernt, bloß als Einzelteile zu existieren,[40] denn sie ergänzen einander und profitieren von einer Forschungsstruktur, die aus formellen und informellen Netzwerken besteht, deren Zusammenarbeit sich auf Datenbanken und Plattformen stützt, wie beispielsweise das *Climate*

---

29 White, Brooke, Pfister 2018; Webb 2018; Degroot 2018; Wickman 2018; Mauelshagen 2018a.
30 White u. a. 2018: 174–328.
31 Krämer 2015; Labbé u. a. 2019.
32 Wheeler 2010.
33 Wetter u. a. 2011.
34 Diodato, Ljungqvist, Bellocchi 2019.
35 Pfister 2018.
36 White, Brooke, Pfister 2018: 331–353.
37 Labbé 2017.
38 Barriendos 2010; Behringer 2010.
39 Camuffo 2010; Metzger 2018.
40 Dosse 1987.

Abb. 1: Unspezifische Darstellung von Flutkatastrophen im *Livre des prodiges* von Conrad Lycosthenes (1557: 613). Paris, BIU Santé. (Siehe archive.org/details/BIUSante_01429/page/n621/mode/2up, 15.08.2023)

History Network[41] und das *Réseau perception du climat*[42], die den Austausch der Forschenden untereinander erleichtern und damit regelrechten fachübergreifenden «Brutkästen» gleichkommen.

Die Erforschung der Klimageschichte ist schon lange nicht mehr das alleinige Privileg der Geschichtswissenschaft, denn sie liegt mittlerweile – zum Vorteil aller Beteiligten – an der Schnittstelle zwischen Gesellschafts- und Geowissenschaften. Diese Tendenz findet – sofern es Frankreich betrifft – ihren sprechenden Ausdruck in Untersuchungen, wie sie in den letzten Jahren von Umwelthistoriker*innen vorgelegt wurden.[43]

---

41 Vgl. http://www.climatehistory.net.
42 Vgl. http://www.perceptionclimat.net.
43 Giacona 2014; Metzger 2018; Athimon 2019.

3. Arbeitsmittel und Methoden zur Erforschung der Klimageschichte

3.1. Quellen und Ansätze der klimahistorischen Forschung

Bei der Erforschung der Klimageschichte greifen Wissenschaftler*innen auf eine große Bandbreite von Quellen zurück, die der Mensch im Laufe der Geschichte geschaffen hat. Diese weisen allerdings je nach untersuchter Region und Epoche deutliche Unterschiede hinsichtlich ihrer Zugänglichkeit auf. So erlauben es etwa die westeuropäischen Schriftzeugnisse kaum, weiter als tausend Jahre in die Vergangenheit zurückzuschauen,[44] wogegen für China Quellen über einen doppelt so langen Zeitraum verfügbar sind.[45] Für das vorkolumbianische Amerika ist dies nicht der Fall, da Zeugnisse aus der Zeit vor der Ankunft der Europäer größtenteils vernichtet wurden. Hier beginnt die Klimageschichtsschreibung also im Wesentlichen mit den Kolonialarchiven, was gleichfalls für Afrika und für Asien gilt.[46] Und schließlich haben etliche Gesellschaften überhaupt keine schriftlichen (oder generell materiellen) Spuren hinterlassen, die man heute auswerten könnte, wie beispielsweise die zahlreichen Völker des arktischen Polarkreises, die Aborigines in Australien und die indigenen Völker im Pazifik: Hier gerät übrigens das Studium ihrer mündlichen Überlieferung zu einem ganz neuen Forschungsgebiet.[47] In all diesen Fällen kann jedoch der Mangel an archivalischen und narrativen Schriftzeugnissen durch Untersuchungen seitens der Archäologie kompensiert werden.

Die breite Palette der zur Verfügung stehenden Daten liefert zugleich meteorologische Informationen wie auch Angaben zu Naturphänomenen und davon abhängigen menschlichen Aktivitäten. Im ersten Fall kann es sich um direkte oder indirekte Beobachtungen in Form von Beschreibungen bestimmter Wetterlagen handeln, ob diese nun von kurzer Dauer sind (Wolkenformationen, Gewitter, Hagelschlag) oder sich über einen längeren Zeitraum erstrecken (Dürren, «harte Winter»). Im zweiten Fall geht es um indirekte Auskünfte über das Klima, sogenannte Proxydaten, wie sie sich in Beschreibungen landwirtschaftlicher Tätigkeiten finden (Daten zur Ernte und zur Weinlese), in Berichten über die Entwicklung der Vegetation (Wachstum, Reifung des Weins und anderer landwirtschaftlicher Erzeugnisse) sowie in Darstellungen anorganischer Prozesse, die unmittelbar von der Temperatur und Niederschlagsstärke abhängen (Frost, Eisstau). Schließlich vervollständigen diese Palette auswertbarer Aufzeichnungen alle Schilderungen gesellschaftlicher und wirtschaftlicher Folgen (bei Naturkatastrophen etwa Teuerungen,

---

44 Rohr, Camenisch, Pribyl 2018.
45 Ge u. a. 2018.
46 Adamson 2015; Nash u. a. 2019.
47 Wickman 2018.

Sterbefälle und materielle Schäden), die unmittelbar auf längerfristige Phänomene (Dürren, «harte Winter») bzw. auf extreme Klimaereignisse (Überschwemmungen, Stürme) zurückgehen (Tab. 1).

Was die narrativen Quellen betrifft, so enthalten sie eine Fülle wertvoller Angaben, die gleichwohl ausgesiebt bzw. auf ihren dokumentarischen Wert hin überprüft werden müssen, indem man sie mit anderen Typen von Schriftstücken abgleicht, etwa mit Steuer- oder Verwaltungsunterlagen, um Gewissheit über die Zuverlässigkeit dieser Informationen zu erlangen, denn oft gibt es kleinere Abweichungen beim Vergleich eines sehr verlässlichen Berichts mit einer eher subjektiven, bildhaften Schilderung, die aufzuspüren nicht immer leichtfällt.[48] Ein solcher Abgleich von überlieferten Erzählungen mit dokumentarischen Quellen erlaubt es demnach, eine Auswahl zu treffen und lediglich diejenigen Angaben zu berücksichtigen, deren Datierung bzw. Entstehungskontext besonders gesichert erscheinen (halbobjektive und quasiobjektive Informationen). Gleichwohl sind auch jene Daten, die bei der Rekonstruktion vergangener Klimaverhältnisse aussortiert werden, für Historiker*innen durchaus von einem gewissen Nutzen, und zwar im Zusammenhang mit anderen, ergänzenden Forschungsansätzen (etwa zu politischen, gesellschaftlichen, kulturellen oder religiösen Aspekten).

Die Schriftzeugnisse früherer Gesellschaften unterscheiden nicht – anders als heute üblich – nach verschiedenen Arten von Lebens- und Wirtschaftsräumen: So geben städtische Akten, vor allem Steuerunterlagen, oft umfassend Auskunft über landwirtschaftliche Erzeugnisse. Dies gilt besonders für den Wein, der für etliche westeuropäische Städte mittels direkter oder indirekter Steuern, die auf Herstellung, Verbrauch und Vermarktung erhoben wurden, eine der wichtigsten Steuerquellen darstellte.[49] Die Erklärung hierfür liegt in dem Umstand, dass die Städte für ihre Lebensmittelversorgung von einem ausgedehnten Umland abhängig waren und dabei zugleich die Rolle eines Verteilzentrums für lokale und regionale Erzeugnisse des Hinterlandes spielen. Aus diesem Grunde gilt die in der Universitätslandschaft übliche Aufsplittung in eine Regional- und eine Stadtgeschichte heute als nicht mehr zielführend und sollte überwunden werden, worum sich jüngere Untersuchungen zu dem Thema auch bemühen.[50]

---

48 Pfister, White 2018.
49 Litzenburger 2015: 67–94.
50 Desarthe 2013; Camenisch 2015.

	Aufzeichnungen in narrativen und archivalischen Quellen	
Direkte Wetter- und Klimabeobachtungen	**Beobachtungen** – Saisonale Anomalien – Naturkatastrophen – Besondere Wetterereignisse – Gewöhnliches Wetter	**Relative Messwerte** – Temperaturen – Niederschläge
Indirekte Informationen (Proxydaten): Angaben über Prozesse, die von meteorologischen Parametern bestimmt oder betroffen sind	**Organische Prozesse** – Phänologie – Wachstum des Weins – Ernte- und Weinlesezeiten – Qualität der Weine – Weitere Aspekte	**Anorganische Prozesse** – Pegel der Flussläufe – Menge des Schneefalls – Höhe der Schneedecke – Eisschicht auf freien Gewässern (Eisstau) – Weitere Aspekte
Indirekte Informationen (Proxydaten) über die Aktivitäten des Menschen, soweit sie mehr oder weniger direkt von meteorologischen Parametern betroffen sind	**Einfluss auf Gesellschaften** – Sterblichkeit – Zusammenhang mit Epidemien – Konflikte beim Kampf um Ressourcen – Weitere Aspekte **Einfluss auf Kultur und Religion** – Darstellungen des Klimas und der daraus resultierenden Gefahren – Einstellung gegenüber Katastrophen (Angst, Flucht, Solidarität usw.) – Bittprozessionen für Regen oder schönes Wetter – Weitere Aspekte	**Wirtschaftliche Aktivitäten** – Ernteschäden – Preisniveau landwirtschaftlicher Erzeugnisse – Ausfall von Verkehrswegen – Materielle Schäden (Infrastruktur, Bebauung) – Weitere Aspekte

Tab. 1: Quellen und Forschungsansätze der Klimageschichtsschreibung (nach Brázdil u. a. 2005; Brázdil u. a. 2010)

3.2. Der Forschungsstand: Die «Pfister-Klimaindizes»

Die Rekonstruktion von Klimaveränderungen auf der Basis dieser mannigfaltigen Quellen, wie sie menschliche Gesellschaften hervorgebracht haben, erfordert die Zusammenführung von Daten ganz unterschiedlichen Zuschnitts, was heutzutage durch die von dem Schweizer Historiker Christian Pfister seit den 1980er Jahren entwickelte standardisierte Methodologie ermöglicht wird.[51] Die «Pfister-Klimaindizes» erlauben es, den aus narrativen und administrativen Quellen gewonnenen Informationen jeweils entsprechende Indizes zuzuordnen, die sich im Rahmen einer siebenstufigen Skala auf Temperatur und Niederschlagsstärke beziehen (Tab. 2).

Index	Temperaturen	Niederschläge
3	Extrem warm	Extrem nass
2	Sehr warm	Sehr nass
1	Warm	Nass
0	Normal	Normal
− 1	Kühl	Trocken
− 2	Sehr kühl	Sehr trocken
− 3	Extrem kühl	Extrem trocken

Tab. 2: Die «Pfister-Klimaindizes» (angepasste Skala, zit. nach Camenisch 2015: 59)

Diese Indizes lassen eine quantitative Geschichtswissenschaft zu, das heißt die Option, «Zahlen mithilfe von Worten zu generieren», um die schöne Formulierung Emmanuel Garniers aufzugreifen: Die einzelnen Angaben werden nunmehr so klassifiziert, dass sie zueinander in Bezug gesetzt werden, indem man jene Monate hervorhebt, die hinsichtlich der Temperaturwerte als unbestreitbar «wärmer» oder «kälter» als der Durchschnitt der untersuchten Epoche ausgewiesen werden, aber auch jene, die auf der Ebene der Niederschlagswerte als «feuchter» oder «trockener» erscheinen.[52] Die auf diese Weise erstellten Zeitreihen, die jeweils nach dem Raster von Monaten, Jahreszeiten oder Jahren angelegt werden und sich – soweit möglich – über einen langen Zeitraum erstrecken, können fortan mittels belastbarer, breit eingeführter statistischer Berechnungen untersucht werden,[53] die dann auch einen Vergleich mit anderen Regionen zum selben Zeitpunkt gestatten, um mit zusätzlichen Daten ihre Beweiskraft zu erhö-

---

51   Brázdil u. a. 2005; Brázdil u. a. 2010; Pfister, Camenisch, Dobrovolný 2018.
52   Garnier 2010.
53   Dobrovolný 2018.

hen.⁵⁴ In dieser Hinsicht hat die Rekonstruktion der Klimaverhältnisse für die burgundischen Niederlande des 15. Jahrhunderts, wie sie Chantal Camenisch vorgelegt hat, exemplarischen Charakter.⁵⁵

Die so gewonnenen Ergebnisse sind keineswegs absolut zu setzen, denn sie sind abhängig von einer ununterbrochenen Textüberlieferung, von der Möglichkeit eines Vergleichs verschiedener Typen von Quellen und auch von der subjektiven Sichtweise der Wissenschaftler*innen selbst. Diese sollten die oben beschriebene Methodologie so weit wie möglich umreißen und die untersuchten Primärquellen sowie die durchgeführten Berechnungen bzw. die daraus resultierenden Schlussfolgerungen systematisch mit Kollegen und Kolleginnen teilen. Auf jeder Stufe des Arbeitsprozesses kann damit durch den konsequenten Vergleich mit anderen, ähnlichen Forschungen die Gefahr einer Überinterpretation der Schriftzeugnisse erheblich gesenkt werden. Diese Grenzen der Geschichtswissenschaft sind heute klar abgesteckt und relativieren jede augenscheinliche «Wissenschaftlichkeit» von überlieferten Aussagen. Dieser quantitative Ansatz bleibt im Wesentlichen jenen Forschenden vorbehalten, die sich auf die textkritische Analyse spezialisiert haben.

3.3. Datenbanken als Basis der Zusammenarbeit

Die Nutzung einer standardisierten, heute allgemein anerkannten Methodologie begünstigt die Veröffentlichung von entsprechenden Forschungsergebnissen, die laufend miteinander verglichen, verfeinert und ergänzt werden. In der Ära von «Big Data» wird dieses Material zunehmend in gemeinschaftlich erstellten Datenbanken zusammengefügt wie etwa *Tambora*⁵⁶ – seit fast dreißig Jahren von Rüdiger Glaser (Albert-Ludwigs-Universität Freiburg) und seinem Team gepflegt – oder *Euro-Climhist*⁵⁷, einer Datensammlung, die von Christian Pfister ins Leben gerufen wurde und heute Forschungen aus ganz Europa in sich vereinigt. Die Gesamtheit der auf der oben erwähnten Internetseite des *Climate History Network* aufgeführten Datenbanken stellt unter Beweis, dass sich diese dynamische Entwicklung auf alle Kontinente erstreckt.

Diese Datenbanken sind dabei keineswegs einfach Ausdruck neuartiger Praktiken im Zuge der allgemeinen Digitalisierung, vielmehr befördern sie einen regen Austausch innerhalb der Scientific Community und erleichtern die Vergleichbarkeit verschiedener Räume und Zeitabschnitte, so dass sie in jüngeren Publikationen mittlerweile zur Norm avanciert sind – wie beispielsweise in der Studie über die Hitzewelle und die Dürre, die Europa im Jahre 1540 plagten und

---

54 Pfister, Camenisch, Dobrovolný 2018.
55 Camenisch 2015.
56 Vgl. https://www.tambora.org.
57 Vgl. https://www.euroclimhist.unibe.ch.

die vielleicht sogar drastischer ausfielen als jene der Jahre 2003 und 2022.[58] Vor allem lassen die Datenbanken eine räumlich erweiterte Präsentation zu und bilden eine Schnittstelle zwischen den jeweiligen Anliegen von Wissenschaftler*innen, politischen Entscheidungsträger*innen und der Zivilgesellschaft. So tragen Datenbanken landesspezifischen Zuschnitts mit Koordinaten von Hochwasser- und Überschwemmungszeiten[59] oder auch solche regionalen Charakters mit ihrer Erfassung von Hoch- und Niedrigwasserereignissen[60] zu einer Überarbeitung der Raumplanung bei, jeweils im Einklang mit den betreffenden gesetzlichen Rahmenbedingungen. Und schließlich begünstigen diese Plattformen immer stärker die Teilhabe nach dem Vorbild der Citizen Sciences, wie sie in der angelsächsischen Welt aufgekommen sind.[61]

4. Eine Fülle an Forschungsoptionen

4.1. Räumliche und zeitliche Koordinaten der Klimageschichte

Im Falle der Paläoklimatologie liegt das Forschungsziel in der Rekonstruktion des Klimawandels über sehr lange Zeiträume auf der Basis einer großen Vielfalt natürlicher Archive.[62] Im Gegensatz dazu beschränkt sich die Auswertung der von Menschenhand hervorgebrachten Quellen in der Gesellschaftswissenschaft zwangsläufig auf eng begrenzte Zeiträume und auf eher lokale und regionale Gebiete. Darin ist kein Manko, sondern vielmehr ein Vorteil zu sehen, denn in diesem Fall wird die Klimageschichtsschreibung um einen Kontext bereichert, der den Sorgen und Nöten der Menschen der untersuchten Epoche eine historische Tiefe verleiht, die diese Besorgnisse genauestens in die raum-zeitlichen Koordinaten der jeweiligen Gesellschaften einbettet.[63] Dieser Forschungsansatz ist überdies stichhaltig im Zusammenhang mit der Praxis des *downscaling* («Herunterskalierens»), die heutzutage das Bemühen um die Modellierung künftiger Klimaentwicklungen bestimmt.[64]

---

58   Wetter u. a. 2014; Pfister 2018.
59   Vgl. http://www.reperesdecrues.developpement-durable.gouv.fr/ und bdhi.developpement durable.gouv.fr/, beide 15.10.2023.
60   Zum Beispiel die Datenbank *Orrion* zu den historischen Überschwemmungen im Elsass und im Rheingraben: orrion.fr.
61   So fordert etwa das Projekt *Old Weather* auf zu einer Auswertung der digitalisierten Logbücher der amerikanischen Marine seit der Mitte des 19. Jahrhunderts mit dem Ziel einer Beteiligung an der Rekonstruktion der weltweiten Luftbewegungen der Atmosphäre, und zwar mit besonderer Berücksichtigung der Arktis: http://www.oldweather.org.
62   Roberts 2014; Bradley 2015.
63   Tabeaud 2009.
64   Heymann, Achermann 2018: 623.

Allerdings haben Historiker*innen sehr wohl auch Arbeiten vorgelegt, die sich zum Ziel gesetzt haben, das Zusammenspiel von Klima und Gesellschaft für ein ausgedehntes Territorium zu ermessen, wie etwa das beeindruckende Opus von Bruce M. S. Campbell *The Great Transition: Climate, Disease and Society in the Late-Medieval World*, das 2016 erschien. Sein Interesse gilt der Wechselbeziehung zwischen Klima und Epidemien und speziell der Entstehung und Verbreitung der Pest im Zusammenhang mit der Kleinen Eiszeit, und dies für die gesamte christliche Welt und für einen Zeitraum, der vom Ende des 13. bis zum Ende des 15. Jahrhunderts reicht.[65] Der höchst anregende Charakter dieser großen Überblicksdarstellung liegt darin begründet, dass hier eine beeindruckende Fülle an schriftlichen Belegen aufgeboten wird und Beiträge der unterschiedlichsten Fachrichtungen hinzugezogen werden, wie etwa die paläoklimatologischen Daten, die die US-amerikanische National Oceanic and Atmospheric Administration zur Verfügung stellt.[66] Doch können diese eindeutigen Stärken der Arbeit einige klare Defizite nicht kaschieren, und zwar einen Mangel hinsichtlich jener Aspekte, die gerade die eigentliche Würze historischer Forschung ausmachen und die zugleich mächtige Antriebsfedern einer entsprechenden Theoriebildung sind. So weisen die vom Autor bereitgestellten Reihen von Klimadaten keine genauen Entsprechungen mit den untersuchten geografischen Gebieten auf, was zu einer Relativierung ihrer aufgezeigten demographischen, gesellschaftlichen und wirtschaftlichen Auswirkungen führen kann. Vor allem ist seine Aufstellung von Beziehungen zwischen dem Klima und sozialen, politischen und kulturellen Gegebenheiten durch eine gewisse Oberflächlichkeit gekennzeichnet und stellt damit keine wirklich systematische Analyse dar.[67]

So ist die Frage nach der Festsetzung einer räumlichen und zeitlichen Spanne für derartige Untersuchungen von großer Bedeutung, denn allein durch eine Fokussierung auf genau begrenzte Gesellschaften bzw. Zeiträume kann es gelingen, eine Form der Globalgeschichte zu schreiben (um nicht *histoire totale* zu sagen), indem man sowohl eine Rekonstruktion des Klimas vorlegt als auch eine Beurteilung der Verletzlichkeit von Gesellschaften, ihrer Anpassungsstrategien und ihrer Vorstellungswelten.[68]

4.2. Die Beurteilung der Verwundbarkeit von Gesellschaften

Entsprechend stellt sich die Frage, in welchem Maße vorindustrielle, agrarische, auf Naturalwirtschaft beruhende Gesellschaften empfindlich auf extreme Wechselfälle und Entwicklungen des Klimas wie das Kleine Mittelalterliche Optimum

---

65 Campbell 2016.
66 Vgl. http://www.ncei.noaa.gov/products/paleoclimatology, 15.08.2023.
67 Genet 2017.
68 Desarthe 2013; Camenisch 2015; Athimon 2019.

und die Kleine Eiszeit reagieren. Diesbezügliche Untersuchungen weisen oft die Form eines systemischen Fragerasters auf (Abb. 2). Dabei können jedoch auch Monografien, die auf bestimmte lokale oder regionale Gegebenheiten fokussiert sind (und die heutzutage eher vernachlässigt werden), dazu beitragen, dem jeweils zugrunde gelegten zeitlichen oder räumlichen Maßstab erneut eine gewisse Komplexität zu verleihen, indem sie eine präzisere und abgewogenere Einschätzung der Beziehungen zwischen anthropogenen Systemen und ihrer Umwelt erlauben.

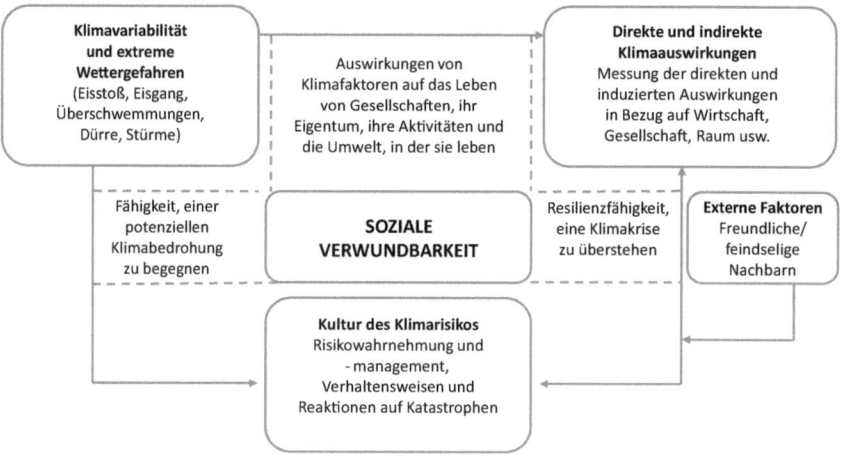

Abb. 2: Klimahistorische Abwägung der Verwundbarkeit von Gesellschaften (nach Litzenburger 2015: 29)

Die am besten untersuchten Phänomene stellen derzeit extreme Klimaereignisse dar, insbesondere Eisstau und Eisgang, Sturm, Hochwasser, Dürre sowie jahreszeitliche Anomalien, also Unwägbarkeiten, über die man heute deshalb besonders gut Bescheid weiß, weil sie in den von Menschenhand geschaffenen Zeugnissen die meisten Spuren hinterlassen haben. Ihre Erforschung fügt sich in eine bereits sehr umfangreiche historische Katastrophenforschung ein, die für gewöhnlich längere Zeiträume in den Blick nimmt[69] und auf diese Weise die Erfassung von langsamen und asynchronen Veränderungen innerhalb von Gesellschaften ermöglicht (Gesetzgebung, Verhalten der Obrigkeit, solidarische Systeme usw.).

---

69 Walter 2008; Labbé 2017.

Der Klimawandel steht ebenfalls im Zentrum von Studien zur Subsistenzwirtschaft bzw. zu deren Krisen, ein althergebrachtes und relativ gut untersuchtes Forschungsthema, wie sich etwa bei Emmanuel Le Roy Laduries Konzept einer *histoire famineuse* zeigt.[70] Desgleichen sind Schwankungen in der Verfügbarkeit und der Preisgestaltung von Grundstoffen und Primärprodukten (wie Erzeugnisse pflanzlichen und tierischen Ursprungs oder Holz) Gegenstand zahlreicher und immer präziserer Erhebungen.[71]

Auch die Beziehungen zwischen Klima, Epidemien und Tierseuchen stellen einen vielbeachteten Untersuchungsgegenstand dar, der gleichwohl weiter zu vertiefen bleibt,[72] denn die Erfassung der Bevölkerungsentwicklung (und auch jene des Viehbestands) für vorneuzeitliche Epochen stellt für Historiker*innen eine echte Herausforderung dar. Allerdings könnten Erhebungen zum Konsumwandel bei Grundnahrungsmitteln diese Schwierigkeiten unter Umständen überwinden helfen, sofern hier Aufzeichnungen vorliegen, wie dies zum Beispiel für die spätmittelalterliche Stadt Metz der Fall ist, für die man auf Angaben zu den auf Getreide und Wein erhobenen Steuern zurückgreifen kann.[73]

4.3. Die Anpassungsstrategien vergangener Gesellschaften

Die Frage nach den Anpassungsstrategien, die Gesellschaften angesichts eines Klimawandels entwickeln, stellt in der Geschichtswissenschaft ein zentrales Forschungsziel dar.[74] Diese Strategien sind so mannigfaltig wie die untersuchten Gesellschaften selbst, und eine Erforschung dieser Vielfalt lässt sich schwerlich im Rahmen großer Gesamtdarstellungen bewerkstelligen. In dieser Hinsicht können nun gerade die auf eine begrenzte lokale und regionale Ebene ausgerichteten Studien einen entscheidenden Beitrag leisten.

Die jeweiligen Anpassungsstrategien hängen vorwiegend von den technischen Fähigkeiten und den politischen Entscheidungen der Gesellschaften ab, wie etwa jene Erhebungen zeigen, die für das spätmittelalterliche Westeuropa durchgeführt worden sind. Ein erheblicher Anteil der von vorindustriellen Gesellschaften produzierten Energie stammt aus der Nutzung der Wasserkraft, wodurch eine zunehmende Anthropisierung von Wasserläufen begünstigt wurde. Dies führte bisweilen zum Bau ausgedehnter technischer Anlagen, durch die eine ausreichende Wasserversorgung der städtischen Mühlen gewährleistet werden sollte, wie dies beispielsweise im mittelalterlichen Metz der Fall war.[75] Da nun

---

70 Le Roy Ladurie 2004.
71 White, Brooke, Pfister 2018: 331–353.
72 Campbell 2016; Webb 2018.
73 Litzenburger 2015: 263–298.
74 Brázdil u. a. 2005; Brázdil u. a. 2010.
75 Ferber 2012.

die unterschiedlichen Arten von Mühlen dauerhaft den Auswirkungen von Klimaereignissen unterliegen (Eisstau und Eisgang, Hoch- und Niedrigwasser, Sturmtiefs), bietet sich hier ein ergiebiges Forschungsfeld: So zeigt der Fall Metz, dass von Tieren angetriebene Mühlen sowie Windmühlen dazu eingesetzt wurden, eine ungenügende Leistung von Wassermühlen auszugleichen.[76] Um bei den rein technischen Anpassungsstrategien zu bleiben, sei hier noch erwähnt, dass zahlreiche Städte in Europa (zum Beispiel London, Köln, Straßburg und Basel) von den 1430er Jahren an riesige Kornspeicher bauen ließen, um Subsistenzkrisen vorzubeugen.[77] Die Schaffung einer solchen Infrastruktur war Teil einer städtischen Politik zur Sicherstellung der Getreideversorgung. In Krisenzeiten wurde diese durch eine verstärkte Kontrolle des Handels mit landwirtschaftlichen Erzeugnissen, ja sogar durch strikte Exportverbote ergänzt. So bewegten sich alle Angelegenheiten, die die Grundversorgung betreffen, an der Schnittstelle zwischen den technischen Möglichkeiten (Herstellung, Verarbeitung, Lagerung), dem politischen Willen und den aufzuwendenden wirtschaftlichen Mitteln.

Damit stellt sich die Frage, inwieweit derartige Anpassungsstrategien die Struktur einer Wirtschaftsform annehmen können. Im Rahmen eines (zumindest theoretisch) freien Handels, dessen Gesetze allerdings ungeschrieben bleiben, setzen sich in Krisenzeiten meist lokale – vor allem städtische – Eigeninteressen durch und stehen folglich Initiativen zur Krisenbewältigung von Seiten der Provinzen oder auch Reiche entgegen. Dies geschah zum Beispiel in der großen Hungersnot von 1481 bis 1482, die für Emmanuel Le Roy Ladurie eine regelrechte Zäsur auf der Ebene der politischen Ethik darstellt: Zum ersten Mal in der Geschichte war es der Staat, der für die Existenzgrundlage der Bevölkerung sorgte – eine historische Wende, die sich im weiteren Verlauf stetig weiter festigen sollte. Die von König Ludwig XI. zunächst versuchsweise eingeführten Maßnahmen sollten bahnbrechend sein: Dabei stellen zum einen der freie Verkehr von Getreide zwischen städtischen Räumen, zum anderen das für Händler geltende Verbot, Lagervorräte anzulegen und über die Reichsgrenzen auszuführen, sowie auch die Überwachung der Akteure der lokalen Märkte die eigentlichen Hauptlinien dieses Maßnahmenbündels dar. Sie stellen das Gemeinwohl über die städtischen Eigeninteressen, wobei sich allerdings zahlreiche Städte gegen diese Regelungen sträubten.[78] Daraus ergibt sich eine Fülle von Fragen zur Funktionsweise von Wirtschaftssystemen im Rahmen von Subsistenzkrisen, aber auch zum Umgang mit Armen und Migranten und Migrantinnen, ihrer Mobilität und zu ihrer Kontrolle, zur Öffnung und Schließung von Grenzen sowie zu den Be-

---

76 Litzenburger 2015.
77 Camenisch u. a. 2016.
78 Le Roy Ladurie 2004.

ziehungen zwischen verschiedenen Verwaltungseinheiten auf allen räumlichen Ebenen.

Anpassungsstrategien finden sich jedoch ebenfalls innerhalb des kulturellen und religiösen Bereichs, der ein unerschöpfliches Reservoir an Forschungsthemen bereithält. Die verschiedenen Darstellungsformen (literarische Werke, Spiele, Mysterien, Theaterstücke), mittels derer eine Gesellschaft Wetterphänomene, die sich menschlichem Begreifen und Handeln entziehen, zu erfassen und zu erklären versuchte, bilden hier eine umfangreiche und reichhaltige Interpretationsbasis,[79] denn die Gesellschaften beschränken sich keineswegs auf schlichte religiöse Praktiken, mit denen sie göttliche Gnade erflehen, sondern stellen vielmehr eine grenzenlose Vorstellungskraft unter Beweis, indem sie mannigfaltige Andachts- und Prozessionsformen sowie diverse Schutzheilige und Reliquien einführten.[80] Dieser Einfallsreichtum gründet sich auf eine regelrechte Projektplanung, die von der weltlichen und geistlichen Obrigkeit gemeinschaftlich betrieben wurde und deren Ziel darin lag, die Zuweisung einer politischen Verantwortung zu verhindern, denn sobald die technischen, politischen und wirtschaftlichen Mittel zur Abwendung einer (realen oder gefühlten) Krise nicht ausreichen, blieb nur diese religiöse Bewältigung als Form gemeinschaftlichen Handelns gegenüber einem allumfassenden Problems.

Doch wenn sich diese Maßnahmenbündel an der Schnittstelle von Kultur und Religion für die Eindämmung einer gesellschaftlichen Krise als untauglich erweist, war die weltliche und geistliche Obrigkeit gezwungen, alle möglichen Mittel zur Verhinderung von Unruhen und Revolten aufzubieten. In diesem Kontext kamen etwa die Hexenprozesse auf, insbesondere während der Kleinen Eiszeit, beispielsweise zwischen 1480 und 1490 und zwischen 1570 und 1630. Im Bereich der Justiz bildet die Entstehung von wahrlich bizarren Gerichtsverfahren, in denen «Wetterhexen» angeklagt wurden, Unwetter herbeigeführt zu haben (Abb. 3), ein klares Anzeichen für den sozialen Stress von Gesellschaften, die im Rahmen ihrer Glaubenspraktiken sämtliche Hilfsmittel ausgeschöpft hatten. Entsprechend waren die Richter – ohne dass sie dazu verpflichtet gewesen wären – dazu bereit, dem sozialen Druck nachzugeben und der Fantasie Einzug in die Gerichtspraxis zu gewähren, oft in komplettem Widerspruch zu ihren eigenen Denkmustern und zu den allbekannten Gesetzen.[81] Gleichwohl sollte diese Hypothese insofern weiter untersucht und mit Vorsicht gehandhabt werden, als man nicht automatisch von einer Kausalbeziehung zwischen den Wechselfällen der Witterung und der Hexenverfolgung ausgehen kann: Hier heißt es stets, den speziellen kulturellen Bedingungen Aufmerksamkeit zu schenken, die jenen

---

79 Litzenburger 2015: 351–397.
80 Barriendos 2010.
81 Behringer, Lehmann, Pfister 2005; Pfister 2006; Litzenburger 2015: 425–446.

Abb. 3: Abbildung der «Hexenküche» in *De lamiis et phitonicis mulieribus* von Ulrich Molitor (1926: 41): Die «Wetterhexen» werden angeklagt, Unwetter herbeizuführen (Gewitter oder Hagelschlag) und die landwirtschaftliche Produktion zu gefährden, indem sie in ihren Kessel Kräuter, Haustiere (einen Hahn) und Wildtiere (eine Schlange) eintauchen (BIU Santé, Paris, Creative Commons Public Domain Mark, archive.org/details/b29980380/mode/2up, 15.10.2023)

Deutungszusammenhang bilden, in dessen Rahmen das Wettergeschehen gesellschaftliche Phänomene auslösen kann.[82]

In ihrer Gesamtheit stellen diese vielgestaltigen Anpassungsstrategien einen ersten Ansatz zu einer Kultur des Bewusstseins für Klimarisiken dar, wie sie sich seit dem Spätmittelalter allmählich herausbildet.

5. Schlussbetrachtung

Die Historische Klimaforschung existiert seit mittlerweile fünfzig Jahren, doch lassen sich die größten Fortschritte in der Erforschung der Klimageschichte für die Wende vom 20. zum 21. Jahrhundert konstatieren. Diese wurden im Zuge eines – nunmehr international standardisierten – methodologischen Rahmens erzielt, der einen wirklichen fachübergreifenden Dialog beförderte.

Indem sich die Forschungsteams in Netzwerken organisieren und Rekonstruktionen von Klimaverhältnissen der Vergangenheit über gemeinschaftlich erstellte Datenbanken geteilt werden, können ein kontinuierlicher Austausch gewährleistet sowie eine weitere Öffnung für Entscheidungsträger*innen und die Zivilgesellschaft erreicht werden, welche dank verschiedener Kooperationsprojekte immer häufiger an der Forschung beteiligt ist. Diese Entwicklung steht folgerichtig im Zusammenhang mit dem weltweiten Engagement für das Klima und den aktuellen Fragen hinsichtlich der Zukunft unserer Gesellschaften in ihrer Auseinandersetzung mit der Erderwärmung.

Der entscheidende Beitrag der Geschichtswissenschaft liegt hier in ihrer Fähigkeit, vielfältige Erklärungen und Lösungen bereitzuhalten, wie sie von vergangenen Gesellschaften zur Minderung ihrer durch den Klimawandel verursachten Verwundbarkeit entwickelt wurden. Eine jede Gesellschaft, die sich ihren Bedürfnissen entsprechend ein Territorium aneignet, anlegt und einteilt, entwirft ihre eigenen, den lokalen Gegebenheiten entsprechenden Anpassungsstrategien. Die Dokumentation dieser Mannigfaltigkeit der Beziehungen zwischen Mensch und Klima steht damit im Einklang mit den zahlreichen Herausforderungen des 21. Jahrhunderts.

---

[82] Mauelshagen 2010.

6. Bibliografie

Adamson, George: Colonial Private Diaries and their Potential for Reconstructing Historical Climate in Bombay, 1799–1828. In: Damodaran, Vinita; Winterbottom, Anna; Lester, Alan (Hg.): The East India Company and the Natural World. Palgrave Studies in World Environmental History. London 2015.

Alexandre, Pierre: Le climat en Europe au Moyen Âge. Contribution à l'histoire des variations climatiques de 1000 à 1425, d'après les sources narratives de l'Europe occidentale. Paris 1987.

Athimon, Emmanuelle: Vimers de mer et sociétés dans les provinces de la façade atlantique du royaume de France (XIVe–XVIIIe siècles). Dissertation, Université de Nantes. Nantes 2019.

Barriendos, Mariano: Les variations climatiques dans la péninsule ibérique. L'indicateur des processions (XVIe–XIXe siècle). Revue d'histoire moderne & contemporaine 57/3 (2010): 131–159, DOI: doi.org/10.3917/rhmc.573.0131.

Behringer, Wolfgang: A Cultural History of Climate. Cambridge 2010.

Behringer, Wolfgang; Lehmann, Hartmut; Pfister Christian (Hg.): Kulturelle Konsequenzen der Kleinen Eiszeit – Cultural Consequences of the Little Ice Age. Göttingen 2005.

Bradley, Raymond S.: Paleoclimatology: Reconstructing Climates of the Quaternary. Amsterdam 32015.

Brázdil, Rudolf; Dobrovolný, Petr; Luterbacher, Jürg; Moberg, Anders; Pfister, Christian; Wheeler, Dennis; Zorita, Eduardo: European Climate of the Past 500 years. New Challenges for Historical Climatology. In: Climatic Change 101/1–2 (2010): 7–40, DOI: doi.org/10.1007/s10584-009-9783-z.

Brázdil, Rudolf; Pfister, Christian; Wanner, Heinz; Von Storch, Hans; Luterbacher, Jürg: Historical Climatology in Europe – The State of the Art. In: Climatic Change 70/3 (2005): 363–430, DOI: doi.org/10.1007/s10584-005-5924-1.

Camenisch, Chantal: Endlose Kälte. Witterungsverlauf und Getreidepreise in den Burgundischen Niederlande im 15. Jahrhundert (Wirtschafts-, Sozial- und Umweltgeschichte 5). Basel 2015.

Camenisch, Chantal; Keller, Kathrin M.; Salvisberg, Melanie; Amann, Benjamin; Bauch, Martin; Blumer, Sandro; Brázdil, Rudolf; Brönnimann, Stefan; Büntgen, Ulf; Campbell, Bruce M. S.; Fernández-Donado, Laura; Fleitmann, Dominik; Glaser, Rüdiger; González-Rouco, Fidel; Grosjean, Martin; Hoffmann, Richard C.; Huhtamaa, Heli; Joos, Fortunat; Kiss, Andreas; Kotyza, Oldřich; Lehner, Flavio; Luterbacher, Jürg; Maughan, Nicolas; Neukom, Raphael; Novy, Theresa; Pribyl, Kathleen; Raible, Christoph C.; Riemann, Dirk; Schuh, Maximilian; Slavin, Philip; Werner, Johannes P.; Wetter, Oliver: The 1430s. A Cold Period of Extraordinary Internal Climate Variability during the Early Spörer Minimum with Social and Economic Impacts in North-Western and Central Europe. In: Climate of the Past 12 (2016): 2107–2126, DOI: doi.org/10.5194/cp-12-2107-2016.

Campbell, Bruce M.S.: The Great Transition: Climate, Disease and Society in the Late-Medieval World. Cambridge 2016.

Camuffo, Dario: Le niveau de la mer à Venise d'après l'œuvre picturale de Véronèse, Canaletto et Bellotto. In: Revue d'histoire moderne & contemporaine 57/3 (2010): 92–110, DOI: doi.org/10.3917/rhmc.573.0092.

Camuffo, Dario: Evidence from the Archives of Societies. Early Instrumental Observations. In: White, Sam; Pfister, Christian; Mauelshagen, Franz (Hg.): The Palgrave Handbook of Climate. London 2018: 83–92.

Champion, Maurice: Les inondations en France depuis le VIe siècle jusqu'à nos jours [1858–1864]. Paris 2001.

Degroot, Dagomar: Climate Change and Conflict. In: White, Sam; Pfister, Christian; Mauelshagen, Franz (Hg.): The Palgrave Handbook of Climate History. London 2018: 367–385.

Desarthe, Jérémy: Le temps des saisons. Climat, événements extrêmes et sociétés dans l'Ouest de la France (XVIe–XIXe siècles). Paris 2013.

Diodato, Nazzareno; Fredrik, Charpentier; Bellocchi, Gianni: A Millennium-long Reconstruction of Damaging Hydrological Events across Italy. In: Scientific Reports 9 (2019), DOI: doi.org/10.1038/s41598-019-46207-7.

Dobrovolný, Petr: Analysis and Interpretation. Calibrication-Verification. In: White, Sam; Pfister, Christian; Mauelshagen, Franz (Hg.): The Palgrave Handbook of Climate History. London 2018: 107–113.

Dosse, François: L'Histoire en miettes. Des Annales à la «nouvelle histoire». Paris 1987.

Fagan, Brian M.: The Great Warming. Climate Change and the Rise and Fall of Civilizations. New York 2008.

Febvre, Lucien: La Terre et l'évolution humaine. Introduction géographique à l'Histoire. Paris 1922.

Ferber, Frédéric: Metz et ses rivières à la fin du Moyen Âge. Dissertation, Université de Lorraine. Nancy 2012.

Fressoz, Jean-Baptiste; Graber, Frédéric; Locher, Fabien; Quenet, Grégory: Introduction à l'histoire environnementale. Paris 2014.

Garnier, Emmanuel: Fausse science ou nouvelle frontière? Le climat dans son histoire. In: Revue d'histoire moderne & contemporaine 57/3 (2010): 7–41, DOI: doi.org/10.3917/rhmc.573.0007.

Ge, Quansheng; Hao, Zhixin; Zheng, Jingyun; Liu, Yang: China. 2000 Years of Climate Reconstruction from Historical Documents. In: White, Sam; Pfister, Christian; Mauelshagen, Franz (Hg.): The Palgrave Handbook of Climate History. London 2018: 189–201.

Genet, Jean-Philippe: À propos de la «grande transition», mesure et histoire. Bruce M.S. Campbell: The Great Transition. Climate, Disease and Society in the Late-Medieval World. In: Histoire & mesure XXXII/2 (2017): 165–174, DOI: doi.org/10.4000/histoiremesure.6295.

Giacona, Florie: Géohistoire du risque d'avalanche dans le Massif vosgien. Réalité spatio-temporelle, cultures et représentations d'un risque méconnu. Dissertation, Université de Hante-Alsace. Mulhouse 2014.

Heymann, Matthias; Achermann, Dania: From Climatology to Climate Science in the Twentieth Century. In: White, Sam; Pfister, Christian; Mauelshagen, Franz (Hg.): The Palgrave Handbook of Climate History. London 2018: 605–632.

Krämer, Daniel: «Menschen grasten nun mit dem Vieh». Die letzte grosse Hungerkrise der Schweiz 1816/17. Mit einer theoretischen und methodischen Einführung in die historische Hungerforschung (Wirtschafts-, Sozial- und Umweltgeschichte 4). Basel 2015.

Labbé, Thomas: Les catastrophes naturelles au Moyen Âge. Paris 2017.

Labbé, Thomas; Pfister, Christian; Brönnimann, Stefan; Rousseau, Daniel; Franke, Jörg; Bois, Benjamin: The Longest Homogeneous Series of Grape Harvest Dates, Beaune 1354–

2018, and its Significance for the Understanding of Past and Present Climate. In: Climate of the Past 15 (2019): 1485–1501, DOI: doi.org/10.5194/cp-15-1485-2019.

Lang, Michel; Cœur, Denis (Hg.): Les inondations remarquables en France. Inventaire 2011 pour la directive inondation. Paris 2014.

Le Roy Ladurie, Emmanuel: Histoire du climat depuis l'an mil. Paris 1967.

Le Roy Ladurie, Emmanuel: Histoire humaine et comparée du climat, Bd. I: Canicules et glaciers, XIIIe–XVIIIe siècles. Paris 2004.

Le Roy, Ladurie Emmanuel (2006): Histoire humaine et comparée du climat, Bd. II: Disettes et Révolutions, 1740–1860. Paris 2006.

Le Roy Ladurie, Emmanuel: Histoire humaine et comparée du climat, Bd. III (unter Mitarbeit von Guillaume Séchet): Le réchauffement de 1860 à nos jours. Paris 2009.

Litzenburger, Laurent: Une ville face au climat. Metz à la fin du Moyen Âge, 1400–1530. Nancy 2015.

Lycosthenes, Conrad: Prodigiorum ac ostentorum chronicon quae praeter naturae ordinem, motum, et operationem, et in superioribus et his inferioribus mundi regionibus, ab exordio mundi usque ad haec nostra tempora, acciderunt. Basel 1557.

Mauelshagen, Franz: Klimageschichte der Neuzeit 1500–1900. Darmstadt 2010.

Mauelshagen, Franz: Climate as a Scientific Paradigm – Early History of Climatology to 1800. In: White, Sam; Pfister, Christian; Mauelshagen, Franz (Hg.): The Palgrave Handbook of Climate History. London 2018: 565–588 (= Mauelshagen 2018a).

Mauelshagen, Franz: Migration and Climate in World History. In: White, Sam; Pfister, Christian; Mauelshagen, Franz (Hg.): The Palgrave Handbook of Climate History. London 2018: 413–444 (= Mauelshagen 2018b).

Metzger, Alexis: L'hiver au siècle d'or hollandais. Art et climat. Paris 2018.

Metzger, Alexis; Desarthe, Jérémy; Rémy, Frédérique (Hg.): Histoires de météophiles. Paris 2017.

Molitor, Ulrich: Des sorcières et des devineresses. Reproduit en fac-similé d'après l'édition latine de Cologne 1489 et traduit pour la première fois en français. Paris 1926.

Nash, Davi J.; Klein, Jørgen; Endfield, Georgina H.; Pribyl, Kathleen; Adamson, George C. D.; Grab, Stefan W.: Narratives of Nineteenth Century Drought in Southern Africa in Different Historical Source Types. In: Climatic Change 152 (2019): 467–485, DOI: doi.org/10.1007/s10584-018-2352-6.

Pfister, Christian: Climatic Extremes, Recurrent Crises and Witch Hunts. Strategies of European Societies in Coping with Exogenous Shocks in the Late Sixteenth and Early Seventeenth Centuries. In: Medieval History Journal 10/1–2 (2006): 33–73, DOI: doi.org/10.1177/097194580701000202.

Pfister, Christian: Weather, Climate and the Environment. In: Hamish, Scott (Hg.): The Oxford Handbook of Early Modern European History, Bd. 1. Oxford 2015: 70–93.

Pfister, Christian: The «Black Swan» of 1540. Aspects of a European Megadrought. In: Leggewie, Klaus; Mauelshagen, Franz (Hg.): Climatic Change and Cultural Transition in Europe. Leiden 2018: 156–196.

Pfister, Christian; Camenisch, Chantal; Dobrovolný, Petr: Analysis and Interpretation, Temperature and Precipitation Indices. In: White, Sam; Pfister, Christian; Mauelshagen, Franz (Hg.): The Palgrave Handbook of Climate History. London 2018: 115–130.

Pfister, Christian; White, Sam: Evidence from the Archives of Societies. Personal Documentary Sources. In: White, Sam; Pfister, Christian; Mauelshagen, Franz (Hg.): The Palgrave Handbook of Climate History. London 2018: 49–65.

Pfister, Christian; White, Sam; Mauelshagen, Franz: An Introduction to Climate History. In: White, Sam; Pfister, Christian; Mauelshagen, Franz (Hg.): The Palgrave Handbook of Climate History. London 2018: 1–18.

Roberts, Neil: The Holocene. An Environmental History. New York ³2014.

Rohr, Christian; Camenisch, Chantal; Pribyl, Kathleen: European Middle Ages. In: White, Sam; Pfister, Christian; Mauelshagen, Franz (Hg.): The Palgrave Handbook of Climate History. London 2018: 247–263.

Rousseau, Daniel: Les températures mensuelles en région parisienne de 1676 à 2008. In: La Météorologie 67 (2009): 43–55, DOI: doi.org/10.4267/2042/30038.

Tabeaud, Martine (Hg.): Le changement en environnement. Les faits, les représentations, les enjeux. Paris 2009.

Veyret, Yvette: Géo-environnement. Paris 22004.

Walter, François: Catastrophes. Une histoire culturelle. XVIe–XXIe siècle. Paris 2008.

Webb, James L.A.: Climate, Ecology, and Infectious Human Disease. In: White, Sam; Pfister, Christian; Mauelshagen, Franz (Hg.): The Palgrave Handbook of Climate History. London 2018: 355–365.

Wetter, Oliver; Pfister, Christian; Weingartner, Rolf; Luterbacher, Jürg; Reist, Tom; Trösch, Jürg: The Largest Floods in the High Rhine Basin since 1268 Assessed from Documentary and Instrumental Evidence. In: Hydrological Sciences Journal 56/5 (2011): 733–758, DOI: doi.org/10.1080/02626667.2011.583613.

Wetter, Oliver; Pfister, Christian; Werner, Johannes P.; Zorita, Eduardo; Wagner, Sébastien; Seneviratne, Sonia I.; Herget, Jürgen; Grünewald, Uwe; Luterbacher, Jürg; Alcoforado, Maria J.; Barriendos, Mariano; Bieber, Ursula; Brázdil, Rudolf; Burmeister, Karl H.; Camenisch, Chantal; Contino, Antonio; Dobrovolný, Petr; Glaser, Rüdiger; Himmelsbach, Iso; Kiss, Andrea; Kotyza, Oldřich; Labbé, Thomas; Limanówka, Danuta; Litzenburger, Laurent; Nordli, Øyvind; Pribyl, Kathleen; Retsö, Dag; Riemann, Dirk; Rohr, Christian; Siegfried, Werner; Söderberg, Johan; Spring, Jean-Laurent: The Year-Long Unprecedented European Heat and Drought of 1540 – a Worst Case. In: Climatic Change 125/3–4 (2014): 349–363, DOI: https://www.doi.org/10.1007/s10584-014-1184-2.

Wheeler, Dennis: Le climat de l'océan Atlantique aux XVIIe–XVIIIe siècles selon les journaux de bord de la Marine britannique. In: Revue d'histoire moderne & contemporaine 57/3 (2010): 42–69, DOI: doi.org/10.3917/rhmc.573.0042.

White, Sam; Brooke, John; Pfister, Christian: Climate, Weather, Agriculture, and Food. In: White, Sam; Pfister, Christian; Mauelshagen, Franz (Hg.): The Palgrave Handbook of Climate History. London 2018: 331–353.

White, Sam, Pfister, Christian, Mauelshagen, Franz (Hg.): The Palgrave Handbook of Climate History. London 2018.

Wickman, Thomas: Narrating Indigenous Histories of Climate Change in the Americas and Pacific. In: White, Sam, Pfister, Christian, Mauelshagen, Franz (Hg.): The Palgrave Handbook of Climate History. London 2018: 387–411.

IV. Die Wissenschaftshistoriker und das Klima

Frédérique Rémy

1. Einleitung

Seit jeher ist das Klima über alle Zeiträume hinweg dem Wandel unterworfen, vom kurzen Jahrzehnt bis zu abertausend Jahrhunderten. Diese Veränderungen können ausgelöst werden durch die wechselnde Intensität der Wärmeeinstrahlung der Sonne, durch die Auswirkungen von Treibhausgasen, durch die Reflexionsstrahlung der Erde oder durch die Zirkulation von Meeres- und Atmosphärenströmungen. Dabei sind die Ursachen dieses steten Wandels sehr unterschiedlich und hängen von dem untersuchten Zeitraum ab: Veränderungen der Sonnenintensität oder der Umlaufbahn der Erde, die Verschiebung der Kontinentalplatten, Vulkanausbrüche, die Erhöhung der Treibhausgase oder Modifikationen der Reflexionsstrahlung. Eine genauere Kenntnis des Klimas beruht immer auf der Einsicht in diese zugrunde liegenden Ursachen und auf deren mathematischer Erfassung, um die Folgen abschätzen zu können, sowie auf der Sammlung von Daten, welche Aufschluss geben über diese Ursachen und die Grundbedingung sind für die Berechnung von Modellen.

In diesem Kontext kommt der Wissenschaftsgeschichte eine doppelte Aufgabe zu. Einerseits geht es darum, die Gedankengänge jener Gelehrten nachzuvollziehen, die zur sukzessiven Erforschung und wissenschaftlichen Erkenntnis des Klimas beigetragen haben. Auf dieser Ebene stellen sich entsprechende Fragen wie etwa jene nach dem jeweiligen Zeitpunkt und der Methode der Erschließung verschiedener Klimate, nach der Entdeckung der Möglichkeit, darauf Einfluss zu nehmen, sowie nach der Erfassung maßgeblicher Prozesse.

Andererseits kommt Wissenschaftshistoriker*innen, wie anderen Akteuren und Akteurinnen auch, eine wichtige Rolle bei der Rekonstruktion von klimatischen Bedingungen der Vergangenheit zu, vor allem für die Zeit vor der Erfindung der Messinstrumente. So geht es etwa um eine Bestimmung des Klimas in der Antike, um die Erfassung des Abkühlungsgrades in dem Kleine Eiszeit genannten Zeitraum oder um die Ermittlung des Erwärmungsgrades während des sogenannten Kleinen Mittelalterlichen Optimums. Dabei besteht die Aufgabe keineswegs darin, nach Analogien zum gegenwärtigen Klimawandel zu suchen, denn diese existieren nicht. Die aktuelle Erderwärmung entzieht sich durch ihre Intensität und ihr Tempo jedem Vergleich mit irgendeinem historischen Klimawandel (soweit bekannt). Vielmehr hat die Rekonstruktion vergangener Klimate zum Ziel, mögliche Ursachen zu verzeichnen und dadurch die Erstellung von Klimamodellen zu gewährleisten. Allerdings reicht es für dieses Ziel nicht aus, einfach vorhandene Quellen von klimabezogenen Daten zusammenzustellen. Um nur ein Beispiel anzuführen: Die Grenze des Anbaus von Olivenbäumen wandert mitten in der Kleinen Eiszeit weiter nach Norden, obwohl diese Periode vom Ende des 16. bis zum 19. Jahrhundert ausgesprochen kalt war – und zwar schlicht aus dem Grund, dass die Nachfrage nach Oliven in dieser Zeit stark anstieg, wogegen sie im 20. Jahrhundert aufgrund der Konkurrenz südlicher Länder wieder nachlässt.[1]

Wie noch zu zeigen sein wird, war der Klimabegriff bis ins 18. Jahrhundert hinein relativ einfach: Er wurde vor allem durch die Breitenkreise bestimmt und ergab folglich vom Äquator aus gesehen eine Abstufung von immer kühleren Zonen der Erdoberfläche. Doch im Laufe des 19. Jahrhunderts erkennt man schließlich, dass das Klima auch von anderen Parametern abhängt, die man vorerst nur am Rande wahrnimmt: von den Treibhausgasen, von der Reflexionsstrahlung, von der Erdumlaufbahn etc. Unterdessen werden zahlreiche Versuche unternommen, das Klima der Vergangenheit zu rekonstruieren, und es wächst die Einsicht in die Tatsache, dass das Klima sich über sehr lange Zeiträume hinweg verändert. Darüber hinaus soll im Folgenden aufgezeigt werden, dass auch die Vorstellung eines menschlichen Einflusses auf das Klima keineswegs jüngeren Datums ist.

2. Das Klima von der griechischen Antike bis zur Zeit Buffons

Im Sommer des Jahres 340 v. Chr. bricht Pytheas (ca. 380–310 v. Chr.) mit einer Flottille von vierzig Galeeren in Richtung Norden auf, um zu überprüfen, inwieweit die Tageslänge mit zunehmendem Breitenkreis ansteigt – und um den Beweis für die Kugelform der Erde zu erbringen. Zu jener Zeit prägen die Griechen das Wort Klima («Neigung» im Griechischen). Dieses wird anhand der maximalen Tageslänge eines bestimmten Ortes definiert. Demnach herrscht am Äquator ein «Klima» von 12 Stunden, in Irland eines von 17 Stunden. Bei Aristoteles (384–322 v. Chr.) bezeichnet das Wort Klima dann den jeweiligen Ort selbst, bei Strabon (ca. 60–20 v. Chr.) schließlich zugleich den Ort und dessen durchschnittliche Temperatur.

In Unkenntnis des Einflusses, den die Wärmeströmung der Meere und der Atmosphäre ausübt, stellten sich die Griechen entsprechend ein extremes Klima vor, das am Äquator heiß und an den Polen eisig ist. Doch sobald der Mensch begann, seine Heimat zu verlassen und andere Gefilde zu erkunden, fiel schnell auf, dass das Klima nicht immer dieser einfachen Regel folgte. Folglich wurde dafür sogleich die Rolle des Menschen geltend gemacht, etwa die Entwaldung

---

1   Acot 2003.

oder die Trockenlegung von Mooren, denn wenn es an den Küsten Quebecs kälter ist als an jenen Frankreichs, so deswegen, weil der Mensch in Europa seit langem heimisch ist und hier die Wälder durchforstet, gerodet und abgeholzt hat. Durch solche Eingriffe in die Umwelt verändert der Mensch das Klima. Diese Überzeugung geht folglich keineswegs erst auf die heutige Zeit zurück.[2]

Später entwirft Buffon (1707–1788) ein kosmogonisches System, das ihn dazu veranlasst, zur Erklärung von Klimaveränderungen eine natürliche Ursache auszumachen. Die Erde sei nämlich ein Stück von der Sonne, das von einem vorbeirasenden Kometen abgerissen worden sei und das sich seither langsam abkühle. Damit verbindet er zwei Folgeerscheinungen: Da auf die Pole nunmehr weniger Wärme einwirke, seien sie früher erkaltet als andere Zonen. Das Leben sei demnach einst in diesen Gegenden entstanden, und das Eis der Pole stelle quasi die Zukunft der Erde dar, welche letztendlich vollständig gefroren sein werde. Erstmals bringt Buffon auf diese Weise das Eis in die Erklärung des Erdsystems mit ein. Seinem Wunsch zufolge sollten alle Historiker und Seeleute die frühere und die aktuelle Position von Eisbergen notieren, um eine Beurteilung ihrer Entwicklung zu ermöglichen. Um jedoch menschliche Ursachen nicht völlig zu vernachlässigen, erweitert er in *Les époques de la nature* den überkommenen Kanon um eine siebte Epoche, die er folgendermaßen betitelt: «Als der Einfluss des Menschen die Gewalt der Natur begünstigte.» Ihm ist bewusst, dass der Fluss Seine in der Vergangenheit jedes Jahr zufror, was jedoch zu seiner Zeit nicht mehr der Fall ist trotz der Abkühlung über die letzten Jahrhunderte. Für Buffon sind es folglich die Aktivitäten des Menschen, die die Umwelt umstrukturieren und diese dadurch erwärmen. So fordert Buffon dazu auf, mit der Erschließung von Neuland fortzufahren und Wälder abzuholzen, um der unausweichlichen Fortdauer der Abkühlung entgegenzuwirken. Somit entstammt auch die Vorstellung von einer künstlichen Beeinflussung des Klimas keineswegs erst unserer Epoche. Und Buffon fügt hinzu: «Ich könnte leicht etliche weitere Beispiele anführen, die alle auf den Nachweis hinausliefen, dass der Mensch in der Lage ist, die Macht des ihn umgebenden Klimas zu verändern und dessen Temperatur sozusagen nach seinem Belieben festzulegen.»[3]

3. Verbesserungen der Klimadokumentation

Ende des 18. Jahrhunderts stehen also erstmals die Grundlagen eines Wissens über das Klima und seine Veränderungen fest: Das Klima kühlt sich langsam ab. Es wird im Wesentlichen durch die Breitengrade bestimmt. Und jede Abweichung geht auf menschlichen Einfluss zurück. All dies verbleibt mehr oder weni-

---

2 Fressoz, Locher 2010.
3 Buffon 1778.

ger im Bereich der Theorie und gibt der Qualität den Vorrang vor der Quantität. Im Gegensatz dazu werden die Gelehrten des nachfolgenden Jahrhunderts darum bemüht sein, ihre Vorstellungen dadurch zu unterfüttern, dass sie alle verfügbaren Daten zusammenstellen, und zwar zum einen mit dem Ziel einer vertieften Kenntnis des durchschnittlichen Klimas und seiner geografischen Abwandlungen und zum anderen in der Absicht, Einsichten zu gewinnen in den tatsächlichen Klimawandel vergangener Epochen bzw. seine konkreten Ausprägungen. Die folgende Darstellung beschreibt jene Arbeiten, die seitdem klassisch zu nennende Verfahrensweisen begründen.

Der Naturforscher und Entdecker Alexander von Humboldt (1769–1859) strebt eine bessere Kenntnis der lokalen Ursachen an, die auf das Klima einwirken, sowie der Gründe dafür, dass dieses mit dem Sonnenklima nicht unmittelbar vergleichbar ist. Mit anderen Worten ausgedrückt fragt er danach, warum das Klima in Paris besser ist als jenes in Montreal oder jenes in Rom besser als das in New York, obwohl die Städte doch auf denselben Breitengraden liegen. Nach fünf Weltreisen, die er zusammen mit dem Botaniker Aimé Bonpland (1773–1858) unternommen hat, kommt er 1804 nach Frankreich zurück und veröffentlicht seine beeindruckende Quellensammlung über die Durchschnittstemperaturen der Erde,[4] auf deren Grundlage er den Begriff Isothermen prägt für Orte, die die gleiche Temperatur aufweisen.

Seine Arbeit bedeutet eine gewaltige Verbesserung der Verfahrensweisen und soll hier deshalb genauer erläutert werden. Für die Schätzung der durchschnittlichen Temperatur weist er mittels etlicher Beispiele nach, dass die niedrigsten und die höchsten Werte eines Tages bzw. jene zum Zeitpunkt des Sonnenuntergangs ausreichend sind. Weiter zeigt er auf, dass die Temperatur des Monats Oktober für eine Aussage über die Jahresdurchschnittstemperatur die geeignetste ist. Doch selbst bei einer solchen Vereinfachung ergibt sich die Schwierigkeit, dass nicht für alle Orte entsprechende Daten vorliegen. Da erinnert er sich daran, dass der Astronom Philippe de La Hire (1640–1718) nachgewiesen hatte, dass die Temperatur im Untergeschoss des Pariser Observatoriums der Jahresdurchschnittstemperatur der Hauptstadt recht nahekam. Humboldt ergänzt seine Quellensammlung folglich um einige Temperaturwerte aus Kellergeschossen. Schließlich greift er auch auf die Anbaugrenzen von Wein, Olivenbäumen, Getreide und verschiedenen anderen Pflanzen zurück, bei denen ihm sowohl die Eigenarten des Lebensraums geläufig sind als auch ihre Fähigkeit bzw. Unfähigkeit zur Anpassung an extreme Temperaturausschläge. Dieses Detailwissen gleicht er mit über 100.000 präzisen Werten ab, die auf Beobachtungen in Frankreich beruhen (siehe Kap. VI, Abb. 1).

Auf diese Weise gelingt dem Naturforscher der Nachweis, dass die Isothermen den Breitengraden keineswegs entsprechen und während der Wintermona-

---

4   Von Humboldt 1813.

te sogar stark von diesen abweichen. Der Westen des alten Kontinents ist wesentlich wärmer als der Osten des neuen Kontinents, und zwar bei zunehmendem Breitengrad mit wachsender Eindeutigkeit. Auch kann er aufzeigen, dass die Durchschnittstemperaturen der beiden Hemisphären relativ konstant sind. Und wenn die warmen Isothermen den Breitengraden mehr oder weniger folgen, so weichen die kalten Isothermen deutlich von ihnen ab. Die Kurven zeigen zwei klare Krümmungen in Richtung der Kontinente. Zu einer Erklärung seiner zahlreichen Daten ist Alexander von Humboldt noch nicht imstande, doch stellt er dazu bereits etliche Überlegungen an. So verweist er auf die Rolle der geografischen Höhe, der Nähe zum Meer, der Farbe des Bodens und der Ausrichtung von Bergen und bedenkt weiter die Rolle von «Luftströmungen».

Was den Einfluss der Meeresströmungen angeht, so bringen erst die Arbeiten Matthew Fontaine Maurys (1806–1873) nähere Erkenntnisse.[5] Er unternimmt eine Zusammenstellung aller auf Schiffen erhobenen Temperaturdaten, fertigt Temperaturkarten der Meere an und schließt aus ihnen darauf, dass «Meeresströme» ihre spezifische Wärme beibehalten und diese in ihrem langen Verlauf auch beständig abgeben. Damit gilt als gesichert, dass der Temperaturunterschied auf beiden Seiten des Atlantiks aus dem Durchfluss des Golfstroms resultiert, einer warmen Meeresströmung, die die amerikanische Küste in geringer Höhe verlässt, um dann in mittleren Breitengraden an der europäischen Küste anzukommen.

Ende des 18. Jahrhunderts widmet Théodore Mann (1735–1809) den «Abstufungen von höheren oder niedrigeren Kältegraden unserer Erdkugel» eine ausführliche Untersuchung.[6] Es handelt sich um eine Zusammenstellung zahlreicher Klimabeobachtungen aus zum Teil weit zurückliegenden Epochen. Manns Interesse gilt vor allem der Häufigkeit des Vorkommens harter Winter, die vom 6. bis zum 18. Jahrhundert in die Geschichtsschreibung eingegangen sind. Auf den ersten Blick scheinen diese denkwürdigen Kälteeinbrüche zuzunehmen, doch weist er nach, dass dies nicht der Fall ist. So belegen die älteren Schriften, dass man im Bereich der Donau Weinreben mit der Axt schnitt, dass ganze Armeen zugefrorene Flüsse überquerten, dass in Gallien ein unerträglicher Frost herrschte oder dass in Skythien die Luft ständig von Schnee und Eisnebel erfüllt war. Zudem stellte man fest, dass Weinreben sowie Oliven- und Obstbäume im Süden ein stärkeres Wachstum aufwiesen und dass Palästina, Spanien und die römische Provinz Afrika einst grün gewesen waren. Daraus zog er den folgenden Schluss: «Es scheint unabweisbar, dass sich der Boden und die Temperatur sämtlicher Länder im Laufe der Jahrhunderte vollständig gewandelt haben, und zwar indem sie sich stufenweise von einer extremen Feuchtigkeit und Kälte hin zu einer ausgeprägten Trockenheit und Wärme entwickelt haben.» Ihm ist be-

---

5 Maury 1855.
6 Mann 1792.

wusst, dass die Trockenlegung von Sümpfen und der Ackerbau ein milderes Klima zur Folge haben (denn das nördliche Europa und Gallien waren zuvor bewaldet), doch nimmt er erstmals eine globale Klimaerwärmung in den Blick statt einer lokal begrenzten. Seiner Ansicht nach kann die Ursache dafür nicht mehr beim Menschen liegen, sondern vielmehr in der Wärme, die vom Feuer des Erdkerns ausgeht.

Schließlich sei noch der Astronom und Musiker Friedrich Wilhelm Herschel (1738–1822) angeführt, der die Erscheinung der Sonnenflecken beobachtet und erkennt, dass diese alle elf Jahre vermehrt auftreten. Um zu verstehen, inwieweit diese Anomalien der Sonne das Klima beeinflussen, sucht er nach einem Indikator, der aussagekräftiger ist als jener Théodore Manns, und kommt dabei auf den Getreidepreis, der dem jeweiligen Ernteertrag entsprechend Schwankungen aufweist. Dabei stößt er sehr wohl auf einen Zusammenhang, doch wurde diesem lange jeglicher Wert abgesprochen. Zugleich versucht er sich an der Temperaturmessung der Farben des im Prisma zerlegten Lichts. Er erkennt, dass die eingestrahlte Energie von der Farbe abhängt, und entdeckt bei einer Messung jenseits der Farbe Rot die Infrarotstrahlung – ein Schlüsselkriterium beim Treibhauseffekt.

4. Ein weniger empirisch gefasster Klimabegriff

Bislang verblieben die Erkenntnisse über das Klima und seinen Wandel stark der Empirie verhaftet. Doch im Laufe des nächsten Jahrhunderts sollten es physikalische Untersuchungen vermehrt ermöglichen, die wichtigsten Komponenten zu beschreiben, die das Klima und seine Entwicklung bestimmen.

4.1. Der Treibhauseffekt

Der Genfer Naturforscher Horace Bénédict de Saussure (1740–1799) ist der Erste, der die Bedeutung einer Erforschung des Gebirges für die Geowissenschaften erkennt. Er bricht zu einer Reise durch die Alpen auf[7] und führt mithilfe von Instrumenten, die er oft verbessert oder selbst entwirft, zahlreiche Beobachtungen durch. So besteht das Heliothermometer aus mehreren ineinander verschachtelten Kästen, die am Boden und an den Seiten schwarz eingefärbt und an der Oberseite verglast sind: Dies ermöglicht es, im inneren Kasten (Abb. 1) eine Temperatur zu erreichen, die 100 °C bei weitem übersteigt. Abgesehen von der Tatsache, dass de Saussure auf diese Weise sein Essen erhitzen konnte, beweist er damit, dass diese Temperatur konstant bleibt ungeachtet der jeweiligen Höhe des Gebirges.

---

[7] Saussure 1779.

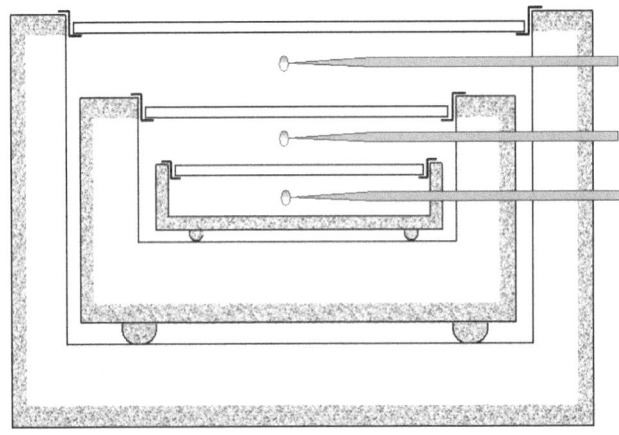

Abb. 1: Das Heliothermometer des Horace Bénédict de Saussure

Einige Jahrzehnte später, im Jahre 1824, erforscht Joseph Fourier (1768–1830) die Erdtemperatur und erkennt, dass die Erdatmosphäre sich wie die Verglasung eines Treibhauses verhält. Dies bewegt ihn zu folgender Aussage: «Die Wärme trifft in der Form des Lichts bei der Durchdringung der Luft auf weniger Widerstand, als wenn sie nach der Umwandlung in dunkle Wärme erneut die Luft durchquert»[8] – heute würde man von Infrarotstrahlung sprechen. Zu Ehren des Genfer Naturforschers nennt Fourier diesen Effekt «Treibhauseffekt». Schließlich spricht er schon in diesem Jahr folgende Warnung aus: «Der Fortschritt der menschlichen Gesellschaft ist dazu angetan, im Laufe mehrerer Jahrhunderte den durchschnittlichen Wärmegrad zu verändern.» Des Weiteren begreift er, dass warme Luft aufgrund ihrer geringeren Dichte nach oben steigt und dadurch Luftschichten verwirbelt. Damit bestätigt er die Forschungsergebnisse von Alexander von Humboldt, nämlich die Erkenntnis, dass die großen Strömungen der Atmosphäre und der Meere die Wärmeverteilung auf der Erde bewirken

Die Intensität der Sonnenstrahlung und ihre Absorption durch die Atmosphäre werden zum ersten Mal vom Physiker Claude Pouillet (1790–1868) gemessen, dessen Arbeiten relativ unbekannt sind.[9] Er erfindet ein Pyrheliometer, ein mit Wasser gefülltes Rohr auf einer drehbaren Achse, das zur Sonne hin ausgerichtet werden kann. So misst er die Erhöhung der Wassertemperatur bei unterschiedlichem Sonnenstand, und zwar zu verschiedenen Zeiten des Jahres. Auf diese Weise unterscheidet er zwischen der Sonnenstrahlung und ihrer Absorption durch die Atmosphäre, woraus er die Wärmemenge ableitet, die je nach Jah-

---

8   Fourier 1824.
9   Pouillet 1838.

reszeit auf die gesamte Erdkugel einstrahlt. Damals war bereits bekannt, dass ein als Diatherman bezeichneter Schirm, der für Wärmestrahlung durchlässig ist, entschieden mehr von jener Strahlung absorbiert, die von der Erde reflektiert wird, als die Sonnenstrahlung selbst. Indem Pouillet annimmt, dass die Atmosphäre sich wie ein Schirm verhält, beweist er, dass die Erde sich erwärmen kann.

Ohne dies hier weiter vertiefen zu wollen, sei noch erwähnt, dass die ersten Messversuche zur Absorption von Infrarotstrahlen durch Gase dem irischen Chemiker John Tyndall (1820–1893) zu verdanken sind. Er weist nach, dass Kohlendioxid, Lachgas und Wasserdampf die von der Erde reflektierte Wärmestrahlung im Gegensatz zu Sauerstoff, Stickstoff und Wasserstoff stark blockieren.[10]

4.2. Die großen Eiszeiten

Mitte des 19. Jahrhunderts bleibt ein großes Rätsel ungelöst: Wie erklärt sich die Präsenz von gewaltigen Steinblöcken fernab ihres Herkunftsortes? Im Jahr 1782 entwirft Jacques-Henri Bernardin de Saint-Pierre (1737–1814) ein Modell des Erdsystems, das vollständig auf dem Faktor Eis basiert, dessen Schmelze die Meeresströmungen, die Gezeiten, das Klima, Veränderungen des Meeresspiegels, die Sintflut der Bibel und sogar wiederholt auftretende Regenfluten erklären sollen.[11] Die Argumente des Schriftstellers sind größtenteils abwegig, aber seine Intuition muss als außergewöhnlich gelten.

Im Jahr 1840 erkennt der Schweizer Zoologe und Geologe Louis Agassiz (1807–1873), dass diese sogenannten erratischen Blöcke während einer Eiszeit von riesigen Gletschern vorangetrieben und weitergetragen wurden (Abb. 2). Diese These braucht eine gewisse Zeit, bis sie von seinen Kollegen anerkannt wird, aber als sie sich schließlich durchsetzt, zeigt sich deutlich, dass die Macht der Natur im Kontext des Klimawandels viel drastischere Auswirkungen hat als jene des Menschen. Damit ist es vorbei mit der Besorgnis, der Mensch könne für eine Klimaveränderung verantwortlich sein.

Worin liegt die treibende Kraft dieser Eiszeiten, die sich im Laufe der Zeit zu wiederholen scheinen? Mitte des 19. Jahrhunderts tendieren mehrere Gelehrte dazu, eine Präzession der Tagundnachtgleiche als Ursache geltend zu machen, wie sie von Jean-Baptiste Le Rond d'Alembert (1717–1783) beschrieben worden war. Offenbar ist es dem Mathematiker Joseph-Alphonse Adhémar (1797–1862) erstmals gelungen, diese aufwendige Berechnung zu Ende zu führen. Die Nachwelt wird ihm folglich die Entdeckung der Präzession der Tagundnachtgleiche

---

10   Weitere Anhaltspunkte zum Verständnis des Treibhauseffekts finden sich in Bard 2004.
11   Bernardin de Saint-Pierre 1782; Rémy 2013.

Abb. 2: Kontinentale Eisschichten, deren Dicke sich in der Antarktis auf fast 5 Kilometer belaufen kann, tragen wesentlich zu Veränderungen des Meeresspiegels bei.

als Auslöser der Eiszeiten zuschreiben – und dies, obgleich er sich eigentlich mit der Sintflut beschäftigte.

4.3. Die Reflexionsstrahlung der Erde

Die Albedo, von Alexander von Humboldt als Bodenfarbe bezeichnet, ist das Maß für das Rückstrahlvermögen einer Oberfläche bzw. das Verhältnis von reflektierter zu einfallender Lichtenergie. Auch wenn die Bedeutung von Farben für die Entstehung von Wärme recht früh erkannt wurde, bleibt es schwierig, den Eingang dieses Elements in die Klimatologie genauer zu datieren. Im Jahr 1663 führt Robert Boyle (1627–1691) den Nachweis, dass ein schwarz gefärbtes Ei schneller kocht, dass eine Hand in einem schwarzen Handschuh besser gewärmt wird und dass eine weiße Feder mit einer schwarzen Spitze kippt und im Schnee stecken bleibt. Benjamin Franklin (1706–1790) vergnügt sich damit, Gegenstände unterschiedlicher Farbe auf dem Schnee auszubreiten, und beobachtet, dass einige von ihnen schneller einsinken als andere. 1707 behauptet Isaac Newton (1643–1727) in seiner *Optik*, dass die Größe der Partikel eines Materials seine Farbe bestimmt und dass die Farbe Schwarz, die «dichter» sei, mehr

Abb. 3: Meereis, dessen Abnahme eine starke Erwärmung der Antarktis nach sich zieht

innere Lichtreflexionen erzeuge und sich daher stärker erwärme.[12] Gleichwohl wundert sich Horace Bénédict de Saussure einige Jahrzehnte später in seiner *Reise durch die Alpen* darüber, dass in Chamonix Frauen schwarze Asche auf schneebedeckte Felder streuen. Später wird er erkennen, dass diese Felder zwei Wochen früher als andere schneefrei sind. Das Wort Albedo prägt dann 1760 Johann Heinrich Lambert (1728–1777) in seiner *Photometria* und definiert diese Maßeinheit von 0 bis 1. Eine Albedo von 0 absorbiert die gesamte Wärme, während eine Albedo von 1 diese vollständig zurückwirft.

Die Albedo liegt einem der mächtigsten Rückwirkungseffekte auf das Klima zugrunde, vor allem jener des Meereises (Abb. 3). Dieses hat eine sehr hohe Albedo (ca. 0.9), das heißt, es reflektiert etwa 80 Prozent der Sonnenenergie und absorbiert nur 20 Prozent. Indem es im Zuge der Klimaerwärmung nach und nach verschwindet, legt das Meereis eine Meeresfläche frei, die ihrerseits nur etwa 20–30 Prozent der Sonnenenergie reflektiert und stattdessen 70–80 Prozent davon absorbiert, also fast viermal so viel wie zuvor. Dies hat eine erhebliche Erwärmung der Arktis zur Folge und erklärt den starken Temperaturanstieg

---

12 Die Darstellung der Versuche Robert Boyles, Benjamin Franklins und Isaac Newtons bei Witkowski 2003.

in dieser Region. Desgleichen setzt die Schmelze des Permafrosts im Hohen Norden Methangas frei, das seinerseits dazu beiträgt, den Einfluss von Treibhausgasen zu verstärken.

Andere Rückwirkungen sind schwieriger zu beziffern. So zieht beispielsweise die Klimaerwärmung eine Erhöhung der Verdunstung nach sich, durch die sich Wolken bilden, welche je nach Höhe einen Treibhaus- oder Sonnenschirmeffekt haben, der seinerseits die Erwärmung reduziert.

5. Ausgefeiltere Klimarekonstruktionen

Die Rekonstruktion des Klimas vergangener Epochen wird so zu einem immer dringenderen Erfordernis, um die Entwicklung des menschlichen Wissens besser zu verstehen und die wissenschaftlichen Hypothesen früherer Gelehrter zu überprüfen. Dabei variieren die angewandten Methoden mit den jeweils untersuchten Zeiträumen.

Was die Zeitalter der Menschheitsgeschichte betrifft, genauer jene vor der Erfindung präziser Thermometer, so wird sich das Verfahren Théodore Manns bzw. eine seiner Vorgehensweisen im nächsten Jahrhundert als klassisch durchsetzen. François Arago (1786–1853) wiederum erstellt ein Verzeichnis von unter anderem Frostperioden, extremen Wetterereignissen (etwa dem Zufrieren von Flüssen), von Anbaugrenzen von Olivenbäumen und zeigt damit auf, dass sich die Temperatur der Erde seit zweitausend Jahren nicht wesentlich verändert habe. Er verwirft entsprechend nicht nur das Szenario einer Abkühlung, wie Buffon es entwickelt hatte, sondern zugleich alle anderen Klimamodelle, die von nennenswerten Temperaturveränderungen der Erde ausgingen. Doch weist er auch darauf hin, dass in England Weinreben angebaut wurden und man auch Muskatwein in Macon und Wein in Suresnes produzierte. All dies zeigt, inwieweit hier die Unwägbarkeiten der Wirtschaft außer Acht gelassen werden. Ein solches Vorgehen weist folglich Unsicherheitsmomente auf, und François Arago ist es nicht gelungen, die Abkühlung der sogenannten Kleinen Eiszeit zu erkennen.

Im Laufe der Zeit wurden mehr und mehr andere Indikatoren zur Bestimmung des Klimas genutzt. So ermöglichen es etwa Stiche oder Gemälde von Gletschern (vor allem in den Alpen), Auskünfte über ihren Zuwachs oder ihre Verluste an Eis seit dem 19. Jahrhundert zu erhalten (Abb. 4). Andere Indikatoren für die Eisbildung gehören dagegen ins Reich der Anekdoten, so die Mär von der Ankunft und dem Verschwinden der Wikinger in Grönland oder auch die Bestimmung des Ursprungs der Eigennamen von Gebirgsmassiven (die im Übrigen lediglich Hinweise von örtlich begrenztem Erkenntniswert liefern). Was die Jahresringe von Bäumen und ihren Zusammenhang mit dem Klima betrifft, so waren diese schon von Leonardo da Vinci (1452–1519) studiert worden, doch

Abb. 4: Abbildung einer Durchquerung des Eismeeres (Mer de Glace) bei Chamonix, um 1902– 1904. Seitdem hat es fast 1 Kilometer an Länge und 150 Meter an Dicke eingebüßt.

stammt der Rückgriff auf Jahresringe zum Zweck der Rekonstruktion des Klimas erst aus der Mitte des 20. Jahrhunderts. Die Dendrochronologie erlaubt auch eine genauere Datierung mancher Bauten, indem man beispielsweise die Strukturen der Jahresringe im Holz des Gebälks mit jenen abgleicht, die bereits genauestens verzeichnet sind. Wie bei anderen Indikatoren hängt das Wachstum der Jahresringe nicht nur von der Temperatur, sondern zudem von der Feuchtigkeit ab.

Heutzutage sind Rekonstruktionen auch erforderlich, um verschiedene Modelle der Klimaentwicklung zuzuspitzen oder zu überprüfen. In den 1970er Jahren erkennt man die große Bedeutung von Kernbohrungen, vor allem jener durch Eisschichten. Mit ihrer Hilfe können alle Werte auf einer Zeitskala verzeichnet werden: die Skala eines Jahres bei einer kleineren Bohrung bis hin zu mehreren Zyklen der Vereisung aus hunderttausend Jahren bei den tiefen Bohrungen in der Antarktis und noch längeren Zeiträumen im Fall von Bohrungen am Meeresgrund. Die im Eis eingeschlossenen Luftblasen bewahren die Eigenschaften der Luft aus der Epoche ihrer Bildung. Die Sauerstoffisotope des Eises erlauben Rückschlüsse auf ihre Temperatur im Moment ihrer Entstehung. Wenn man die so gewonnenen Eisproben mithilfe von Modellen der Eisschmelze datieren kann, wird es möglich, die Entwicklung der Atmosphäre und des Klimas der Vergangenheit zu rekonstruieren. Mittels dieser Untersuchungen wird der Zusammenhang zwischen der Menge der Treibhausgase und der Temperatur überdeutlich. Vor Ort gesicherte Beweise bestätigen die theoretischen Arbeiten des vergangenen Jahrhunderts.

Seit einigen Jahrzehnten sind die Messinstrumente derart genau und die Klimaerwärmung so ausgeprägt, dass sich die Anzahl der Indikatoren schlagartig vervielfacht: der Temperaturanstieg, der Anstieg des Meeresspiegels, die Schmelze des Kontinentaleises, der Rückzug des Packeises, die Schmelze des Permafrosts, die Erhöhung der Treibhausgase, die Zunahme der Zonen mit regelmäßigen Trockenperioden. Überdies bieten seit mehreren Jahrzehnten Satellitendaten einen Überblick über die Beobachtung aller aktuellen Veränderungen.

6. Diskussion und Schlussfolgerungen

Das Voranstehende gab einen Eindruck von den wichtigsten Parametern, die auf das Klima und seine Veränderungen einwirken können. So wurde deutlich, dass der Mensch deren Existenz in der Vergangenheit durchaus entweder erahnte oder gar von ihnen überzeugt war. Manch ein Gelehrter gelangte mittels einer mühsamen, aber präzisen Verfahrensweise zu seinen Entdeckungen, ein anderer eher durch Zufall. Die Entdeckung der Rolle des Treibhauseffekts, jener der Erdumlaufbahn, der vertikalen Luftbewegungen der Atmosphäre, der Zirkulation der Meeres- und Atmosphärenströmungen, des Windes, des Regens und der Gewitter, der Nähe zum Meer oder zum Gebirge oder auch jene der Rückstrahlung des Bodens haben nach und nach die heutige Vorstellung vom Klima geprägt.

Gleichwohl bleiben zahlreiche Fragen unbeantwortet. So wäre es interessant zu erfahren, wann genau der grundlegende Einfluss der Albedo auf das Klima erstmals wahrgenommen wurde. Wann hat man das Phänomen der Rückstrahlung verstanden, insbesondere im Zusammenhang mit dem Eis? Selbstverständlich gibt es wissenschaftliche Veröffentlichungen, die man zu diesem Thema konsultieren kann, sowie populärwissenschaftliche Zeitschriften wie *L'ami des sciences* (erscheint erstmals 1855), *L'année scientifique et industrielle* (seit 1857), die *Comptes rendus hebdomadaires des séances de l'Académie des sciences* (seit 1835), den *Moniteur scientifique* (seit 1861). Sie alle sind auf *Gallica*, der digitalen Bibliothek der Bibliothèque nationale de France, einsehbar.

Zahlreiche Archive bleiben zu durchforsten – in Stadtverwaltungen, Rechnungshöfen, Klöstern, Kirchen und Handelsregistern –, wobei man sich immer der Unwägbarkeiten bewusst sein muss, denen solche Archive unterliegen, welche etwa wirtschaftlicher Natur sein können, der Nachlässigkeit des Chronisten entspringen oder der subjektiven Ebene des jeweiligen Geschehens geschuldet sein können. Und vor allem darf man nicht vergessen, dass der Zusammenhang zwischen dem Klima und extremen Ereignissen auch indirekter Natur sein kann.

Darüber hinaus wären nähere Erkenntnisse über die Verbreitung dieser Wissenskultur in der Gesellschaft von Interesse. Sicherlich liegen Lehrbücher und Fachzeitschriften vor, deren Zahl Mitte des 18. Jahrhunderts geradezu explodiert, sowie prächtige Bildbände und natürlich Literatur im weiteren Sinn. Camille Flammarion, Jules Verne, Louis Boussenard oder auch Pierre Maël und zahlreiche andere Autoren lassen ihnen zugetragene Informationen in ihre Bücher einfließen und schlagen bisweilen Erklärungen vor. Man denke nur an die gewaltigen Eismengen bei Jacques Henri Bernardin de Saint-Pierre. Auf diese Weise kann mithilfe von Science-Fiction-Romanen die Entwicklung des heutigen Wissensstandes über die Auswirkungen des Klimawandels nachverfolgt werden.[13]

Schließlich ist auch deutlich geworden, dass der Mensch schon früh den Gedanken hegte, verändernd auf das Klima einzuwirken, und entsprechend Anomalien des Klimas durch diese Eingriffe erklärte. Auch glaubte der Mensch seit den Theorien Buffons, diese Veränderungen nach seinem Belieben gestalten zu können. Heutzutage liegen schlagende Beweise für den menschlichen Einfluss auf das Klima vor, doch bleiben die Versuche, künstliche Veränderungen herbeizuführen, weitgehend aussichtslos. Allenfalls gelingt es, einige Gletscher weiß zu machen in dem Versuch, diese zu bewahren. Um der Erwärmung entgegenzutreten, sind zahlreiche Arbeiten im Bereich des Geoengineering im Gange und könnten langfristig gesehen ihre Auswirkungen reduzieren.

Alle Welt ist vom Klima und von seinen Veränderungen betroffen, und trotz der Schwierigkeiten für die Allgemeinheit, dieses Problem auf wissenschaftlicher Ebene zu begreifen, kann jedermann zu einer besseren Kenntnis seiner Vergangenheit, seiner Entwicklung und seiner Bedeutung für die Zukunft beitragen. Die Rekonstruktion der Geschichte des Klimas, das Erfassen seines Einflusses auf die Gesellschaft und eine Vorausschau auf seine Veränderungen erfordern die Beteiligung von Historikern, Archivaren, Spezialisten für Pollenflug und für Jahresringe, von Literaturwissenschaftlern, Journalisten und Wirtschaftswissenschaftlern.

---

[13] Rémy 2020.

7. Bibliografie

Acot, Pascal: Histoire du climat du Big Bang aux catastrophes climatiques. Paris 2003.

Bard, Édouard: Greenhouse Effect and Ice Ages. Historical Perspective. In: Comptes Rendus Géoscience 336 (2004): 603–638, DOI: doi.org/10.1016/s1631-0713(04)00097-5.

Bernardin de Saint-Pierre, Jacques-Henri: Études de la nature [1782]. Hg. von Colas Duflo. Saint-Étienne 2007.

Buffon, Georges Louis Leclerc: Les Époques de la nature [1778]. Paris 1971.

Fourier, Joseph: Remarques générales sur les températures du globe terrestre et des espaces planétaires. In: Annales de chimie et de physique XXVII (1824): 136–167.

Fressoz, Jean-Baptiste; Locher, Fabien: Le climat fragile de la modernité. Petite histoire climatique de la réflexivité environnementale. In: La vie des idées. 2010, laviedesidees.fr/Le-climat-fragile-de-la-modernite.html, 29.06.2021.

Humboldt, Alexander von: Des lignes isothermes et de la distribution de la chaleur sur le globe. In: Mémoires de physique et de chimie de la Société d'Arcueil 3 (1813): 462–604.

Mann, Théodore A.: Mémoire sur les grandes gelées et leurs effets; où l'on essaie de déterminer ce qu'il faut croire de leurs retours périodiques, et de la gradation en plus ou moins de froid de notre planète [1792]. Hg. von Muriel Collart. Paris 2012.

Maury, Matthew Fontaine: The Physical Geography of the Sea. New York 1855.

Pouillet, Claude: Mémoire sur la chaleur solaire, sur les pouvoirs rayonnants et absorbants de l'air atmosphérique et sur la température de l'espace. In: Comptes rendus des séances de l'Académie des sciences VIII (1838).

Rémy, Frédérique: Le monde givré de Bernardin de Saint-Pierre. In: Ducos, Joëlle (Hg.): Météores et climats d'hier, Décrire et percevoir le temps qu'il fait de l'Antiquité au XIXe siècle. Paris 2013: 81–96.

Rémy, Frédérique: Le jour où les immeubles s'arracheront comme des carottes. In: Bellagamba, Ugo; Blanquet, Estelle; Picholle, Eric; Tron, Daniel (Hg.): Récits et modélisation. Actes des 12èmes Journées interdisciplinaires Sciences & fictions de Peyresq, 18–21 mai 2018. Saint-Martin du Var 2020: 133–166.

Saussure, Horace Bénédict de: Voyage dans les Alpes. Neuchâtel 1779.

Witkowski, Nicolas: Franklin et Rumford, deux américains à Paris. Une histoire sentimentale des sciences. Paris 2003.

V. Architektur und Klima

Philippe Bonnin

1. Einleitung

Der Titel dieses Kapitels gleicht einer Antwort auf eine Frage, die noch gar nicht gestellt wurde. Die Existenz eines Zusammenhangs zwischen Architektur und Klima scheint heute eine Art Konsens darzustellen, eine weithin anerkannte, offenkundige Gegebenheit und zudem ein unbestreitbares Erfordernis. Allerdings ist dies keineswegs schon immer so gewesen, in Abhängigkeit von den Welten, in die man gestellt ist.

Innerhalb der Geistes- und Gesellschaftswissenschaften kam die Frage nach der Bedeutung des Klimas für den Bereich der landesspezifischen bzw. einheimischen Baukultur gegen Anfang des 20. Jahrhunderts auf. Die Erforschung der Klimageschichte selbst ist jüngeren Datums: Die *Histoire du climat depuis l'an mil*[1] stellte damals innerhalb der akademischen Welt einen höchst sonderbaren und originellen Untersuchungsgegenstand dar und wurde in Frankreich zunächst kaum rezipiert.

Auch wenn es so scheint, als habe jede Völkerschaft und jedwede vormoderne Zivilisation diese Frage auf ihre Weise gestellt und beantwortet (doch wird sich zeigen, dass nichts weniger eindeutig bzw. einfach ist als dies), so konnte man doch beobachten, wie beispielsweise in Frankreich die Dritte Republik das Staatsgebiet mit standardisierten Bahnhöfen und Bahnwärterhäuschen überzog sowie mit Schulen und Rathäusern in der immer gleichen Bauart, unabhängig von der jeweiligen Region und ihrem Klima. Und was die Wolkenkratzer und Glastürme dieses Jahrhunderts betrifft, so weisen sie kaum einen größeren Abwechslungsreichtum auf und ebenso wenig eine entsprechende Anpassung an die Eigenarten des jeweiligen Ortes.

Ob es sich nun um eine neuartige Fragestellung handelt oder vielmehr um eine althergebrachte – bei der Diskussion des Problems wird sich herausstellen, dass je nach Blickwinkel beides zutrifft, denn die Frage nach dem Verhältnis zwischen Architektur und Klima zu stellen heißt, in verkürzter Form ein ganzes Bündel von Fragen aufzuwerfen.

So stellt sich etwa die Frage, von welcher Baukultur genau die Rede ist. Entsprechend gilt es zu klären, ob es sich um die akademische Architektur handelt, das heißt den Baustil der Paläste und der nationalen Denkmäler, so wie die Académie des beaux-Arts ihn verstand, oder eher um die Baukunst im Allgemeinen

---

1 Le Roy Ladurie 1967.

im Sinne des Berufsstandes der Architekten oder vielmehr um die regionale traditionelle Bauweise der Häuser der verschiedenen Völker und Kulturkreise, wie Anthropologen sie verstehen. Im Folgenden soll vor allem die letztere Bedeutung im Vordergrund stehen. Zugleich ist zu klären, von welchem Klima überhaupt die Rede ist, von einem einzigen oder verschiedenen, von einem beständigen oder wechselnden, von einem Mikro- oder Makroklima bzw. von dessen letztlicher Zusammensetzung. Weiter könnte man voraussetzen, dass zwischen beiden Bereichen eine Beziehung existiert, welche es zu entdecken, zu beschreiben und zu untersuchen gilt und deren Wiederherstellung heute nottut. Sollte diese Verbindung sich als sehr eng erweisen, wäre zu klären, an welchen Erfordernissen und Maßstäben sie sich ausrichtet und welche Formen und Lösungen sie hervorbringt.

Im Folgenden soll also zunächst der Geschichte dieser Begriffe und ihres Wechselverhältnisses nachgegangen werden. Anschließend werden zwei Studien zu konkreten Fallbeispielen vorgestellt, welche die Schwierigkeit einer endgültigen Beurteilung aufzeigen. Und schließlich soll untersucht werden, in welcher Ausprägung diese Frage heutzutage neu gestellt wird und was ihr zugrunde liegt.

2. Die Vorstellung vom Klima und der Begriff des Milieus

Der Historiker Emmanuel Le Roy Ladurie (1929–2023) spricht paradoxerweise von *le climat* im Singular, obschon seine Arbeit einen Bereich der Phänologie betrifft, nämlich die Zeiten der Weinlese, der ja von unmittelbarer Bedeutung für den Weinbau ist, in welchem der Begriff *climats* im Sinne von *terroirs* von Alters her überliefert und etwa in Burgund noch heute gebräuchlich ist und die verschiedenen Kleinklimate mit ihren besonderen Eigenschaften und boden- und ortsspezifischen Varianten bezeichnet. Er scheint auch nicht allzu geneigt zu sein, diesen Singular irgendwie näher zu bestimmen, denn der Historiker nimmt sein Forschungsprojekt zur materiellen Kultur quasi von der umgekehrten Seite in Angriff und definiert seinen Untersuchungsgegenstand als «Klima, dessen Geschichte um seiner selbst willen erforscht wird und nicht allein aufgrund seiner Auswirkungen auf Mensch und Umwelt».[2] Die Klimaveränderungen der Vergangenheit – ob sie nun zeitgleich verlaufen oder nicht – sind ihm wichtiger als geografische Unterscheidungen.

Der Begriff des Klimas bezeichnete ursprünglich eine Region, ein Land, eine geografische Einheit mit Blick auf ihre jeweiligen atmosphärischen Bedingungen. Genauer gesagt meint das Wort κλίμα (von κλίνειν, neigen) im Altgriechischen den Sonnenstand, also den Breitenkreis. Der Begriff erweist sich damit als außerordentlich vielschichtig und beruht eher auf der Ausdehnung der Erdoberfläche

---

[2] Ebd.: 11.

als auf den Wechselfällen der Zeitläufte, ob diese nun in Jahren, Jahrhunderten oder Jahrtausenden berechnet werden. Die sogenannte Klimatheorie hat von Hippokrates von Kos (460–370) bis Montesquieu (1689–1755) diese geografischen Besonderheiten schon früh mit der Eigenart von Sitten und Gebräuchen in Verbindung gebracht; dies allerdings, um daraus auf eine falsche und frei erfundene Ursache zu schließen, insbesondere was politische Vorlieben betrifft. So wurde sie nach und nach der physischen Geografie überlassen.

Im Laufe des 19. und 20. Jahrhunderts setzt sich in den Geistes- und Gesellschaftswissenschaften der Begriff des Milieus durch. Ursprünglich bezog sich dieser lediglich auf den Raum und bezeichnete eine zentrale, mittlere Stellung zwischen anderen Gegenständen. Mit Descartes erweitert sich das Milieu um die Vorstellung eines zusammenhängenden physikalischen Elements, das einen Körper bzw. Gegenstand umgibt: «was zwischen mehreren Körpern liegt und eine physikalische Wirkung von einem auf den anderen überträgt», so wie die Luft Töne weiterleite. Ausgehend von der Physik erobert der Terminus die Biologie und dann die Literatur und die Soziologie. Balzac führt diesen in seiner *Comédie humaine* in einer allgemeineren Bedeutung ein im Sinne der Gesamtheit der äußeren Bedingtheiten, in denen ein Individuum sich bewegt, lebt und sich entwickelt, das heißt, es handelt sich um die nähere materielle und moralische Umgebung einer Person. Diese Auffassung sollte bald zur gängigen Bedeutung des Begriffs avancieren, ohne dass eine genauere Bestimmung des Verhältnisses zwischen Innen und Außen oder Individuum und Milieu erforderlich wäre.

Doch wird diese Vorstellung vom Milieu, die sich aus dem Begriff des Klimas ergibt bzw. diesen ersetzt, in der Folge Gegenstand weitaus präziserer Fragestellungen und Verwendungen. Augustin Berque (*1942) versichert in *Ecoumène*,[3] dass «Watsuji Tetsurō (1889–1960) der Erste ist [in mehreren Aufsätzen aus dem Jahr 1928, die 1935 erneut veröffentlicht werden], der klar und deutlich zwischen menschlichem und natürlichem Milieu unterscheidet, [...] und dies von den ersten Zeilen von *Fūdo* 風土 an», seinem Hauptwerk.[4] «Hier geht es nicht etwa um ein Verständnis der Gegebenheiten, durch welche die natürliche Umwelt das menschliche Leben bestimmt» – was ja bedeuten würde, beide Begriffe als objektiv zu begreifen. Vielmehr sollten diese als zwei Konzepte aufgefasst werden, die innerhalb des Milieus eng und ununterscheidbar miteinander verwoben sind, wobei die Vorstellungswelten und die Sitten und Gebräuche eines Volkes oder einer Zivilisation über der natürlichen Umwelt (Erdoberfläche, Klima, Gewässernetz, Flora und Fauna usw.) anzusetzen sind, welche sowohl bewohnt als auch gestaltet wird. Doch Augustin Berque fügt sogleich hinzu, dass Watsuji Tetsurō auf den folgenden Seiten seine eigenen Überzeugungen verrate. Dort berichtet er über Erfahrungen, die er 1927 während seiner Reise von Japan

---

3 Übersetzung von Berque 2000: 125–127.
4 Übersetzung von ebd. 2011.

nach Europa machte, welche ihn durch China, Indien, Arabien, den Mittelmeerraum und Südeuropa führte. Im Grunde genommen projiziert er seine eigene, japanische Auffassung vom Klima auf die verschiedenen Klimate, die er unterwegs beobachtet, statt sich nach der jeweiligen Bedeutung zu erkundigen, die diesen von der einheimischen Bevölkerung zugeschrieben wird.[5] Somit verfällt T. Watsuji – ungeachtet seiner eingangs beteuerten gegenteiligen Absicht – in genau jenen Umweltdeterminismus, den er doch eigentlich verwerfen will.[6]

Es ist dabei nicht ohne Belang, dass der Ursprung dieses Denkens, ja seiner Möglichkeit eben gerade darin liegt, dass er die heimische Geborgenheit und die japanische Kultursphäre verlässt, denn unter diesem Gesichtspunkt erscheint der Vorgang noch bedeutsamer, da ja die japanische Vorstellungswelt im Zuge unzähliger japanologischer Studien, die um den Nachweis der «Unmöglichkeit eines Rückbezugs der japanischen Kultur auf abendländische Denkmuster [...] aus dem Rest der Welt» bemüht sind, die «absolute Einzigartigkeit der japanischen Ausnahmeerscheinung» beansprucht und die körperliche Verschmelzung des japanischen Volkes mit seinem Heimatland behauptet (zumal auch die japanische Schrift das Zeichen für Hauch, Wind und Luft 風 mit jenem für die Erde 土 verknüpft). Obgleich eine solche Forderung nach der Annahme einer besonderen Wechselbeziehung zwischen dem Ort und der Kultur, also nach dem jeweiligen Milieu oder Klima, wohl kaum anfechtbar sein dürfte, liegt hier doch der Irrtum in der herausfordernden Ansicht, dieser Mechanismus sei anders als in jedem anderen, nichtjapanischen Milieu und folglich einzigartig, sowie in der Billigung eines grob vereinfachenden, aber gut handhabbaren Umweltdeterminismus, der an die Stelle einer komplexen, langwierigen Erforschung der wechselseitigen Einflüsse tritt, die eine gründliche Gegenüberstellung der Konzepte erfordern würde.

Ein Milieu, etwa ein Fluss, der durch ein Gewitter oder den sintflutartigen Regen eines Taifuns angeschwollen ist, oder gar ein Tsunami erweist sich lediglich dann als zerstörerisch, wenn man Wohnorte angelegt hat, beispielsweise am Fuße von Hügeln mit kriechendem Untergrund oder auf den Kegeln von Deltamündungen, welche die Wucht der Tsunamiwelle bündeln, statt die Siedlungen 10 Meter höher oder weiter abseits zu bauen. Doch wählen Gesellschaften diesen

---

5   Ebd. 2000: 63.
6   Siehe auch das Vorwort von Augustin Berque zu seiner Übersetzung von *Fūdo* (Watsuji 2011: 13): «[...] die lange Seereise, auf der er nach und nach eine Reihe von Milieus entdeckte, von denen ihn ein jedes befremdete [...]. Aus dieser Begegnung mit anderen Formen des Menschseins und später mit der Gedankenwelt Heideggers geht der Leitgedanke von *Fūdo* hervor: Das Dasein ist nicht nur durch die Zeit, sondern auch durch den Raum bedingt. [...] Und abseits dieser konkreten Verkörperung ist das Leben nichts weiter als eine schiere Abstraktion.»

Baugrund aus freien Stücken und verdrängen dabei die Erinnerung an vergangene Katastrophen.

Seit geraumer Zeit hat sich diese vermeintliche Determinierung der Kultur durch das Klima hinlänglich als nichtig erwiesen. Doch wurde es im Zuge der Aufgabe dieser Theorie eine Zeitlang versäumt, das komplexe Wechselverhältnis der beiden Konzepte näher zu hinterfragen, ebenso wie man sich noch kaum vorstellen konnte, welche Rückwirkungen die Kultur ihrerseits auf das Klima haben könnte – ein Sachverhalt, den man erst viel später verstehen sollte: «Die *Landschaft* [eine andere Ausprägung des Klimas], Werk des Menschen und Zeichen seines Handelns, bedingt seine Weltvorstellung so grundlegend, dass er Mühe damit hat, deren Künstlichkeit zu begreifen».[7] Zu diesem Zeitpunkt, so soll hier betont werden, spricht man durchaus von einer Vielzahl bzw. Vielfalt der Klimate und nicht etwa von einem einzigen Weltklima.

Als Beleg für die folgenreiche Entwicklung und weitere Verbreitung des Milieubegriffs (wobei man zugleich von Verkomplizierung sprechen müsste) erhebt André Leroi-Gourhan (1911–1986) diesen zum grundlegenden Konzept seiner Forschungen, insbesondere in *Milieu et techniques*.[8] Wenn man die vielen Bruchstücke von Definitionen, die über etliche Seiten verstreut sind, zusammenträgt und nachvollzieht, durchgeht sein Analyseschema folgende Schritte: Eine Gruppe von Menschen bzw. Ethnien[9] ist in erster Linie durch ihr inneres Milieu gekennzeichnet, genauer gesagt durch ihr «zusammenhängendes inneres Milieu»[10], also durch das, was wir heute ihre eigene Kultur nennen würden. Dies schließt das technische Milieu[11] mit ein und steht dem äußeren Milieu gegenüber, auf das sich die hergestellten technischen Mittel richten (vor allem auf die Aufteilung des Raums und die Bauweise), womit Letztere sich in das geografische Milieu einschreiben,[12] das mit dem natürlichen Milieu gleichgesetzt werden kann,[13] welches seinerseits eine «Rückwirkung auf den Menschen» aufweist.

> «In all seinen Ausprägungen stellt das *natürliche Milieu* demnach ein günstiges Terrain dar: das Klima, die Erdoberfläche, die Gegebenheiten im Meer oder an Land, die Wüste oder das Moor. An diese Formen der Landschaft denken für gewöhnlich Kulturgeografen, wenn sie von einer Anpassung an das *Milieu* sprechen, doch besteht die Gefahr der

---

7 Berque 1980: 23.
8 Leroi-Gourhan 1945.
9 Ebd.: 373: «Ein Terminus, der – ohne allzu eng gefasst zu sein – die Begriffe Volk und Nation, ja sogar Rasse abdeckt».
10 Ebd.: 347.
11 Ein «bequemer abstrakter Begriff», der die Gesamtheit der Schemata, Verfahrensweisen und Werkzeuge meint, die eine Gruppe unterhält und die sie zu entwerfen, zu benutzen, weiterzugeben und weiterzuentwickeln imstande ist.
12 Ebd.: 384.
13 Ebd.: 304, 314, 317, 384.

allzu rigiden Erklärung durch den Einfluss des *Milieus*. [...] Es ist erforderlich, das *Milieu* der Kulturgeografie, kurz gesagt das *Milieu* schlechthin, als einen wichtigen Teil jener unbeweglichen Erdoberfläche zu begreifen, das heißt des *äußeren Milieus*, auf der die Gegenstände der *technischen Gruppe* platziert sind.»[14]

Zeitgleich mit dem Entwurf dieses Konzepts, das das Verhältnis von allem Natürlichen, Ideellen und Künstlichen bestimmte und seine ureigenen Merkmale erkannte, erreichte das wachsende Interesse für die technischen wie kulturellen Hervorbringungen diverser einheimischer Bewohner*innen seinen Höhepunkt – eine Würdigung, ohne die eine Beziehung zwischen Kultur, Architektur und Klima nicht gedacht werden kann. Dieses Verhältnis wurde, so der allgemeine Konsens, im Jahre 1903 von Émile Durkheim (1858–1917) und Marcel Mauss (1872–1950) meisterhaft beschrieben, und zwar in ihrer Studie über die strukturelle Übereinstimmung zwischen Raum, Sozialstruktur und Formen der Klassifizierung der Natur und der sie bevölkernden Lebewesen.[15] Marcel Mauss wird diese Analyse in seinem berühmten Aufsatz zur doppelten Morphologie der Eskimogesellschaften noch erweitern[16] und damit die Hinwendung der Forschung zu den materiellen Formen des sozialen Lebens der Bevölkerung begründen (einschließlich der Wohnstätten und Wohnverhältnisse) unter Berücksichtigung der Vielzahl der Kulturen und der natürlichen Umgebungen. Von diesem Zeitpunkt an ist ein generelles Bemühen um die Beobachtung und Klassifizierung dieser Formen erkennbar sowie um ein Verständnis der Ursachen, die ihre Entstehung bedingen können.

3. Fragestellungen zu Formen der landschaftsbezogenen Architektur

Ausgangspunkt der Forschungen zu landschaftsbezogenen Wohnformen[17] war jene Untersuchung zu verschiedenen Haustypen, die 1894 von Alfred de Foville (1842–1913) durchgeführt wurde, der innerhalb des Finanzministeriums für die Statistik zuständig war. Auf der Grundlage von Unterlagen, die von zahlreichen Berichterstattern vor Ort zugesandt wurden, bot diese Studie eine detaillierte Beschreibung der Lebens- und Wohnbedingungen ärmerer Bevölkerungsschichten in verschiedenen Regionen und unterschiedlichen Klimazonen des Landes. Was zu Beginn vielleicht lediglich ein Anliegen von Verwaltungsbeamten, Hygieni-

---

14 Ebd.: 384.
15 Durkheim, Mauss 1903.
16 Mauss 1950.
17 Frz. *architecture vernaculaire*, von engl. *vernacular architecture* übernommen, Anm. d. Übers.

kern und Philanthropen gewesen war, legte zugleich den Grundstein für erste wissenschaftliche Arbeiten.[18]

Dabei sollte sich vor allem jene Arbeit als bahnbrechend erweisen, die Albert Demangeon (1872–1940), ein Schüler von Paul Vidal de la Blache (1845–1918), 1920 der Bestandsaufnahme, Beschreibung und Klassifizierung von Hausformen widmete, wobei er sich natürlich an die Untersuchung zu den Haustypen erinnerte, die eine Generation zuvor durchgeführt worden war. Der geografische Monismus, dem er unterlag, veranlasste ihn zu der Behauptung: «Die Wohnstätte ist im Wesentlichen eine Sache der Agrarwirtschaft [‹das Haus als Werkzeug›]; vor allem in dieser Eigenschaft ist sie Ausdruck des geografischen *Milieus*.» Eine großflächige Verteilung der Einzelgebäude und eine offene Bauweise erschienen Albert Demangeon als Anpassung an ein heiteres, ja warmes und feuchtes Klima, während gedrängt errichtete Anlagen und geschlossene Bauformen seines Erachtens die Antwort auf ein raues, windiges und winterliches Klima waren.

Noch weiter ging Pierre Deffontaines (1894–1978) in seiner zusammen mit seinem Lehrer Jean Brunhes (1869–1930) veröffentlichten Landkarte, auf der er die Bauform der Häuser – in diesem Fall die jeweilige Dachschräge – unmittelbar dem örtlichen Klima und vor allem der Niederschlagsmenge zuschrieb (Abb. 1).[19] Erneut verwandelte hier eine vermeintliche Gewissheit, die lediglich auf einer recht lückenhaften Beobachtung beruhte, eine nur den Einzelfall betreffende Wechselbeziehung in einen pauschalen Kausalzusammenhang, der damit einem Trugschluss gleichkam, denn ein und derselbe Dachstuhl konnte mit einer Reihe ganz verschiedener Baustoffe gedeckt sein, und diese finden sich ihrerseits auf höchst unterschiedlichen Abdachungen wieder, je nachdem, welchen Landstrich man betrachtet.

---

18 Demangeon 1920; Brunhes 1920; Dauzat 1924–1932.
19 Brunhes [1920] 1956: 308–309.

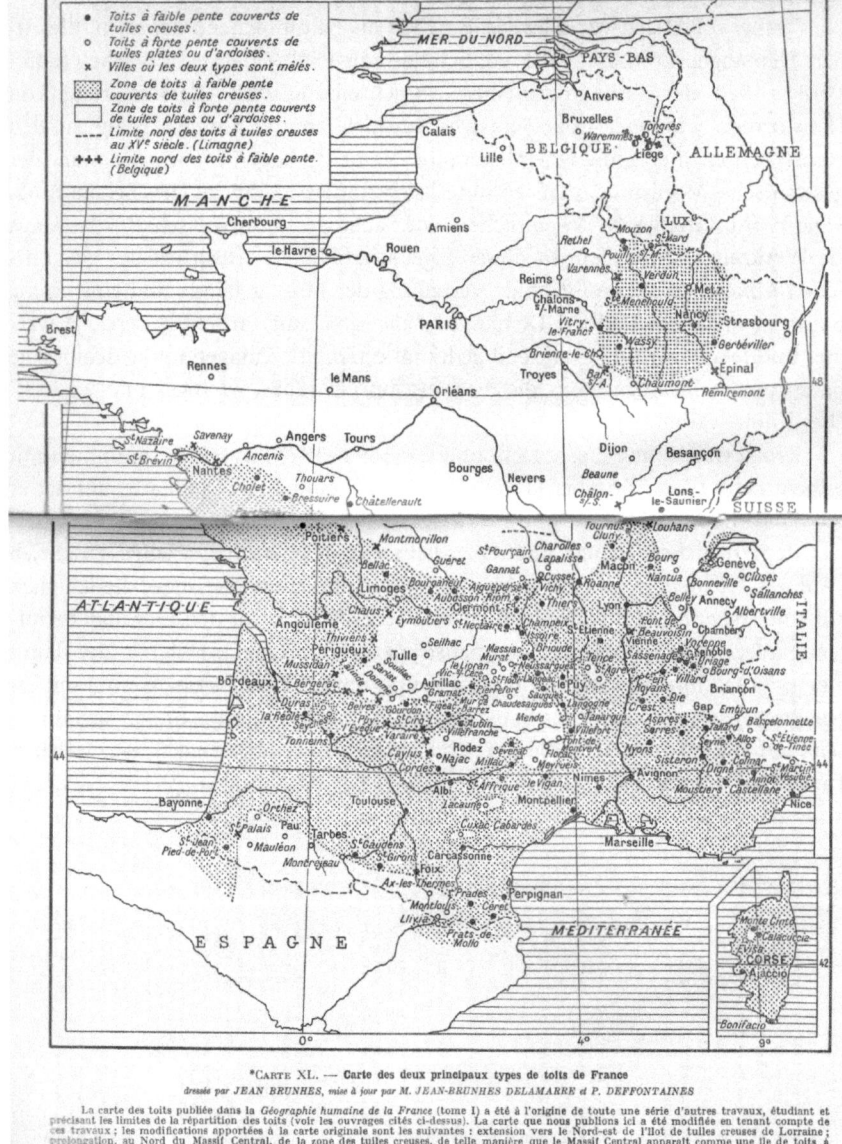

Abb. 1: Verteilung verschiedener Typen von Abdachungen in Frankreich (Landkarte veröffentlicht von Jean Brunhes, danach von Mariel Jean-Brunhes Delamarre und Pierre Deffontaines 1956: 308–309).

Die folgenden Zeilen finden sich am unteren Seitenrand dieser Ausgabe: Karte XL. Karte der beiden in Frankreich vorherrschenden Dachtypen, erstellt von Jean Brunhes, aktualisiert von Mariel Jean-Brunhes Delamarre und Pierre Deffontaines. Die Karte der Dachtypen, die im Band 1 der *Géographie humaine de France* erschien, stellte den Ausgangspunkt für eine ganze Reihe weiterer Arbeiten dar, welche die Grenzen der räumlichen Verteilung der Abdachungen untersuchen und genauer bestimmen (siehe die unten genannten Titel). Die hier von uns veröffentlichte Karte wurde unter Hinzuziehung dieser Publikationen überarbeitet. Die Abänderungen gegenüber der ursprünglichen Karte betreffen folgende Gesichtspunkte: nordöstliche Erweiterung des kleinen, abgegrenzten Gebiets in Lothringen, das durch die Verwendung von Hohlziegeln gekennzeichnet ist; nördlich des Zentralmassivs Verlängerung der Hohlziegelzone in dem Sinne, dass das Zentralmassiv einen klar umgrenzten Bereich darstellt, in dem stark ausgeprägte Dachschrägen und flache Dachziegel vorherrschen (wogegen es zuvor wie eine Halbinsel dargestellt wurde, die mit der nördlich gelegenen Region verbunden war); Abbildung einer kleinen Zone in der Schweiz, in der Dächer mit Hohlziegeln überwiegen, am äußersten Ende des Genfer Sees (zwischen dem See und der französischen Grenze). Schließlich soll für Belgien auf die nördliche Grenzzone der Flachdächer hingewiesen werden, die nicht mit Hohlziegeln gedeckt werden. In dieser Zone liegen die drei Städte Liège, Waremme und Tongres.

Legende: (•) Mit Hohlziegeln gedeckte Dächer mit geringer Neigung; (○) mit flachen Ziegeln oder Schiefer gedeckte Steildächer; (×) Städte, in denen beide Arten vermischt sind; (▒) Zone von Dächern mit geringer Neigung und Hohlziegelbedeckung; (☐) Zone von Steildächern, bedeckt mit flachen Ziegeln oder Schiefer; (---) Nordgrenze der Hohlziegeldächer im 15. Jahrhundert (Limagne); (+++) Nordgrenze der Dächer mit geringer Neigung (Belgien)

Gleichwohl sollte sich diese Theorie hartnäckig halten, und zwar so erfolgreich, dass es Pierre Deffontaines noch ein halbes Jahrhundert später nicht gelang, sich davon zu lösen. In *L'homme et sa maison* kommt er erneut auf diese Versuche einer morphologischen Klassifizierung zu sprechen: «Abdachungen unterscheiden sich vornehmlich durch ihre Schräge voneinander; auf den ersten Blick glaubt man, dies sei eine Frage des Wasserabflusses. So hat man mehrfach versucht, einen Zusammenhang zwischen Varianten von Dachschrägen und Niederschlagskarten herzustellen; M. Shima hat dies für Japan und Korea unternommen; wir unsererseits, durch Jean Bruhnes und mich, für Frankreich».[20] Doch muss er widerstrebend eingestehen, dass «noch viele andere Ursachen im Spiel sind bei der Gestaltung von Dachformen», womit der geografische Determinismus, das heißt die Annahme einer alleinigen Ausrichtung der Architektur an klimatischen Verhältnissen, endgültig als falsch gelten kann. Zugleich zwin-

---

20 Deffontaines 1972: 78–79. Deffontaines belegt den Verweis auf die Arbeit dieses japanischen Autors nicht mit einer bibliografischen Angabe, doch handelt es sich vermutlich um Shima Yukio 島之夫 (1907–1988) und sein Werk *Nihon min-oku chiri* 日本民屋の變遷 (*Geografie des japanischen Hauses*), 1937, Tokio, Kokon Shoin, das in diesem Zusammenhang in der Dissertation von Jacques Pezeu-Massabuau zitiert wird (Pezeu-Massabuau 1981: 36).

gen diese vielfältigen Einflüsse die Forscher nunmehr dazu, genauere Beobachtungen anzustellen, detailliertere und vorsichtigere Analysen vorzulegen, präzisere Statistiken auszuarbeiten und von der Annahme einer Wechselbeziehung auszugehen, die zwar sehr eng und als solche unstrittig ist, darum aber nicht weniger komplex und vielschichtig ausfällt.[21]

Dabei muss die augenscheinliche Einstellung dieser Forschungsaktivitäten von Seiten der Geografie allerdings relativiert werden, denn mehrere Kulturgeografen (wie etwa Augustin Berque et Jacques Pezeu-Massabuau) sind gegenüber einer Anthropologie des Hauses, wie sie sich im weiteren Verlauf entwickeln sollte, durchaus aufgeschlossen.

4. Die Anthropologie des Hauses

So sind es vor allem zahlreiche Forschungsbeiträge von Anthropologen, die mit ihrer weitaus offeneren, kritischeren und präziseren Arbeit das Thema des Verhältnisses zwischen Wohnhaus und Milieu wieder aufnehmen. Bereits André Leroi-Gourhan war hier tonangebend gewesen: «Die Wohnstätte ist vermutlich eins der wertvollsten Kriterien beim Studium der Geschichte eines Volkes, denn sie scheint sehr eng mit der ethnischen Gruppe zusammenzuhängen, und so zeigt die Untersuchung der regionalen Wohnbebauung in Frankreich klar deren diesbezügliche Aussagekraft».[22]

Als Unterkunft der grundlegenden sozialen Kleingruppe gewährt das Haus Schutz und Sicherheit in erster Linie vor den Härten des Klimas. Daher betont Leroi-Gourhan neben den Hauptfunktionen der Wohnstätte besonders die verschiedenen Arten des Heizens, indem er etwa näher auf die diversen Heizvorrichtungen eingeht, und zwar in Abhängigkeit vom jeweiligen Breitengrad: offenes Feuer ohne Abzugsanlage, Feuer mit Abzug ohne Kamin oder Kaminfeuer.[23]

Pierre Deffontaines bietet in seinem Werk eine Zusammenstellung von Beobachtungen und Beschreibungen von Wohngebäuden diverser Ethnien über den gesamten Planeten: ihrer Morphologie, ihrer Anlagen für Wasser, Feuer, Vieh wie Viehfutter und ihrer Verteilung innerhalb der Anlage. Er widmet dabei der Theorie der Dachformen ein langes Kapitel, um diese – wie bereits er-

---

21 Deffontaines 1972: 74–75 verweist auf die Karte, auf der für Lothringen Klosterdachziegel aus dem Mittelmeerraum und eine geringe Dachschräge verzeichnet sind und für das Zentralmassiv inmitten des okzitanischen Gebiets, d. h. für den Wasserturm Frankreichs, flache Ziegel oder auch Dachschiefer und eine ausgeprägte Dachschräge. Desgleichen könne man feststellen, dass das Vorkommen von flachen Abdachungen bzw. Dachterrassen sich nicht auf trockene Regionen beschränke und dass sich das gesamte neuzeitliche Abendland schon seit sehr langer Zeit darauf eingerichtet habe.
22 Leroi-Gourhan [1945] 1973: 243.
23 Ebd.: 286–290.

wähnt – zu widerlegen. Doch vor allem geht er so weit, mit Blick auf den Zusammenhang zwischen Haus und geografischem Milieu – mehr als jenem zwischen Haus und Witterungsverhältnissen – folgende Schlussfolgerung zu ziehen: «Statt der alten Ortsverbundenheit der Baukultur erleben wir inzwischen eine Tendenz zur Vereinheitlichung. Die Baustoffe als natürlicher Bestandteil des Hauses werden immer ortsunabhängiger und lösen sich damit von ihren geografischen Voraussetzungen. In Nordamerika [...] ist es schon beinahe unmöglich geworden, diese nach ihrer regionalen Herkunft zu unterscheiden, wie dies in Europa nach wie vor üblich ist. [...] Die volkstümliche Bauweise ist im Verschwinden begriffen. Le Corbusier schreibt: ‹Das Haus ist lediglich eine Wohnmaschine, die sich einreiht in die Menge unzähliger anderer Maschinen, die serienmäßig hergestellt werden›».[24]

Amos Rapoport ist es zu verdanken, dass all diese Fragestellungen systematisch neu aufgegriffen wurden, und zwar in seinem Buch *House Form and Culture*,[25] das sich auf eine umfangreiche Materialsammlung stützt. Nachdem er zunächst versucht hatte, alle Faktoren, welche die Form eines Hauses bedingen, getrennt voneinander zu untersuchen, gelangt er letztlich zu dem Schluss, dass kein einziger für sich genommen darüber Aufschluss zu geben vermag. Diesem Tatbestand geht er mittels einer akribischen und stringent aufgebauten Beweisführung weiter nach. Zusammengefasst könnte man daraus Folgendes festhalten: Die Auflistung bzw. Klassifizierung von Haustypen und -formen verrät kaum etwas über den Entstehungsprozess dieser Formen oder über die zugrunde liegenden Ursachen. Folglich beschränkt sich die Erklärung Rapoports im weiteren Verlauf auf die beiden Hauptargumente, die materielle Gesichtspunkte mit einschließen: auf den Einfluss des Klimas und auf das Bedürfnis nach einer schützenden Unterkunft. Allerdings weisen diese Begründungen zwei Nachteile auf: zum einen die Nähe zu einem physikalischen Determinismus und zum anderen die Tendenz zu einer monokausalen Erklärung.

Zwar herrschte in den beiden Fächern Architektur und Kulturgeografie ein weitgehender Konsens über die Rolle des Klimas als Hauptgrund für verschiedene Bauformen. Gleichwohl beweist eine Untersuchung unterschiedlicher Haustypen innerhalb desselben Landstrichs, dass diese mehr kulturellen als klimatischen Einflüssen unterliegen, und lässt damit jede deterministische Auffassung fragwürdig erscheinen. Was das Fach Architektur betrifft, so hatte die Theorie von der Ursächlichkeit des Klimas behauptet, die vordringlichste Sorge des primitiven Menschen sei die Suche nach Schutzräumen, so dass die jeweiligen Bauformen jenen Erfordernissen zu gehorchen schienen, die durch das Klima bedingt sind. Doch stellt sich die Frage, warum ein und dieselbe Region gleichzeitig eine ganze Reihe von Bauformen hervorbringt (Häuser mit Innenhof und solche

---

24 Deffontaines 1972: 238.
25 Rapoport 1969.

mit Megaron, heißt es bei Amos Rapoport) und aus welchem Grund in manchen Gegenden mit verschiedenen Mikroklimaten die Vielfalt der Haustypen geringer ist als in anderen Gebieten mit einem vergleichbaren Klima, wie dies etwa in Ozeanien der Fall ist.

Im Übrigen hat es – ohne die Schutzfunktion des Hauses in Abrede stellen zu wollen – durchaus auch eine Reihe von Völkerschaften gegeben, die gar keine Häuser bauten, in Afrika und anderswo: Die Onas in Feuerland sind dafür das verblüffendste Beispiel. Obschon dort ein beinahe arktisches Klima herrscht und sich hier und da durchaus kegelförmige Hütten finden, die rituellen Zwecken dienen und die prinzipielle Befähigung der Onas zum Bauhandwerk unter Beweis stellen, begnügten sie sich im Alltag mit einem schlichten Windschutz in Form von Wandschirmen. Zudem fand bei ihnen eine Reihe von Handlungen, für die ein Schutz vor den Unbilden des Wetters besonders angeraten war – wie etwa bei der Nahrungszubereitung, bei Geburten und wenn Menschen im Sterben lagen –, in manchen Regionen entweder unter freien Himmel oder hinter einem einfachen Windschutz statt.

Wohnstätten können also bei verschiedenen Völkern trotz einer identischen Härte des Klimas unterschiedliche Formen annehmen oder sich sogar starken Klimaveränderungen überhaupt nicht anpassen. Das recht häufige Vorkommen solcher Lösungen, die klimatischen Vorgaben gar nicht Rechnung tragen, veranlasst Amos Rapoport folgerichtig zur Infragestellung der radikalsten Varianten des Klimadeterminismus. So weisen etwa die traditionellen Häuser in Japan kaum regionale Unterschiede auf, vom subarktischen Hokkaidō im Norden bis hin zum subtropischen Kyūshū im Süden.

Daher gelangt Amos Rapoport zu der Auffassung, dass das Buch von Pierre Deffontaines die deterministische Theorie anzweifelt, indem dieser nachweist, dass die meisten primitiven und selbst die vorindustriellen Völker der Religion im weitesten Sinne eine höhere Bedeutung zumessen als materiellen Überlegungen oder gar der Bequemlichkeit. Daher rührt die Bezeichnung «possibilistisch» für die Schule der Geografen um 1920:[26] Die Lebens- und Wohnverhältnisse sind nicht durch das jeweilige Gelände, das Klima oder die Baustoffe determiniert, weder gesondert noch absolut betrachtet, denn diese tragen lediglich zur Möglichkeit der Ausgestaltung von Bauformen bei. So liegt das Hauptargument gegen jedwede deterministische Sichtweise gerade in dem Verweis auf die Vielfalt der Faktoren, die dabei in Betracht gezogen werden müssen.

Dabei sollten jedoch nicht all jene Beobachtungen in Vergessenheit geraten, die Forscher zu den diversen klugen, einfachen, zweckmäßigen und sparsamen Vorrichtungen angestellt haben, wie sie von zahlreichen Völkern und Ethnien entwickelt wurden, um eine (gleichwohl stets relative) Anpassung an das örtliche Mikroklima zu erzielen und eine Antwort auf die Widrigkeiten der Wit-

---

26 Pierre Vidal de la Blache, Lucien Febvre, Maximilien Sorre und Jean Brunhes.

terung zu finden, denn es sollte nicht aus dem Blick geraten, dass das Haus ursprünglich ein Kasten ist, dessen wichtigste Funktion darin besteht, den Bewohner*innen bzw. dem Hausstand Unterschlupf und Schutz gegen Feinde – Menschen wie Tiere – sowie gegen unangenehme Klimaeinflüsse zu gewähren. Es kommt damit einem Hilfsmittel gleich, das dem Menschen den nötigen Freiraum verschafft, damit er sich anderen Tätigkeiten widmen kann.

Nun ruft Amos Rapoport allerdings in Erinnerung, dass für eine Erforschung der Rolle des Klimas für die Hausform etliche Verfahrensweisen in Frage kommen. Soweit man das Klima im Hinblick auf eine angenehme Gestaltung des Alltagslebens betrachtet, sind folgende Komponenten ausschlaggebend: Lufttemperatur, Luftfeuchtigkeit, Strahlung (einschließlich jener des Lichts), Luftströmung und Niederschläge. Zur Gewährleistung eines gewissen Komforts und zur Vermeidung eines zu großen Verlusts oder Überschusses an Körperwärme sollte ein Gebäude den verschiedenen Erd- und Himmelsstrahlungen und anderen Kräften mehr eine entsprechende Beschaffenheit entgegenzusetzen haben. Die verschiedenen Gebäudeteile können dabei als materielle Hilfsmittel und als räumliche Techniken zur Beherrschung der Umwelt gelten. Eine möglichst kompakte geometrische Struktur bietet einen maximalen Rauminhalt bei gleichzeitiger Minimierung der der Außentemperatur ausgesetzten Oberfläche. Eine übermäßige Erhitzung kann durch eine weitestgehende Verringerung des Abstands zwischen den Häusern vermieden werden oder auch durch eine Verlagerung der Küche, die sich oft außerhalb des Hauses befindet. Dieselbe Überlegung gilt für eine Reduzierung der Anzahl und der Größe der Fenster sowie ihren erhöhten Einbau zwecks Verhinderung der Sonneneinstrahlung bis auf den Boden, außerdem für einen Anstrich der Häuser mit weißer oder jedenfalls heller Farbe mit dem Ziel einer maximalen Zurückstrahlung der Hitze und schließlich für eine bestmögliche Verringerung der Luftzirkulation während der heißen Stunden des Tages. Feuchte Hitze erfordert eine offene Bauweise mit schwacher Wärmekapazität und maximaler Belüftung, doch schaffen die notwendigen Öffnungen des Gebäudes Probleme auf der Ebene des Schutzes der Privatsphäre. In heißen und feuchten Gegenden stellen große Vordächer und Veranden, die das Öffnen der Fenster an Regentagen erlauben, das wichtigste klimarelevante Element zur Abwandlung der Bauform dar. Veranden und Vordächer können je nach Ausrichtung die Wintersonne hereinlassen, die ja tief über dem Horizont steht, und doch die hochstehende Sommersonne aussperren, wie dies in der traditionellen Bauweise Japans der Fall war.

Letztlich stellt sich die Frage, inwiefern all dieses praktische Wissen, das im Laufe der Jahrhunderte Schritt für Schritt weiterentwickelt wurde und immer einem zweckmäßigen und sparsamen Ansatz verpflichtet war, heutzutage völlig gegenstandslos erscheint bzw. inwieweit es vielleicht in manchen Klimazonen doch weiterhin überliefert, berücksichtigt und angewandt wird – solange die moderne Welt es nicht endgültig für nutzlos erklärt.

Die Gemeinsamkeit all der hier vorgestellten Arbeiten liegt in dem Nachweis der komplexen Beziehung zwischen dem Menschen und seinem natürlichen Milieu, wobei diese Beziehung in den Lebensraum bzw. eine Wohnstätte Eingang findet, die höchst kulturell geprägte Hervorbringungen darstellen. Sie bestehen aus einer ausgeklügelten Zusammenstellung von Räumen, die in erster Linie einen Ort für das Wasser und einen Ort für das Feuer vereint, im Rahmen einer Unterkunft, in der zahlreiche intelligente Vorrichtungen zur Abmilderung der klimatischen Widrigkeiten entstehen, insbesondere zum Heizen und zur Belüftung, aber auch zur Abwehr von klimatischen Unwägbarkeiten wie Regenfällen, brennender Sonne oder Stürmen. In diesem Sinne sind Wohngebäude Ausdruck verschiedener Formen der Anpassung inmitten eines gänzlich veränderten Milieus und dies sogar heute noch.[27]

Jenseits der Zurückweisung eines engstirnigen Determinismus war die Forschung eine Zeitlang überzeugt von der vollkommenen Anpassung der traditionellen regionalen Wohnbebauung an ihr jeweiliges natürliches Milieu und Klima. Zu dieser Überzeugung trug, eine Fortschreibung der Einsicht in eben diese enge Beziehung bei, die sich im Laufe von Jahrhunderten entwickelt hatte. Beurteilt man diese jedoch hinsichtlich der Bequemlichkeit – eines äußerst modernen Maßstabs –, so wird deutlich, dass die althergebrachten Lebensformen lediglich einen recht dürftigen und ungenügenden Kampf widerspiegeln, dass diese Gesellschaften sich letztlich nur knapp oberhalb einer Minimalgrenze anpassen, und dies auch eher im Hinblick auf den Körper, die Kleidung, den Lebensstil und die Esskultur sowie auf Kriterien des Annehmbaren und der Bedürfnisse – und weit weniger im Bereich der Bauweise.

5. Eine unvollkommene Angleichung von Baukultur und Klima

In seiner bemerkenswerten Überblicksdarstellung *La maison, espace social* (1983), die eher dieser anthropologischen Tradition verpflichtet ist als der geografischen, unterscheidet Jacques Pezeu-Massabuau zwei unterschiedliche Begriffe des Hauses im Sinne eines natürlichen Unterschlupfs: «einerseits jenen seiner Bauweise, im Einklang mit den im örtlichen Umfeld verfügbaren Baustoffen, und andererseits jenen seiner Schutzfunktion, die es gegenüber eben jener Umgebung ausüben soll. Ganz allgemein gesprochen stellt das Haus im Vergleich zur Kleidung eine zweite Schutzhülle gegen Wind und Regen dar, gegen

---

[27] Allerdings konnte anhand der Untersuchung zum *Ostal en Margeride* die Nachrangigkeit dieses Sachverhalts aufgezeigt werden (Bonnin u. a. 1978–1983).

Erdbeben und Wirbelstürme und vor allem gegen extreme Hitze».²⁸ Soweit ist dies unstrittig.

Doch merkt er weiter zum Thema der japanischen Baukunst an: «Von alters her wird hier das Heizen über alle Maßen außer Acht gelassen. Die raffinierten Techniken des chinesischen *kang* oder des koreanischen *ondol* und auch die alte Praxis des glimmenden Feuers haben hier keinerlei Entsprechung»,²⁹ denn weder die Feuerstelle *irori* mit ihrer Öffnung dicht über dem Boden, in der drei Brandfackeln aus Holzkohle langsam verglühen, noch der tönerne Ofen *kamado*, auf dem Reis zubereitet wird und der im Eingangsbereich *doma* auf gestampfter Erde steht, wären in der Lage, ein solches Haus zu beheizen, das auf fast allen Seiten offen ist, ohne jeden Versuch einer Wärmeisolierung (abgesehen von seinem ursprünglichen Strohdach), voller Spalten, undichter Fugen und unablässigem Luftzug. Häufig weicht die Luft im Innern des Hauses nur geringfügig von der Temperatur der äußeren Umgebung ab.

Im weiteren Verlauf greift der Autor diese Frage nach der fehlenden Anpassung des japanischen Hauses an klimatische Bedingungen explizit wieder auf und führt zur Erklärung dieses problematischen Zusammenhangs eine grundlegende, zusätzliche Dimension ein: «Die jeweilige Wahrnehmung von etwas Unangenehmem bzw. Erträglichem basiert auf den dieser Wahrnehmung zugrunde liegenden Normen [...] gesellschaftlicher oder kultureller Natur, die die Angehörigen jeder Zivilisation prägen und die ihren Ausdruck in der Wohnkultur finden».³⁰

Wenn das japanische Haus demnach durch seine großzügige Öffnung zur Außenwelt und die zarten Papierwände, die es davon trennen, sowie durch die luftigen Trennwände im Inneren, die eine Luftzirkulation in alle Richtungen erlauben, kurzum durch die beinahe vollständige Unmöglichkeit einer Beheizung letztlich einen derart unzulänglichen Schutz gegen die Kälte des Winters bietet, so einzig und allein aus dem Grund, dass genau diese Merkmale eine effiziente Maßnahme gegen die noch viel mehr gefürchtete feuchte Sommerhitze darstellen.

«Die Ausdauer, mit der dieses Volk sogar der härtesten und längsten Kälteperiode trotzt, hat ausländische Beobachter immer wieder verblüfft, und sie ist in der Tat unbestreitbar. Dafür muss man sich nur ansehen, wie sich eine einfache Familie auf dem Land um eine Feuerstelle schart, deren Wärmestrahlung gegen 0 geht, und sich dabei ungerührt unterhält – bei einer Temperatur von 0 °C oder knapp darüber, die von dem eisigen Wind aufrechterhalten wird, der ohne Hindernis durch die Papierfetzen der Fenster eindringt, und das alles ohne davon in irgendeiner Weise beeinträchtigt zu wirken. Doch ist es zugleich ebenso ersichtlich, dass die feuchte Hitze, die jeden Sommer über den Archipel

28 Pezeu-Massabuau 1983: 30.
29 Ebd.: 65.
30 Ebd.: 191.

hereinbricht, die Einwohner außerordentlich belastet, selbst wenn sie nur wenige Wochen dauert wie in den nördlichen Gebieten.»[31]

Nach und nach hatte die Beobachtung einer lokalen Vielfalt der Wohnbauten und Wohnformen zu der Vorstellung geführt, diese Mannigfaltigkeit sei der Beweis einer engen oder gar perfekten Anpassung an das jeweilige Klima. Doch konnte dieser Eindruck korrigiert werden mittels einer genaueren Erkundung, die mithilfe von Ethnologen bisweilen aus dem Blickwinkel der Gesellschaft selbst möglich war, so dass man letztlich mit Gewissheit festhalten konnte, dass eine derartige generelle Angleichung an örtliche Gegebenheiten mitnichten vorliegt und es sich vielmehr um einen regelrechten Trugschluss handelt, denn nicht nur das Haus als technische Einheit hat sich teilweise angepasst, sondern mit Sicherheit eher die gesamte örtliche Gesellschaft selbst mitsamt ihrer Auffassung der Natur und des Universums, ihren Standards bezüglich des Komforts, ihren Wertvorstellungen hinsichtlich der Existenz, des Lebens und auch der Abhärtung in Bezug auf den Willen, den Widrigkeiten der Natur die Stirn zu bieten, wie diese in überlieferten Erzählungen und Mythen, Sprichwörtern und typischen Redewendungen geschildert werden. So gibt *Gaman suru* die japanische Alltagsmoral wieder: Man muss etwas ertragen können. Jeder japanische Schüler kann den berühmten Satz von Kenkō vom Beginn des 14. Jahrhunderts aufsagen: «Beim Bau eines Hauses muss man vor allem an den Sommer denken, denn im Winter lebt man ohnehin irgendwo.» Diesem könnte folgender Sinnspruch als Antwort dienen: «Wenn ihr frieren möchtet, wärmt euch auf», wie uns ein Bauer aus der Margeride während unserer Feldforschungen mitteilte.[32]

Zwei Fallstudien beweisen, wie eng und tief, aber auch wie unvollkommen diese Beziehung zwischen dem schützenden Obdach und dem Klima sein kann. Im Jahre 1975 begann zum einen unsere Arbeitsgruppe mit einer Feldstudie zur volkstümlichen Wohnbebauung im hintersten Winkel des Zentralmassivs, in der Margeride, einem «Land des Schnees» würde ein Kawabata sagen.[33] Ähnliche Beobachtungen gaben zum anderen später den Anlass zu einem Treffen mit einer Forschergruppe der Universität von Hokkaidō und führten zur Fortsetzung einer vergleichenden Untersuchung der beiden Regionen.

6. Das *ostal* in der Margeride

Nachdem wir verblüffenderweise etliche Ähnlichkeiten in der Struktur zweier Hausformen festgestellt hatten, deren Erscheinungsbild sich doch sehr unterscheidet – wobei die eine älter und dem traditionellen Typ näher ist, die andere

---

31 Ebd.: 195.
32 La Soudière 1987.
33 Bonnin u. a. 1983.

V. Architektur und Klima 119

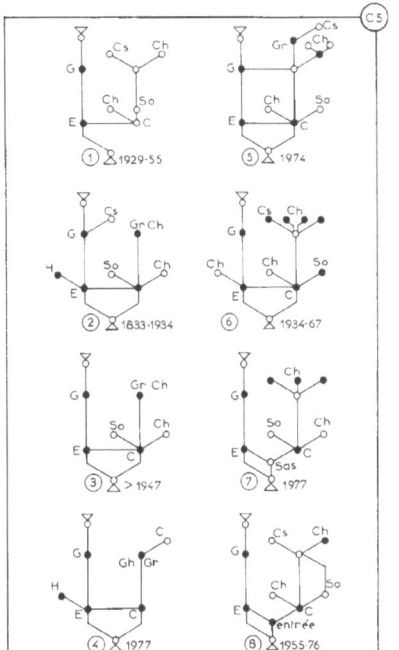
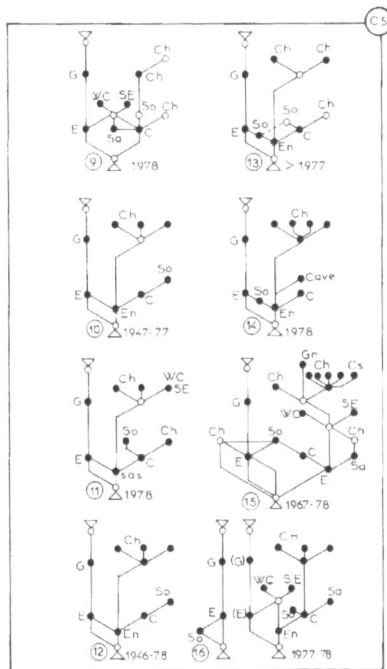

Abb. 2: Veränderung der topologischen Struktur des lokalen Haustyps.
Das Schema 3 ist jenes des «alten Hauses» (Abb. 5). Das Schema 1 ist jenes des alten Elementarhauses (Abb. 3). Das Schema 13 ist jenes des Hauses «D» (Abb. 4).

dagegen ein Neubau der Nachkriegszeit von modernem Aussehen –, unternahmen wir den Versuch, deren allgemeine, unter Umständen dauerhafte, zumindest aber langlebige Eigenschaften herauszuarbeiten. Dabei wählten wir eine ausgesprochen flexible Herangehensweise anstatt der festgelegten, rückwärtsgewandten Problematisierung, die alle bisherigen Untersuchungen zu regionalen Gebäudetypen und ihrem vermeintlichen «goldenen Zeitalter» bestimmt hatte.

Für das Verständnis eines lokalen Haustyps im Allgemeinen ist das sogenannte topologische Modell der Haustypen unverzichtbar, das als Abstraktum der Graphentheorie verwandt ist. Wenn wir für einen Augenblick die äußere Erscheinung, die Baustoffe, die Dachform usw. außer Acht lassen, erlaubt uns dieses Modell eine Verdeutlichung des wesentlichen Grundzugs, nämlich der Art und Weise, wie die Anordnung der Räume, aus denen sich das Haus zusammensetzt, sowie ihre Verbindungen untereinander den Entwurf dieses Modell innerhalb seines Milieus und lokalen Klimas zum Ausdruck bringen (Abb. 2).

Die topologische Struktur des Hauses (die Aufteilung seiner Räumlichkeiten) und das zugrunde liegende Denkmuster, das zum Zeitpunkt der Feldstudie

Abb. 3: Altes Elementarhaus mit einem einzigen Eingang für Mensch und Vieh, Margeride, 1975

beobachtet werden konnte, müssen in den Kontext der fließenden, permanenten Veränderungen eingebettet werden, also jenen des phylogenetischen Baums, der diesem Typ zu eigen ist. Geht man von dem eigentlichen Kern aus, jenem des ursprünglichen, quadratischen Hauses, so findet man Folgendes vor: eine nach Süden ausgerichtete Fassade; Nassräume halb in der Erde versenkt an der nördlichen Wand; den *cantou* einer großen Feuerstelle, der nach Osten oder Westen hervorragt; eine ursprünglich einzige Eingangstür, aus der mit der räumlichen Trennung von Mensch und Tier zwei werden; eine direkte Verbindung zwischen beiden Bereichen im Inneren (die mit dem Kampf gegen die Tuberkulose bald verboten wird), durch die es vermieden werden kann, das Haus bei Schneeverwehungen verlassen zu müssen; eine erhöhte Scheune, wobei die *montade* einfach oder doppelt sein kann; einen Heuboden im oberen Stock; und wenige, winzige Fenster, die allerdings hinfort immer größer und zahlreicher werden (Abb. 3–5).

Langsame, aber fortwährende Veränderungen haben dieses *ostal* («Haus», «Unterkunft», von lat. *hospitale*) beständig an sein geografisches und klimatisches Milieu angepasst, ebenso wie an die sozioökonomischen Bedingungen in ihrer stetigen Fortentwicklung von Generation zu Generation. Nicht dass sich der Ort oder sein Klima während der 150 Jahre, die wir untersuchen konnten, wesentlich verändert hätten, trotz einiger Kälte- und Hitzeperioden, durch die jedes Jahrhundert gekennzeichnet ist. Doch haben sich die Erwartungen der Bewohner*innen weiterentwickelt im Zuge der gesellschaftlichen und technischen Umwälzungen des Landes und der Zivilisation: Dazu zählen die halbindustrielle Produktion von Dachziegeln aus Glimmerschiefer als Ersatz für das Ende des 19. Jahrhunderts verbotene

Abb. 4: Südseite des Hauses «D», Montbel, Margeride, April 1974

Roggenstroh, die Belieferung mit Kalk aus den Causses via Eisenbahn, die Einführung von Strom, Traktoren, Autos und Wasserleitungen – kurz gesagt die schrittweise Eingliederung zunächst in die regionale, später in die landesweite Marktwirtschaft.

So kommt es auch allmählich zu einer weiteren Ausdifferenzierung der Funktions- und Wohnräume und vor allem zu einer Abwandlung ihrer für den lokalen Haustyp charakteristischen Verteilung über das Gebäude, also seines *topologischen Modells*, wobei diese Anpassung allerdings relativ langsam verläuft.

Nun verdeutlichen all diese Veränderungen eine Revolution im Bereich der allgemeinen Vorstellungen von tradierten Mustern in Architektur und Haushalt: Das Althergebrachte wird abgewertet bzw. für ungeeignet erklärt, um jungen, neuen, modernen Ansätzen Platz zu machen. «Kehr du ruhig in dein altes Haus zurück, ich bleibe in dem neuen!», musste sich ein Familienvater anhören, der das kleine Haus seiner Kindheit vermisste, das weitaus romantischer und aparter gewesen war als das lichtdurchflutete, komfortable große Haus, das er *nolens volens* mit eigenen Händen für seine Gattin und seine mehrköpfige Familie gebaut hatte.

Dabei blieb allerdings die bessere Wärmeversorgung dieses modernen Hauses, die ja auf den ersten Blick mit der vorherigen nicht vergleichbar war und während der langen Phasen der Schneestürme, Schneeverwehungen und eiskalten Winde höchst willkommen erschien, dem Komfort der städtischen Wohnungen letztlich weit unterlegen: Lediglich der große Gemeinschaftsraum wurde vollständig beheizt, und allenfalls das angrenzende Zimmer wurde durch das Kaminrohr ein wenig mit erwärmt. Die anderen Räume blieben dagegen eiskalt. Dennoch war dies das Paradies im Vergleich zum Elternhaus des Vaters, wo allein der *cantou* als Heizung diente, jene große Feuerstelle, deren Wärme sofort in dem viel zu weiten Abzug verloren ging. Sobald die Glut zunahm, also in dem Augenblick, in dem man Sup-

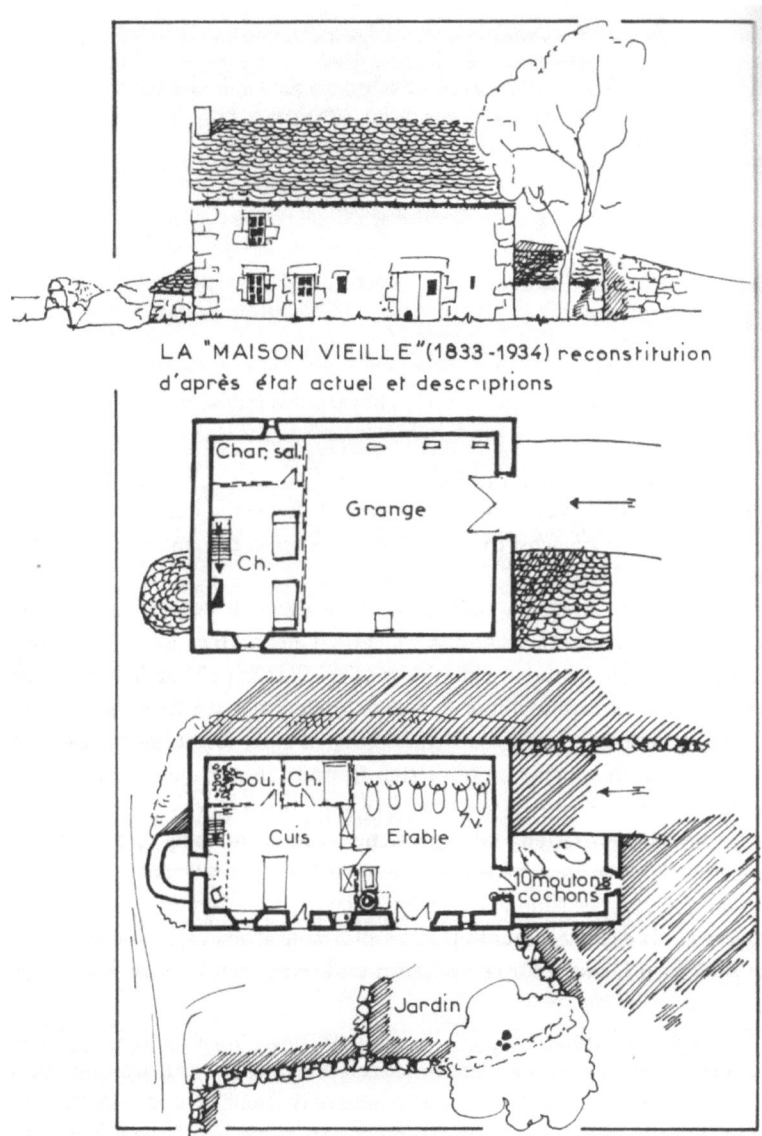

Abb. 5: «Plan Altes Haus»: Aufriss und Pläne des Geburtshauses von Lucien M. Rekonstruktion anhand von Beschreibungen und seines aktuellen Zustands. Margeride, Montbel, 1975

Legende: Ch./Chambre = Zimmer; Grange = Scheune; Cuis./Cuisine = Küche; Etable = Stall; 7 v./7 vaches = 7 Kühe; 10 moutons ou cochons = 10 Schafe oder Schweine; Jardin = Garten

pe kochte oder sich nachts aufwärmte, «verbrannte man von vorne und erfror von hinten», wie es in einer Redewendung heißt,[34] da die dicken Granitmauern, die mit Lehm hochgezogen worden waren, viel Kälte und Feuchtigkeit gespeichert hatten. Freilich war es dann im Sommer schön kühl im Haus, in der Zeit der Heumahd und der Ernte, für ein oder zwei Monate im Jahr.

Somit konnten wir feststellen, wie sich die Bauwerke, die für den lokalen Haustyp charakteristisch und zumindest theoretisch an das örtliche Klima angepasst waren, bis zum Ende des 20. Jahrhunderts so stark veränderten, dass ein ahnungsloser Besucher sie nunmehr für neu gebaute Einfamilienhäuser am Stadtrand halten könnte, mit schönen Zierstreifen aus Ziegeln am Vordach, wie sie aus Nîmes geliefert werden.

7. Das japanische Haus auf Hokkaidō

Zur selben Zeit verfolgte das Forscherteam um Fujio Adachi (1932–2002) an der Universität von Hokkaidō das Studium der volkstümlichen Wohnbebauung dieser nördlich gelegenen Insel, die kontinuierlich im Umbruch begriffen war. Über diese Analysen und Feldforschungen haben wir bereits ausführlich berichtet.[35] Es sei daran erinnert, dass die ersten Siedler während der japanischen Kolonisierung Hokkaidōs ohne merkliche Abänderungen das Modell und die Techniken des Hausbaus ihrer Heimat importierten, von denen sich schnell herausstellte, wie wenig sie für das hyperboreische Klima geeignet waren, bevor hier dann etwa ein Jahrhundert später ein neuer Haustyp entstand. Doch hat man dafür nicht einmal die Häuser des einheimischen Volks der Ainu als Vorbild nehmen können, die hier doch seit Jahrhunderten, wenn nicht Jahrtausenden ansässig waren: «Das Haus der Ainu war ungefähr ebenso schlecht gegen Kälte geschützt wie das Haus der Japaner», schreibt Augustin Berque in *La rizière et la banquise*.[36] Unsere Beobachtungen deckten sich mit den seinen.

Was die Bauweise des japanischen Hauses betrifft, so wird sie von dem Geografen Jacques Pezeu-Massabuau beschrieben als ein einheitlicher Haustyp, der von Nord bis Süd unverändert ist: von der brennenden Sonne Kagoshimas (im Süden von Kyūshū) bis hin zum Eis von Aomori (im Norden von Tohoku), über das stickige Becken von Kyoto und den fünf Meter hohen Schnee, der im Winter in der Gegend von Niigata liegt, *Yuki gumi* – eine Region, der er seine Studie über *La maison japonaise et la neige*[37] gewidmet hatte und die er als ein ganz besonderes «geografisches Problem» ansieht, da dieses für ein tropisches

---

34 La Soudière 1987.
35 Adachi, Bonnin 2017: 279–300.
36 Berque 1980: 40. André Leroi-Gourhan beschreibt dieses en passant: [1945] 1973: 254.
37 Pezeu 1966.

Abb. 6: Strohgedecktes Bauernhaus. Japan, Takayama 高山, Präfaktur Gifu, 2009

Klima entworfene Haus so gar nicht auf Schneemassen abgestimmt war (Abb. 6).[38]

Dieser einheitliche Haustyp wurde im 19. Jahrhundert nach Hokkaidō exportiert, hinauf bis zum Kältepol von Asahikawa, denn auf der Hauptinsel Japans als der Wiege der japanischen Zivilisation war die Lage keineswegs besser. «Die Studien von Jacques Pezeu-Massabuau haben den französischen Leser mit diesem Merkmal des traditionellen japanischen Hauses vertraut gemacht: seiner fehlenden Anpassung an den Winter».[39] Genauer gesagt: «Keinerlei Beheizung in der Nacht natürlich; so fand man am Morgen das Soja und manchmal sogar den Sake gefroren vor. Der einzige wirkliche Schutz gegen die Kälte blieb die Kleidung».[40] Trotz einiger Hilfsmittel wie Fußwärmer (*kotatsu*) und Heizstrahler (*hibachi*) blieb man doch allzeit der beißenden Kälte ausgesetzt. «Nicht nur das Durchhaltevermögen verschleierte diese ungenügende Anpassung [...], [sondern auch] ein Konsens, der aus dem Winter ein notwendiges Übel machte, das von allen hingenommen wurde und sich gewissermaßen als kulturelle Norm verbreitete, die das Verhalten des Einzelnen vermittels der allgemeinen Verhaltensmuster festlegte».[41]

Als man von 1910 an damit begann, auf Hokkaidō Heizöfen zu installieren, befand man sich gleichzeitig im Paradies (was die Vorderseite betraf, die dem Ofen zugewandt war) und am Nordpol (hinsichtlich des Rückens und aller anderen Körperteile) – *gokuraku to hokkyoku*, wie es der Sinnspruch ausdrückt. Augustin Berque beschreibt die vielfachen Verbesserungen, die seitdem umge-

---

38 Ebd. 1967.
39 Berque 1980: 175.
40 Ebd.: 176.
41 Ebd.: 176.

setzt wurden: der Einsatz von Fensterscheiben, bald auch von Doppelfenstern und Mehrfachverglasung, Schreinerarbeiten mit dichter schließenden Metallrahmen, Isolierungen aus Holzwolle und Dämmschaum aus Kunststoff – doch all das brauchte seine Zeit, bevor es sich durchsetzte. Danach folgten vielfältige Maßnahmen, keine Apparaturen mehr, sondern neue Ansätze auf der Ebene der Architektur: Dachschrägen, die das Abschmelzen des Schnees begünstigten, Bedachungen aus Zinkplatten, die Beseitigung von komplexen Dachkonstruktionen und damit von Stellen, an denen sich riesige Eiszapfen bildeten, der Bau von eisenbewehrten, bisweilen sehr tiefen Betonfundamenten (womit der Wohnbereich über einen Keller zu liegen kam, der ihn vom gefrorenen Erdboden trennte und isolierte), das Verschwinden der Veranda *engawa*, der Aufbau eines Stockwerks für die Schlafzimmer und die Anhebung des *genkan* am Eingang (der traditionell ebenerdig war und damit tiefer lag als der Schnee und das Eis, die sich im Winter vor der Tür angesammelt hatten). Nach etlichen Versuchen einer Nachahmung westlicher Hausformen kam es dann zu einer Rückkehr zu einer tragenden Holzstruktur, zur Verwendung isolierender Zwischenwände und auch zur Verringerung großer Öffnungen im Vergleich zum Modell des *honshū*, und all dies trug zur Entstehung eines neuen lokalen Architekturtyps bei.

Man könnte sich die Frage stellen, ob dieser nunmehr dem Klima angepasst *ist*, oder vielmehr, ob er sich dem Milieu angepasst *hat* bzw. ob er sich weiterhin dem jeweiligen sozialen Wandel anpassen wird, genauso wie die Kleidung, der Lebensstil, die Körper selbst, die Ernährungsweise und die Verinnerlichung von Normen.

8. Eine Infragestellung des Verhältnisses von Mensch, Kultur und Natur

Wenn die parallele Entwicklung von Ort, Klima und Hausbau seit vielen Jahrtausenden streng genommen keine wirkliche Wechselbeziehung zwischen diesen geschaffen hat und ein gutes Jahrhundert der Forschung aufgezeigt hat, wie unbestimmt dieses doch eigentlich unstrittige Verhältnis letztlich ist, so gilt es von nun an, die normativen Vorgaben des zeitgenössischen Diskurses zu hinterfragen.

Während die Arbeit an der Beobachtung, Analyse und konzeptuellen Klärung der Verbindung zwischen Architektur, Klima und Milieu voranschritt, entwickelte sich gleichzeitig, vor allem ab den 1980er Jahren, als Reaktion auf den Missbrauch und die normativen Vorgaben der modernen internationalen Ausrichtung innerhalb der Architektur der Nachkriegszeit eine eher regionalistische und historistische Bewegung, welche bemüht war, traditionelle Bauformen und Erwägungen nicht der Vergessenheit anheimfallen zu lassen, denn um hier Klarheit zu schaffen, müssen diverse gleichzeitig und/oder nacheinander aufkommende Bezeichnungen unter diese Entwicklung subsumiert werden, also jene

Architektur, die wahlweise «situiert», «solar», «passiv», «autonom», «bioklimatisch» oder «nachhaltig» genannt wird, die sich nach und nach weiter verbreitet und schließlich durchgesetzt hat und kürzlich sogar in eine entsprechende Umweltqualitätsnorm Eingang gefunden hat, die den Anforderungen eines sparsamen Energieverbrauchs oder gar eines Bauens mit «positiver Energiebilanz» Rechnung trägt. All diese Teilströmungen berufen sich auf einen Einbezug der lokalen Bedingungen, des *genius loci*, sowie des Klimas, wenn auch in verschiedenen Erscheinungsbildern und Ausdrucksweisen, die das weite Spektrum des naturnahen, ökologischen, schließlich «grün» genannten Erfindungsreichtums der vergangenen Jahrhunderthälfte abdecken. Doch erscheint es fraglich, ob dabei alles für unser Thema Wesentliche berücksichtigt ist, jenseits weiterer gutgemeinter Facetten dieser Ideologie, vor allem hinsichtlich des Kriteriums der Wärmeenergie als alleiniger Maßeinheit, denn dieses trägt wiederum zur Vorstellung einer technisierten Architektur bei, einer neuen Ausprägung einer Industrienorm, einer neuen Form von Reduktionismus.

Diese Anforderungen der Gegenwart würden jeder und jede gute Staatsbürger*in gern unterschreiben. Im Übrigen haben sie auch gar nicht mehr die Wahl. Aber diese neuen Normen, die freilich mittels einer höchst ausgeklügelten Apparatur ausgetüftelt wurden, wodurch sie durchschnittlichen Einwohner*innen praktisch nicht mehr zugänglich sind, und die in einem absichtlich undurchsichtigen Jargon von Insidern formuliert werden, beruhen letztlich in ihrer ganzen konzeptionellen Anlage auf bloßen Annahmen, die kaum belegt sind, und werfen demnach noch wesentlich mehr Fragen auf, als dies je zuvor der Fall war:

– Von welchem Klima ist überhaupt die Rede? Wird nach Jahreszeiten oder nach Kalenderjahren gemessen? Von welchen Veränderungen wird ausgegangen, von kurz- oder langfristigen, von Tages- oder Nachtwerten, von zirkadianen oder extremen Wetterereignissen (Katastrophen, die alle zehn, dreißig oder hundert Jahre auftreten)? Welches sind die genauen Bestandteile des Klimas, die zu beunruhigen scheinen: die Temperatur, die Feuchtigkeit, das Windaufkommen, die Schneemenge oder die Kälteproduktion? Und welche dynamische Entwicklung ist es, die Anlass zur Sorge gibt?

– Wie wird diese – positive oder negative – Anpassung an das Klima genau definiert?

– Welche darüber hinausgehenden Erwartungen von Seiten einzelner Personen, welche Bestrebungen von Individuen, welche gesellschaftlichen Anforderungen werden berücksichtigt? Was ist mit der Bewahrung des architektonischen Erbes, auch wenn es sich um zweitrangige Bauwerke handelt? Und wie steht es um ein Aufgehen in der Vegetation und in der «Natur» oder um die Bedeutung des geselligen Lebens oder um die poetische Strahlkraft eines Ortes?

– Auf welche Weise will man die Widersprüche zwischen all diesen Anforderungen auflösen?
– Welche Grenzen setzt man diesem System, dessen wärmetechnische, ja energetische und chemische Leistung bzw. Autonomie evaluiert werden? Beschränkt man es auf den engsten lokalen Bereich oder bezieht man die Bergwerke mit ein, aus denen man die seltenen Materialien der importierten Verbundwerkstoffe herausholt und heranschafft?

Insbesondere wirkt es im derzeitigen Diskurs so, als gebe es nur noch ein einziges Klima, eine Art Weltklima als gemeinsames Gut der Menschheit,[42] dessen unbestreitbare und unstrittige Problematik die ganze Spannbreite des pflichtschuldigen Denkens und Handelns flutet: *der* Klimawandel, der bekämpft werden muss – wobei es gleichzeitig gilt, standardisierte Bedingungen für den Komfort zu schaffen, die anspruchsvoller sind als je zuvor, und zudem die Rolle der Kleidung und der jahreszeitlich bedingten häuslichen Tätigkeiten in Vergessenheit geraten lassen. In Finnland, Russland und Frankreich heizt man die Wohnungen sechs Monate im Jahr, um darin in Sommerkleidung leben zu können, und man wird sie bald sechs Monate lang herunterkühlen, um die Temperatur auf denselben Wert zu bringen. Ein und dasselbe Klima, eine Vereinheitlichung der Norm und des Lebensstils. Die allgemeine Verbreitung der Klimaanlage, die Angleichung der Umgebungstemperatur, sommers wie winters, unabhängig vom Breitengrad. Ein Avatar des Modernismus.

Ein einheitliches Milieu unseres Planeten, von nun an ein «Nichtort», würde Marc Augé (*1935) sagen, ohne besondere Eigenschaften oder lokale Eigentümlichkeiten: Vergessen sind die unzähligen, von Geografen und Geografinnen sowie Anthropologen und Anthropologinnen seit zweihundert Jahren beschriebenen örtlichen Bedingungen, schlimmer noch: eine einheitliche Norm hinsichtlich des Wohnkomforts, auf die fortan alle Maßnahmen abzielen; eine Norm, die von den wichtigsten Industrieländern der Nordhalbkugel entworfen wurde: der Begriff «Komfort», der sich doch über Jahrhunderte langsam entwickelt hat und den Philippe Bonnin und Jacques Pezeu-Massabuau in allen Einzelheiten beschrieben haben. In Japan findet sich noch eine Spur des *koromogae*, des halbjährlichen Wechsels der «Kleidung» des Hauses und seiner Bewohner*innen, sobald sich die ersten Anzeichen bemerkbar machen, und zwar zu einem beinahe festen Termin: sowohl am Anfang der sommerlichen Hitzeperiode als auch beim Auftreten des ersten Raureifs im Winter.[43]

---

42 Dessen langsame Veränderung bzw. Erwärmung sie sich stolz selbst zuschreibt, obwohl sie gar nicht dabei war, als die durchschnittliche Temperatur in den gemäßigten bewaldeten Zonen des arktischen Kontinents bei etwa 12 °C lag, da sie damals nicht gerade zahlreich war und ziemlich machtlos, als die Sahara mit großen Seen bedeckt war.
43 Bonnin, Pezeu-Massabuau 2017: 326.

Der Entwurf des Einheitsklimas als unantastbare, übergeordnete Größe führt zu einer Normativität, die keinerlei Diskussion oder Infragestellung zulässt – welche tatsächliche Bereitschaft zur Auseinandersetzung mit diesen Fragen man auch mitbringen mag. Die außerordentliche Befähigung der Menschheit, sich vermittels der Kultur arktischen oder tropischen Extremverhältnissen anzupassen, ihre Eignung zur gedanklichen Durchdringung von Konzepten wie Akklimatisierung, Diversität, Wechselhaftigkeit, Unsicherheit und auch Mangelhaftigkeit werden geleugnet, wodurch das gesamte kulturelle Gerüst der Erkenntnisfähigkeit eingerissen wird im Namen eines blinden Prometheismus, der letztlich zum Scheitern verurteilt ist.

Man käme nie an ein Ende, wollte man all die Widersprüche aufzählen, zu denen dieses moderne Paradigma führt, oder auch die Gegenbewegungen, die es hervorruft. Jenseits der Energiebilanz hat in Japan die allgemeine Einführung von Klimaanlagen in eine Wohnstätte, die ursprünglich durch ihre offene und leichte Bauweise für sanfte Sommerbrisen konzipiert war, die Bewohner*innen dazu gezwungen, das dünne *shojis*-Papier durch Fenster mit Doppelverglasung zu ersetzen. Von diesem Zeitpunkt an ist eine Teilnahme des Haushalts an dem Leben seiner Nachbarschaft unmöglich, an der Gemeinschaft, wie sie in der sozialen Ordnung festgeschrieben ist, und sogar an den Handelsbeziehungen innerhalb des Viertels, nämlich wenn der Tofuhändler tutend die Straße entlangkommt, um Kunden anzulocken: All dies ist jetzt vorbei.

Bei uns ist das nicht viel anders, und die dicht schließenden Fenster, die eine beispiellose Wirkung haben, verhindern den Zufluss frischer Luft, die die stickige Zimmerluft voller Lösungsmittel und Staub erneuern könnte, so dass man schließlich künstlich belüften muss.

Welche neuen Ansätze gibt es? Vielleicht gibt der Aufschwung des Berufsstands der Landschaftsarchitekten und -architektinnen Anlass zur Hoffnung, da dieser der über lange Zeit geknüpften Beziehung zwischen einem Winkel der Landschaft und der Gesellschaft, die dieser beherbergt, mehr Aufmerksamkeit schenkt. Diese Hinwendung zu dem zu gestaltenden Ort kann für den Moment – im Rahmen der Milieutheorie und der Geopoetik – die Achtsamkeit gegenüber der Verbindung mit dem Klima, mit seinen Besonderheiten, sogar mit seinem Wandel aufrechterhalten. Doch es bleibt immer die Gefahr, dem Sirenengesang der vorherrschenden Ideologie und der überzogenen Lehrmeinungen nachzugeben. Es gilt also, unsere gedanklichen Mittel auf der Gefühls- und der Vernunftebene einzusetzen und so mit Lebewesen wie Dingen sorgsam umzugehen.

9. Bibliografie

Adachi, Fujio; Bonnin, Philippe: Transformations de la maison dans le Hokkaidō. In: Bonnin, Philippe; Pezeu-Massabuau, Jacques (Hg.): Façons d'habiter le Japon. Maisons, villes et seuils. Paris 2017: 279–300.

Berque, Augustin: Le Japon. Gestion de l'espace et changement social. Paris 1976.

Berque, Augustin: La rizière et la banquise. Colonisation et changement culturel à Hokkaidō. Paris 1980.

Berque Augustin: Le sauvage et l'artifice. Les Japonais devant la nature. Paris 1986.

Berque Augustin: Médiance, de milieux en paysage. Montpellier 1990.

Berque, Augustin: Ecoumène. Introduction à l'étude des milieux humains. Paris 2000.

Berque, Augustin: Milieu et identité humaine. Paris 2010.

Berque, Augustin; Maupertuis, Marie-Antoinette; Bernard-Leoni, Vannina (Hg.): Le lien au lieu. Bastia 2014.

Berthier, François: Cent reflets du paysage. Petit traité de Haikus. Paris 2016.

Bloch, Marc: Champs et villages. In: Annales 6 (1934): 467–489.

Bloch, Marc: Types de maisons et structure sociale. Travaux du 1er congrès international de folklore, Paris 1937. Tours 1938: 71–72.

Bonnin, Philippe: L'utile et l'agréable. À propos de l'enquête d'architecture rurale. La question de l'esthétique confrontée à la transformation des modes de vie et des habitations. In: Études rurale 117 (1990): 39–72.

Bonnin, Philippe: La maison rurale et les structures de l'habiter. In: Études rurales 125–126 (1993): 153–166.

Bonnin, Philippe; Perrot, Martyne; La Soudière, Martin de: L'Ostal en Margeride. Paris 1978–1983.

Bonnin, Philippe; Pezeu-Massabuau, Jacques (Hg.): Façons d'habiter le Japon. Maisons, villes et seuils. Paris 2017.

Bourdieu, Pierre: Esquisse d'une théorie de la pratique, précédée de trois études d'ethnologie kabyle. Paris 1972.

Brunhes, Jean: La géographie humaine de la France, chapitre XIV: Les types régionaux des maisons. In: Hanotaux, Gabriel (Hg.): Histoire de la nation Française, Bd. I [1920]. Paris 1956.

Calvet, Georges: La maison, témoin majeur mais ambigu des sociétés rurales; réflexions à partir de la France du S. O. In: Fabre, Daniel; Lacroix, Jacques (Hg.): Communautés du Sud, Bd. 1. Paris 1975: 120–150.

Calvet, Georges; Rivals, Claude: Notes sur la maison paysanne, suivi de maisons quercynoises et chantier 1425. In: Annales. Homo IX 6/4 (1970): 111–141.

Calvet, Georges; Rivals, Claude; Drulhe, Marcel: Nouvelles notes sur la maison paysanne. In: Annales. Homo IX 8/5 (1972): 61–73.

Chombart de Lauwe, Paul-Henry (Hg.): Famille et habitation. Paris 1959.

Creswell, Robert: Le concept de maison. Les peuples non industriels. In: Zodiac 7 (1960): 182–197.

Creswell, Robert: Une communauté rurale de l'Irlande. Paris 1969.

Cuisenier, Jean: La maison rustique. Logique sociale et composition architecturale. Paris 1991.

Dauzat, Albert: Les anciens types d'habitation rurale en France. Leur répartition, leur formation historique. In: La nature (1924): 53–60; (1932): 53–60.

Dauzat Albert: Le village et le paysan de France. Paris 1941.

Deffontaines, Pierre: L'homme et sa maison. Paris 1972.

Demangeon, Albert: L'habitation rurale en France: essai de classification des principaux types. In: Annales de géographie 29 (1920): 352–375. Wieder in: Demangeon, Albert (Hg.): Problèmes de géographie humaine. Paris 1647: 161–287.

Durkheim, Émile; Mauss, Marcel: De quelques formes de classification. Contribution à l'étude des représentations collectives. In: L'Année sociologique 6 (1903): 1–72.

Faucher, Daniel: Évolution des types de maisons rurales. In: Annales de géographie 296 (1945) 241–253.

Faucher, Daniel: La vie rurale vue par un géographe. L'architecture de la maison rurale. Toulouse 1962: 231–236.

Foville, Alfred de: Enquête sur les conditions de l'habitation en France. Paris 1894.

Jean-Brunhes Delamarre, Mariel; Deffontaines, Pierre: Les faits essentiels de la géographie humaine, 1er groupe. Faits d'occupation improductive du sol. Maisons et chemins. In: Brunhes, Jean (Hg.): La géographie humaine [1920]. Paris 1956: 99–135.

Kenkō, Yoshida: Les heures oisives. Tsurezure-gusa 徒然草. Paris 1987.

La Soudière, Martin de: L'hiver, à la recherche d'une morte saison. Lyon 1987.

Le Roy Ladurie, Emmanuel: Histoire du climat depuis l'an mil. Paris 1967.

Leroi-Gourhan, André: Le geste et la parole. Technique et langage, la mémoire et les rythmes. Paris 1964/1965.

Leroi-Gourhan, André: L'homme et la matière [1943]. Paris 1971.

Leroi-Gourhan, André: Milieu et techniques [1945]. Paris 1973.

Lévi-Strauss, Claude: La notion de maison. Entretien recueilli par Pierre Lamaison. In: Terrain 9 (1987): 34–39, DOI: doi.org/10.4000/terrain.3184.

Maget, Marcel: L'habitat rural et la tradition paysanne (texte de 1944). In: Géographie Humaine (1949): 9–10.

Maget, Marcel: L'héritage architectural pré-machiniste. In: L'architecture d'aujourd'hui 22 (1949): 7–12.

Maget, Marcel; Rivière, Georges: Les facteurs de l'évolution de l'habitation rurale. Formes et fonctions des constructions rurales. In: Technique et architecture 7/1–2 (1947): 4–15, 24–35.

Mauss, Marcel: Essai sur les variations saisonnières des sociétés eskimo [1904/1905]. In: Mauss, Marcel: Sociologie et anthropologie. Paris 1950: 389–475.

Meirion-Jones, Gwyn: La maison traditionnelle. Bibliographie de l'architecture vernaculaire en France. Paris 1978.

Pezeu-Massabuau, Jacques: La maison japonaise et la neige. Études géographiques sur l'habitation du Hokuriku = Bulletin de la Maison franco-japonaise, Neue Folge VIII/1). Paris 1966.

Pezeu-Massabuau, Jacques: Problèmes géographiques de la maison japonaise. In: Annales de géographie 40 (1967): 286–299.

Pezeu-Massabuau, Jacques: La maison japonaise. Paris 1981.

Pezeu-Massabuau, Jacques: La maison, espace social. Paris 1983.

Radkowski, Georges-Hubert de: Anthropologie de l'habiter. Paris 2002.

Raulin Henri: Maisons paysannes d'Europe. Paris 2009.

Rapoport, Amos: Pour une anthropologie de la maison. Paris 1972.

Trochet, Jean-René: Maisons paysannes en France. Grâne 2006.

Varagnac, André: Archéocivilisation de la maison. In: Ethnologia europea 4 (1970): 159–162, DOI: doi.org/10.16995/ee.3091.

Watsuji, Tetsurô: Fūdo, le milieu humain. Übersetzt von Augustin Berque. Paris 2011.

VI. Die Klimatologie als ein klassisches Forschungsfeld des Fachs Geografie

Martine Tabeaud

1. Einleitung

Die Fragen, die sich der Mensch angesichts des wechselnden Erscheinungsbildes des Himmels stellt, haben sich wahrscheinlich im Laufe der Geschichte kaum verändert, auch wenn sich ihre Formulierung im Zuge der Entwicklung der Beobachtungsmethoden gewandelt hat.[1] Die Betrachtung des Himmels, der Vergleich der Witterungsverhältnisse (das Hier im Verhältnis zum Dort, das Jetzt im Verhältnis zum Gestern) und die Beobachtung der Jahreszeiten stellen fortlaufende Tätigkeiten dar, ob sie nun in volkstümlichen Zeugnissen oder auf der Ebene von Gelehrtenwissen zum Ausdruck kommen. Doch obwohl diese überkommenen Praktiken zeitlich weit zurückreichen, weisen sie sehr unterschiedliche Ansätze auf. In China ist die Wissenschaft vom Wetter zunächst eine kulturelle Auseinandersetzung mit dem Kalender und daher mit dem Kreislauf der Natur, der Erde und der Luft. Im Abendland herrscht eine andere Verfahrensweise vor, die seit der Antike zu einer – wenn auch groben – Einteilung des Planeten in Zonen führt, welche sich aus der Neigung der Polachse ergibt. Überall auf der Welt hat man «Klimata» ausgemacht sowie ihre Folgeerscheinungen. In Anlehnung an Montesquieu und seine Klimatheorie schreibt Gabriel-François Venel in jenem Artikel der von Diderot und d'Alembert herausgegebenen *Encyclopédie*, welcher dem *climat* gewidmet ist (1751): «Der Einfluss des Klimas auf die natürliche Ausprägung der Leidenschaften, des Geschmacks und der Sitten ist unbestreitbar.»[2] Auch Seeleute und Gärtner haben den Nutzen verstanden, den sie aus Wind, Regen und Sonne ziehen können (bzw. aus deren Nachteilen). 1766 bereichert Buffon die theoretische Diskussion, indem er die Frage nach einer nachträglichen Anpassung an Klimaveränderungen stellt:

> «Seit der Mensch sich aufmachte, unter fremdem Himmel zu leben und sich von einem Klima zum anderen ausbreitete, war sein natürliches Wesen Veränderungen unterworfen. [...] Diese Verwandlungen wurden dann derart ausgeprägt und auffällig, dass man glauben könnte, dass ein Neger, ein Lappe und ein Weißer unterschiedliche Arten darstellen, wenn man nicht einerseits genau wüsste, dass nur eine einzige Menschenart geschaffen wurde, und andererseits, dass dieser Weiße, dieser Lappe und dieser Neger, so

---

[1] Boïa 2004; La Soudière 1999.
[2] Venel 1751.

sehr sie sich auch unterscheiden, dennoch in der Lage waren, sich zu vereinigen und sich fortzupflanzen.»[3]

Zweifellos konnte der Mensch schon früh alle Kontinente deshalb besiedeln, weil er die Abkühlung des Klimas ausnutzte und damit den niedrigen Meeresspiegel rund um das Festland, dessen Gebiete weitläufiger und zusammenhängender waren als heutzutage. Sicherlich verlief diese Besiedlung sehr ungleichmäßig, doch ist es dem Menschen gegeben, in allen Breiten und in jedem Klima zu leben, was 1833 in dem Artikel «Climat» der *Encyclopédie des sciences médicales de Belgique* von der Ärzteschaft auch anerkannt wird. Dies ist auch heute noch der Fall, zumal immer weiter verfeinerte Techniken zu einer Befreiung von etlichen witterungsbedingten Einschränkungen verholfen haben. Abu Dhabi in der arabischen Wüste zählt fast drei Millionen Einwohner*innen, obwohl hier sieben Monate Höchsttemperaturen von über 30 °C herrschen und nur 75 Millimeter Niederschlag im Jahr fallen. Werchojansk in Sibirien, wo es am 5. und 7. Februar 1892 −67,8 °C kalt war, hat dennoch rund eintausend Einwohner*innen. Auf etwa dreißig Forschungsstationen in der Antarktis leben das ganze Jahr über einige Hundert Menschen, darunter etwa vierzig auf der amerikanischen Station Amundsen Scott, die auf dem südlichen Breitengrad 89° 59' und auf einer Höhe von 2830 Metern liegt. So ergibt sich die Frage, aus welchem Grund und auf welche Weise die gesamte Welt bewohnbar geworden ist angesichts derart unterschiedlicher Klimazonen – eine Frage, die Geoklimatologen und -klimatologinnen immer wieder beschäftigt.[4] Im Laufe von etwas mehr als zwei Jahrhunderten haben sich die Ansätze der Geoklimatologie weiterentwickelt – den jeweils vorherrschenden Paradigmen entsprechend, die man den «Zeitgeist» nennen könnte. Diese Entwicklung soll im Folgenden nachgezeichnet werden, und zwar vor allem unter Berücksichtigung der eigentlichen Fachgeschichte. Dabei sollen drei Perioden voneinander geschieden werden: jene der Weltentdeckung, die für die Klimate aller Gebiete der Kontinente die Festlegung einer Bezeichnung ermöglichte; dann jene der Bewertung des Klimapotenzials dieser Gebiete auf der synoptischen Skala;[5] und schließlich jene der gebietsweisen Anpassung an Veränderungen im Laufe der Zeit einschließlich der Zukunft.

---

[3] Buffon 1766: 311.

[4] Dieser Begriff ist entstanden aus der Kontraktion der Wörter Geograf und Klimatologe, wie sie Jean-Pierre Vigneau in seinem Buch *Géoclimatologie* (Vigneau 2000) vornimmt. (Anm. d. Übers.: Im Deutschen wird gemeinhin von Klimageografie gesprochen; gleichwohl wird in diesem Kapitel der aus dem Französischen stammende Begriff beibehalten.)

[5] Météo France definiert die synoptische Skala als einen Bereich, der einen Umfang von einigen tausend Kilometern in horizontaler Dimension und einigen Kilometern in vertikaler Dimension aufweist.

2. Die Klassifikation der Klimate zur Zeit der Weltentdeckung

Die ersten Arbeiten derjenigen Geografen und Geografinnen, die sich für die Klimakunde interessierten, bestanden in der Erstellung von Verzeichnissen und von Karten zur Erfassung der Klimate der Erde. Erkundungsfahrten zur See und Reisen um die Welt, die oft von europäischen und nordamerikanischen Regierungen organisiert wurden, trugen zu einer besseren Kenntnis der Umrisse der Landgebiete und ihrer Naturlandschaften bei. Bei diesen Unternehmungen tauschten Experten und Expertinnen für Geografie, nautische Astronomie und Naturwissenschaften ihr Wissen aus. Alexander von Humboldt, der als Naturforscher auch Vorsitzender der Pariser Société de Géographie war, hatte 1814 gemäß der auf Französisch erschienenen *Voyage aux régions équinoxiales du Nouveau Continent* den Ehrgeiz, «die Wechselwirkung zwischen den Mächten der Natur und jenen Einflüssen zu entdecken, die die geografische Umgebung auf Flora und Fauna ausübt».[6] Zwischen 1798 und 1804 sammelt er mehr als fünf Jahre lang Daten vor Ort. Bei seiner Rückkehr beschreibt er die Phänomene, die er auf der Erde und am Himmel beobachtet hatte, und vergleicht die Orte ihres Vorkommens miteinander in dem Bemühen, die Gesetze ihrer Verteilung aufzustellen. So entstehen beispielsweise die ersten Karten mit Linien gleicher Temperatur (Abb. 1) und die ersten Höhenquerschnittsprofile, die bei steigender Höhe und zunehmendem Breitengrad ähnliche Auswirkungen aufzeigen. Damit legt sein als «Geografie der Flora und Fauna» zu bezeichnender Ansatz, also die Suche nach den Ursachen ihres Vorkommens an bestimmten Orten, die Basis für jene Vorgehensweisen, die später Emmanuel de Martonne[7] in seiner physischen Geografie zusammenfassen wird, zu der auch die Klimatologie gehört.[8] Der letztere dieser Begriffe wird zum ersten Mal 1834 von Antoine Jacques Louis Jourdan (1788–1848) in seinem naturwissenschaftlichen Wörterbuch gebraucht.[9] Wie dem auch sei, in dieser frühen Epoche werden die Klimate mittels jener Merkmale genauer bestimmt, wie sie Tier- und Pflanzenarten liefern.

---

6   Von Humboldt 1814.
7   Emmanuel de Martonne wurde 1898 mit einer Lehrveranstaltung zur Meteorologie im Laboratoire de géographie physique an der Naturwissenschaftlichen Fakultät von Paris betraut. Die erste Ausgabe seines *Traité de géographie physique* erschien 1909.
8   Bis ins letzte Jahrzehnt des 20. Jahrhunderts bezeichnen sich allein die Geografen und Geografinnen als Klimatologen und Klimatologinnen. Die Physiker*innen benutzen diesen Begriff nicht; sie behandeln vielmehr die «Mechanik der Flüssigkeiten» und dann die «Atmosphärenphysik». Noch 1996 belegen dies der Grundkurs zur Mechanik der Flüssigkeiten (Huerre 1991) sowie das Handbuch *Dynamique de l'atmosphère et de l'océan* (Bougeault, Sadourny 2001), das sich an die Studierenden des Kurses *Der Planet Erde* richtet.
9   Jourdan 1834: 280.

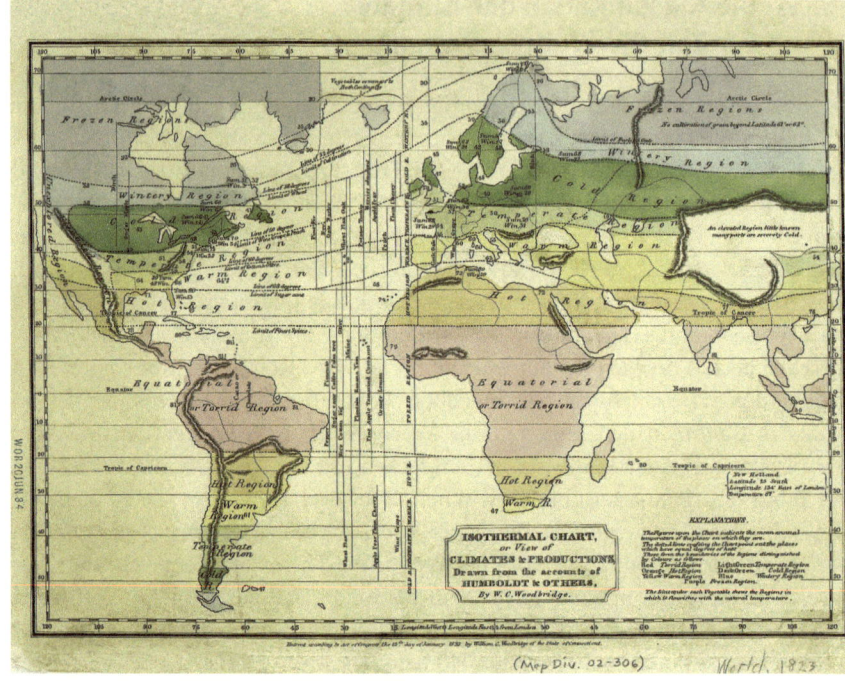

Abb. 1: Karte aus dem Jahr 1823, die die durchschnittlichen Jahresisothermen darstellt

Mit der europäischen Kolonisierungswelle in der zweiten Hälfte des 19. Jahrhunderts führen die Suche nach preiswerten Rohstoffen und nach Absatzmärkten für Manufakturprodukte zur Niederlassung von Siedler*innen in Afrika, Asien und sogar Ozeanien (Neukaledonien, Australien). Sie übermitteln ihrem Mutterland wertvolle Informationen über ihr jeweiliges «Ende der Welt». So legt der russisch-deutsche Botaniker und Klimatologe Wladimir Peter Köppen von 1884 an eine Klassifikation sowie eine Kartografie des Festlands vor, die stark von den Arbeiten der Schweizer Botaniker Augustin-Pyrame und Alphonse de Candolle (1820, 1855) beeinflusst sind[10] – eine kritisch durchdachte Vegetationsgeografie, die von der Temperatur ausgeht. Wladimir Peter Köppen definiert auf der Grundlage der Niederschlagsmessung und der das Pflanzenwachstum bedingenden Temperatur fünf große Klimaklassen (A, B, C, D und E), für die er wiederum genau definierte Untertypen ausmacht. Diese Typologie wird er 1900, 1918 und noch einmal 1936 überarbeiten. Nach seinem Tod 1940 fährt Rudolf Geiger damit fort, diese Klimaklassifikation zu verfeinern. Zwischen 1900 und 1961 wächst die Anzahl der Klimatypen von etwa zehn auf mehr als dreißig an, womit

---

10   Candolle 1820, 1850.

man die Unterschiede zwischen den Klimaten anhand einer feineren Skala berücksichtigt, beispielsweise im Gebirge (Abb. 2a). Doch bleibt die Grundlage der Klassifikationskategorien bei Köppen und Geiger den Möglichkeiten der Biogeografie verhaftet.[11]

Drei der fünf vorgesehenen Bände wurden veröffentlicht. Man findet darin zudem eine räumliche Verteilung der Klimate über einen einzigen, als ideal gedachten Kontinent, der keine einzige Erhebung aufweist und ringsum vom Meer umgeben ist, wobei je nach Hemisphäre von der Oberfläche des Festlands ausgegangen wird. Der leitende Gedanke bestand darin, den grundsätzlichen Bezug der Klimate zu bestimmten Zonen aufzuzeigen sowie die Auswirkungen des Seeklimas, die die Gliederung nach Breitengraden beeinträchtigen (Abb. 3). Doch können die Weltmeere mangels festländischer Flora nicht genauer durch ihr Klima charakterisiert werden, und das, obschon sie 72 Prozent der Erdoberfläche ausmachen.[12]

Um die Jahrhundertwende legt der Meteorologe Julius Hann – drei Jahre vor Wladimir Peter Köppen – eine Nomenklatur vor, die ganz anderen Kriterien folgt. Er definiert das Klima als «die Gesamtheit der meteorologischen Erscheinungen, die den mittleren Zustand der Atmosphäre an irgendeiner Stelle der Erdoberfläche kennzeichnet». Zur Unterscheidung der einzelnen Klimate berücksichtigt er nicht mehr ihre Auswirkungen auf die Flora, sondern befasst sich mit ihren Eigenschaften und ihren atmosphärischen Ursachen (etwa Ozeanität oder Kontinentalität). Sein 1897 erschienenes *Handbuch der Klimatologie*[13] widmet der Pflanzenphänologie lediglich drei Seiten. Stattdessen betont er die Bedeutung einer Kombination mehrerer Skalen und kämpft für die Einrichtung von Messstationen im Gebirge. Julius Hanns Methoden stützen sich auf Statistiken. Sein Handbuch enthält weder eine Typologie noch eine Karte – hier zeigt sich, wie unterschiedlich die Ansätze in Klimatologie und Meteorologie sind. 1873 wird die Internationale Meteorologische Organisation gegründet,[14] deren Vorstand Julius Hann seit 1878 angehört. Seine Arbeit zielt auf eine Vereinheitlichung der operativen Praktiken der Wetterbeobachtung sowie der Übermittlung der gewonnenen Daten zum Zwecke einer Verbesserung der Wettervorhersagen.

---

11   Köppen, Geiger 1936.
12   Im 20. Jahrhundert begnügen sich Erdkarten wie jene, die in dem Buch von Glenn Trewartha *An Introduction to Climate* (1968) abgebildet ist, mit einer Darstellung, die über den Meeren die Grenzen der Klassen (Gruppen) der Klimatypen nach Köppen aufzeigt (und dies oft ohne gleichmäßigen Farbton).
13   Hann 1897. Im selben Jahr erscheint im selben Verlag die *Bibliothek Geographischer Handbücher* von Friedrich Ratzel, dem Begründer der Anthropogeografie, der die politische Aufteilung des Bodens u. a. mittels des Konzepts des «Lebensraums» theoretisiert (siehe dazu Vidal de la Blache 1898).
14   Im Jahr 1950 wird diese zur Weltorganisation für Meteorologie bzw. World Meteorological Organization, kurz WMO (1973).

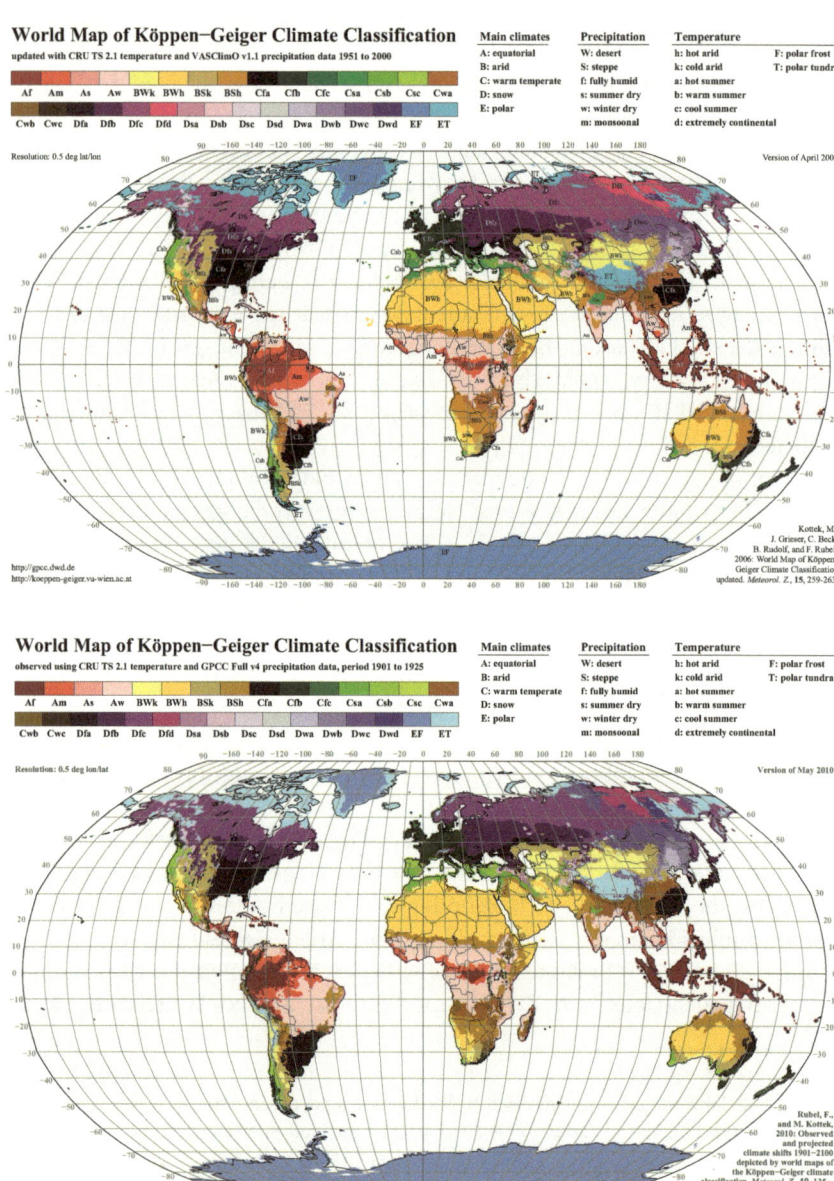

Abb. 2a und b: Karten zur Einteilung der Erde in Klimazonen nach Köppen und Geiger: (a) Niederschlagsdaten 1951–2000; (b) Szenarien auf der Basis von Temperatur- und Niederschlagsdaten 1975–2100

Die 15 Kategorien der Klassifikation von W. Köppen und R. Geiger gemäß ihrem Handbuch der Klimatologie von 1936 sind:

- Klimate ohne Winter (die Temperatur liegt immer über 18 °C): Af, tropisches Regenwaldklima; Aw, Savannenklima (wintertrocken); As, Savannenklima (sommertrocken); Am, Monsunklima;
- Trockenklimate: BS, Steppenklima (halbtrocken); BW, Wüstenklima;
- Warmgemäßigte Klimate mit klar ausgeprägten Sommern und Wintern: Cf, feuchtgemäßigtes Klima ohne Trockenzeit; Cw, sinisches Klima (wintertrocken); Cs, Etesienklima (sommertrocken);
- Boreales Klima mit kurzem Sommer und kaltem Winter: Df, winterfeuchtkaltes Klima; Dw, transsibirisches Klima (wintertrocken); Ds, kaltes Kontinentalklima (sommertrocken);
- Eisklimate ohne Sommer (die Temperatur liegt immer unter 10 °C): ET, Tundrenklima; EF, Klima des Ewigen Frosts; EM, subpolares ozeanisches Klima.

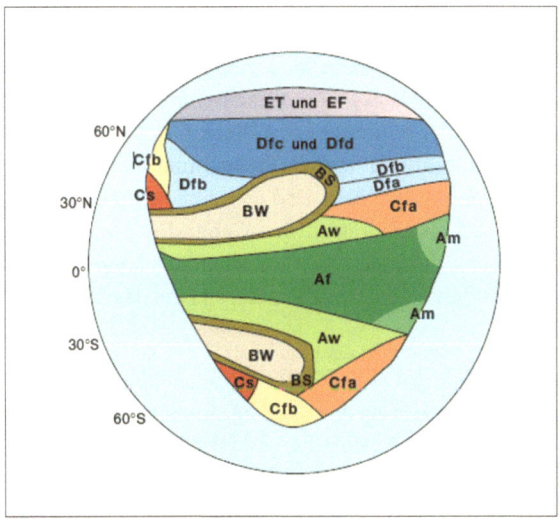

Abb. 3: Die Verteilung der Klimate auf einem «hypothetischen» Kontinent (Legende: siehe die 15 Kategorien der Klassifikation von Köppen und Geiger)

Es folgt eine Institutionalisierung der Trennung der Fachgebiete Astronomie, Meteorologie und Klimatologie. In Frankreich erhält das Bureau central météorologique eine Abteilung «Climatologie et Instruments», die damit beauftragt ist, Beobachtungsdaten zu speichern, sie zu überprüfen und Klimabilanzen und Studien zu veröffentlichen.

Zu Beginn des 20. Jahrhunderts müssen die Pole noch erobert werden. Dies geschieht 1908 durch den Amerikaner Frederick Cook und 1909 durch den Amerikaner Robert Peary am Nordpol und 1911 durch den Norweger Roald Amundsen am Südpol. In der Antarktis beginnt man mit der Einrichtung von Beobachtungsstationen. Was dagegen die höchsten Berggipfel betrifft, so wird die Besteigung noch einige Jahrzehnte dauern. Die Unternehmung des Geografen Hermann Schlaginweit auf den Abhängen des Bergs Kamet im Himalaya (7756 Meter) im Jahre 1855 ist ein Misserfolg, dieser Berg wird erst 1931 erstiegen. Von nun an ist das gesamte Festland durchmessen, was zur besseren Beobachtung der Atmosphäre beiträgt sowie zu der Erkenntnis der räumlichen Heterogenität der Klimate.

Doch noch ist die Klimatologie keineswegs auch Gegenstand der Geistes- und Gesellschaftswissenschaften. Diese Leistung wird der Geograf Élisée Reclus vollbringen. In den Jahren 1868/1869 verfasst er zunächst eine «Allgemeine Geografie» mit dem Titel *La Terre. Description des phénomènes de la vie du globe*.[15] Dieses enzyklopädische Werk stellt zunächst die Kontinente vor, dann den Ozean, danach die Atmosphäre (also die Klimate) und schließlich das Leben. Drei Jahrzehnte später lehnt er dann die Unterscheidung zwischen Naturwissenschaften einerseits und Geistes- und Gesellschaftswissenschaften andererseits ausdrücklich ab. Und 1904 schließt er das Werk *L'homme et la Terre* ab, das erst nach seinem Tod veröffentlicht wird.[16] Er beginnt mit einem Kapitel über den tierischen Ursprung der Menschheit und schreibt «eine Geschichte des Raums» gemäß seiner spezifischen Definition der Geografie. Naturphänomene wie die Klimate und ihre Veränderungen werden allein in ihrem Bezug zur menschlichen Gesellschaft betrachtet. Im zwölften Kapitel des vierten Buches erläutert er:

> «Was würde aus der Menschheit der Gegenwart in der Zeit eines ‹harten Winters›, wenn womöglich eine neue Eiszeit die Britischen Inseln und Skandinavien mit einer durchgehenden Eisschicht bedeckt hätte und der Raureif unsere Museen und Bibliotheken zerstört hätte? Muss man darauf hoffen, dass die beiden Pole nicht gleichzeitig erkalten und der Mensch überleben kann, wenn er sich den neuen Bedingungen nach und nach anpasst und unsere heutigen Kulturschätze in warme Länder verfrachtet? Wenn die Abkühlung aber die gesamte Erde betrifft, ist es dann zulässig anzunehmen, dass eine spürbare Abnahme der Sonnenwärme als Quelle jeden Lebens sowie die schrittweise Erschöpfung unserer Energiereserven zusammenfallen mit einer kontinuierlichen kulturellen Weiterentwicklung im Sinne eines wirklichen Fortschritts?»[17]

In Frankreich führte die Geografie zu jener Zeit innerhalb der institutionalisierten Fächerlandschaft ein Schattendasein neben der Geschichtswissenschaft.

---

15   *Die Erde. Beschreibung der Erscheinungen des Lebens auf der Erdkugel.*
16   Reclus 1904.
17   Ebd. 1905–1908: 501.

Nach der Niederlage gegen das Deutsche Reich von 1870/1871 und im Zuge der Durchsetzung der allgemeinen Schulpflicht verankern die Regierungen erdkundliches Wissen im Lehrprogramm. Von nun an wird an Schulen und Universitäten eine ganz neue Geografie gelehrt, wie dies bereits im Deutschen Reich der Fall ist. Die Reform der Lehrinhalte durch den Historiker Pierre Émile Levasseur im Jahre 1871 legt fest, dass die Geografie «zu beginnen hat mit der Gashülle der Erde, bevor sie sich auf die Erde selbst herab begibt».[18] Diese Auffassung ist äußerst deterministisch, denn so wird die Verteilung der Menschen und ihrer Aktivitäten auf der Erde allein durch die Abfolge einer Verkettung von Ursache und Wirkung erklärt, wobei man stets bei dem Klima und anderen Elementen der physischen Geografie ansetzt. In dem Bemühen, dem Fach die Anerkennung als universitäre Disziplin zu sichern, grenzt sich der Geograf Paul Vidal de la Blache von den Ideen Élisée Reclus' ab. Doch «dank der Anpassungsfähigkeit des Menschen und seiner Lebenskraft, die sich in ein jedes Klima einpasst, gibt es auf der Erdoberfläche kaum ein Gebiet, in das sich seine Physiognomie nicht einfügt». So erfindet Vidal den «Possibilismus»,[19] ohne allerdings so weit zu gehen, diesen Begriff zu benutzen. Sein Schwiegersohn Emmanuel de Martonne dagegen betont stärker die Bedeutung der Höhenlagen für die Erklärung der Mannigfaltigkeit der natürlichen Umgebung: «Es gibt nicht ein französisches Klima, sondern mehrere, und diese Klimate stellen Spielarten allgemeiner Ausprägungen dar, die man auch in den Nachbarländern vorfindet.»[20] Diese geben die große Linie vor, ihre Umrisse hängen jedoch von der benutzten Raumskala ab: Jedes Klima ist als Übergang zu verstehen.

Die Inventarisierung, die Klassifizierung und die Kombination mehrerer Skalen, die für die Bildung eines erdkundlichen Wissens über die Gliederung der Klimate erforderlich sind, scheinen nunmehr ausreichend eingeführt zu sein, um als Ausgangspunkt für neue Perspektiven zu dienen.

3. Die Bewertung des Klimapotentials in Kriegszeiten

Das 20. Jahrhundert wird durch die beiden Weltkriege und den Kalten Krieg bestimmt. Während der Weltkriege werden die Instrumente zur Messung der Atmosphäre am Boden und in der Höhe für militärische Zwecke weiterentwickelt, unter anderem die der Luftfahrt mit Radiosonden und Radargeräten. Schrittweise erlangen die Meteorologen so genauere Erkenntnisse über die atmosphärischen Mechanismen. Die Wettervorhersage für den nächsten Tag wird damit immer verlässlicher. Auch die Geoklimatologen und -klimatologinnen analysie-

---

18 Levasseur 1872.
19 Vidal de la Blache 1883. Der Begriff geht auf dem Historiker Lucien Febvre zurück (Berque 1995: 357).
20 De Martonne 1909.

ren alle von den Wetterdiensten – also von einer Nachbardisziplin – gesammelten Daten aus ihrem spezifischen Blickwinkel. Die angewandte Klimatologie mit ihren Pionieren wie zum Beispiel Maximilien Sorre wird beständig angetrieben durch die Erfordernisse menschlichen Handelns.[21] In den 1950er Jahren liegt der Schwerpunkt auf dem Wiederaufbau zahlreicher Wirtschaftsbereiche wie etwa der Landwirtschaft, die ja zu großen Teilen von den Wechselfällen der Witterung abhängt. Dabei geht es für jedes einzelne Klima nicht mehr darum, allein die Durchschnittswerte zu ermitteln, sondern vielmehr um die Berücksichtigung einer ganzen Bandbreite von möglichen Wetterereignissen.

Nach der Dust-Bowl-Katastrophe[22] der 1930er Jahre und in einer Zeit, in der der amerikanische New Deal durch den Krieg unterbrochen wurde, entwickelt der amerikanische Geograf Charles Thornthwaite eine Methode zur Berechnung des Wasserbedarfs von Pflanzen, um die Evapotranspiration auszugleichen – ein 1948 von ihm definierter Begriff.[23] Im folgenden Jahrzehnt häufen sich die Arbeiten über Wasser- und Energiebilanzen. In den 1950er Jahren unterbreiten zwei französische Biogeografen, Henri Gaussen und François Bagnouls, eine Definition der Klimate unter Vernachlässigung des Jahresdurchschnitts.[24] Sie bestimmen die Jahreszeiten vielmehr anhand der zeitlichen Verteilung der Wassermenge und der verfügbaren Wärme. Sie entwerfen Indikatoren für einen Wassermangel (Dürreindizes genannt), deren unmittelbare Umsetzung in der Maßnahme der Bewässerung besteht, mittels derer der Ertrag der Kulturpflanzen gesteigert werden kann. Allerorts handelt es sich jetzt darum, die drei Milliarden Menschen dieser Zeit zu ernähren, indem man Kulturen entwickelt, die über ihr ursprüngliches Wachstumsgebiet hinaus gedeihen. Dabei geht es auch um die Erschließung von Märkten. Mitten im Kalten Krieg ist die Konkurrenz hart.[25] In der UdSSR sind die agronomischen Grenzen zugleich thermischer Natur, und die russischen Geografen bzw. Geophysiker Mikhail Budyko und Alexander Grigoriev erarbeiten neuartige Methoden zur Berechnung von Strahlungsbilanzen, zwei Jahre nach Beginn des Chruschtschow-Plans von 1954.[26] Nach einem *Atlas des Universums* von 1954,[27] der dem Klima 94 von insgesamt 283 Seiten widmet, veröffentlicht Mikhail Budyko im Jahre 1963 einen

---

21 Sorre 1943, 1961.
22 Unter der Dust-Bowl-Periode versteht man eine Zeit der Dürre, der Bodenerosion und der Staubstürme, die 1934 begann und bis zum Zweiten Weltkrieg dauerte. Infolgedessen zogen die kleinen Farmer der Großen Ebenen Amerikas weiter nach Westen, wie John Steinbeck in *The Grapes of Wrath* erzählt.
23 Thornthwaite 1948.
24 Gaussen, Bagnouls 1953, 1957.
25 Auch Wissenschaft und Forschung entgehen dem nicht: Der Amerikaner Glenn Trewartha übergeht in seinem Buch *The Earth's Problem Climates* (1961) die UdSSR vollständig.
26 Budyko 1958.
27 Ebd. 1954.

Atlas der Wärmebilanz der Erdoberfläche[28]. Diese Pionierleistungen bilden die Grundlage für eine Herausstellung jener Rolle, welche physikalisch-chemische Veränderungen der Luft für den Klimawandel spielen.

Gleichzeitig entwickelt der russische Geograf Boris Dzerdzeevsky eine Methode, Klimate anhand der täglichen Wetterberichte zu unterscheiden, welche von nun an über mehrere Jahrzehnte hinweg verfügbar sind. Die Luftmassen, welche, aus Hochdruckgebieten kommend, von Tiefdruckgebieten aufgenommen werden, weisen regelmäßig wiederkehrende Eigenschaften auf, nämlich verschiedene kreisförmige Strömungen, aus denen – in einem kleineren Maßstab gesehen – die unterschiedlichen Wetterlagen resultieren.[29] Auf die UdSSR angewandt ergibt diese der synoptischen Klimatologie zuzuordnende Analyse[30] eine Unterteilung des Landes in acht Teilgebiete und eine Gliederung des Klimas in sechs Jahreszeiten: Vorwinter, Winter, Vorfrühling, Frühling, Sommer und Herbst. Diese synoptische Methode wird 1968 von Boris Dzerdzeevsky für die gesamte nördliche Erdhalbkugel getestet. Parallel dazu entwickelt der französische Geograf Pierre Pédelaborde 1957 die Vorstellung, man könne den Verlauf des Wetters über das Jahr gesehen in derselben regionalen Größenordnung für das Pariser Becken rekonstruieren. Er sträubt sich gegen jedwede biozentrische Auffassung der Klimas und bekräftigt: «Bevor man das Klima untersucht, muss man wissen, was das Klima ist, und im mittelgroßen Maßstab betrachtet hängen die Klimate in keiner Weise von den örtlichen geografischen Gegebenheiten ab».[31] Diese der dynamischen Klimatologie entsprechende Methode sollte in allen Gegenden der Welt angewandt werden, sogar in den Gebieten zwischen den Wendekreisen (Antillen, Westafrika, mittelamerikanische Landbrücke, Brasilien, Philippinen usw.).

Die dynamische Klimatologie wird verändert und bereichert durch die Nutzung eines neuen Dokumentationstyps, der dieser Mesoskala bestens entspricht: jene des Satellitenbildes. 1957 umkreist *Sputnik 1* den Planeten, und die ersten Wettersatelliten von 1959/1960 bieten Einblicke von oben, welche die auf der Erdoberfläche durchgeführten Messungen ergänzen. Mit Sensoren für verschiedene Wellenlängen ausgestattet liefern die Satelliten Bilder von Wolken, ja sogar von Wasserdampf. Ihrer jeweiligen Umlaufbahn entsprechend (polarumlaufend oder geostationär über dem Äquator) stellen sie völlig neuartige Ansichten der Erde bereit. Geoklimatologen und -klimatologinnen nutzen diese vor allem zur Erweiterung des Wissens über das Klima über den Weltmeeren, wo das Netz der fest verankerten oder über die Ozeane treibenden Wetterbojen nicht so dicht ist

---

28   Ebd. 1963.
29   Dzerdzeevsky 1968.
30   Der Begriff «synoptische Klimatologie» wird zum ersten Mal von W. Jacobs verwendet, einem Offizier des Generalstabs der US Air Force (Jacobs 1947).
31   Pédelaborde 1957–1958, 1: 17.

wie jenes der Wetterstationen auf dem Festland. Der englische Geograf Eric C. Barrett erkennt 1970, dass Satellitenbilder die Klimatologie grundlegend verändern werden, und veröffentlicht 1974 die erste Ausgabe seines Handbuchs *Climatology from Satellites*.[32] 1973 legen die englischen Geografen Roger Barry und Allen Perry in ihrer *Synoptic Climatology* erstmals eine Klassifikation der verschiedenen Typen von Wolkenformationen vor, die auf Aufnahmen aus dem Weltraum beruht.[33] Abbildungen des Himmels von oben ermöglichen eine Betrachtung der weitreichenden Verbindungen zwischen zusammenhängenden, aber räumlich weit entfernten Phänomenen. Dank der Verbreitung des Fernsehens werden im Juli 1969 die Bilder der Astronauten die Öffentlichkeit für die Endlichkeit und Verletzlichkeit der Erde sensibilisieren und langfristig gesehen die künftigen Grundsätze der Weltsicht beeinflussen.

In der zweiten Hälfte des 20. Jahrhunderts verändern leistungsstarke Computer die statistischen Berechnungen, die für die Untersuchung von meteorologischen Datensätzen erforderlich sind.[34] Da sie in der Lage sind, große Datenmengen und spezielle Programme zu speichern und mehrere Hundert Berechnungen pro Sekunde durchzuführen, ersetzen sie die einfachen Rechenapparate im Handumdrehen.

In einer anderen Größenordnung macht auch die statistische Klimatologie schnell Fortschritte, welche als separative Klimatologie bezeichnet wird, da sie von getrennt gemessenen Lufteigenschaften ausgeht und nicht von Kompositen (das heißt von durch Rechner erzeugten Gesamtbildern) wie etwa den Wettertypen. 1957 erscheint ein Handbuch zur quantitativen Geografie von Charles-Pierre Péguy mit dem Titel *Éléments de statistique appliquée aux sciences géographiques*.[35] Das Klima eines Ortes wird demnach neu definiert als die Wahrscheinlichkeit, mit der verschiedene Zustände der Atmosphäre auftreten. Von 1967 an beginnt eine Forschergruppe von Geoklimatologen in Grenoble mit der Ausarbeitung einer *Carte climatique détaillée de la France* im Maßstab 1 : 250.000, von der allerdings von 1972 an nur einige Ausschnitte erscheinen (Abb. 4). Die Kartografie beruht auf den Medianen, Quartilen, Quintilen und Dezilen langer Reihen von Temperatur-, Niederschlags- oder Windgeschwindigkeitsmessdaten und hat das Ziel, seltene Ausreißer, das heißt durch einen Mangel oder Überschuss entstandene sogenannte eingrenzende Extremwerte, herauszufiltern, da diese für die Aktivitäten des Menschen großen Schaden mit sich

---

32 Barrett 1974.
33 Barry, Perry 1973.
34 Auch wenn der erste programmierbare Universalrechner dank des Mathematikers Alan Turing bereits aus dem Jahr 1936 stammt, dauert es noch bis 1958 – dem Zeitpunkt der Erfindung des integrierten Schaltkreises – bzw. bis 1971 – jenem des Aufkommens des Mikroprozessors –, bis Computer äußerst leistungsstark werden.
35 Péguy 1957.

VI. Die Klimatologie als ein klassisches Forschungsfeld des Fachs Geografie 143

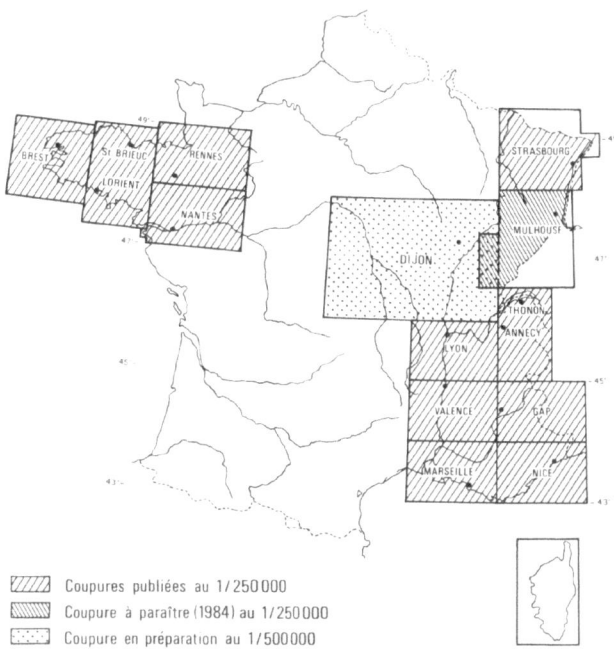

Abb. 4: Kartenausschnitte, die 1984 erschienen bzw. noch erscheinen sollten
Legende: (/////) Veröffentlichte Ausschnitte (Maßstab 1/250 000); (\\\\\) Ausschnitte, deren Veröffentlichung für 1984 vorgesehen ist (Maßstab 1/250 000); (::::) Ausschnitt in Vorbereitung (Maßstab 1/500 000)

bringen. Auf der Basis der Mittelwerte, die ja die häufigsten sind, wird auf diese Weise das Klimapotential eines jeden Gebiets ermittelt zum Zweck einer besseren Anpassung. Dieses wird in Wahrscheinlichkeitskalendern schematisiert, in denen für einen bestimmten Zeitpunkt des Jahres die Häufigkeit des Auftretens eines Zustands der Atmosphäre bildlich dargestellt wird. Regionale Atlanten der Intensität der Sonnenstrahlung, das heißt der potenziellen Energiequelle, die aus der Sonneneinstrahlung resultiert (Abb. 5), haben gleichermaßen das Ziel, das Land auf das Zeitalter der erneuerbaren Energien vorzubereiten.

Mehrere Extremwetterereignisse wie die Dürre von 1976, El Niño in den Jahren 1982 und 1983, die Sturmtiefs von 1999 oder auch Superzyklone veranlassen die Forscher, nach Vorzeichen in der Atmosphäre und im Meer zu suchen, um Krisen vorauszusehen, die aus diesen Wechselfällen des Wetters bzw. Klimas folgen. Entsprechend werden Indizes entworfen wie etwa die El Niño – Southern Oscillation (ENSO), die Nordatlantische Oszillation (NAO) und die

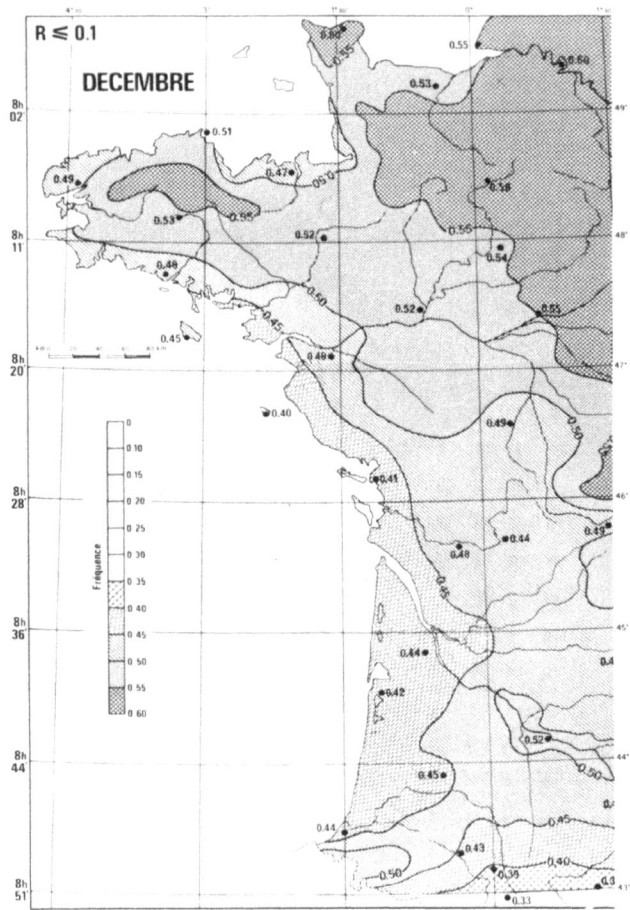

Abb. 5: Tafel mit Häufigkeiten von Tagen mit schwacher Sonneneinstrahlung im Dezember

amerikanische Pazifische-Dekaden-Oszillation (PDO), welche Anomalien des atmosphärischen Luftdruckfeldes im Vergleich zum Normalwert sowie Temperaturunterschiede der Meeresoberflächen quantifizieren.

Diese Arbeiten unterstützen die Entwicklung von Versicherungen gegen unvorhergesehene Wetterereignisse (welche von kurzer Dauer sind, aber heftig ausfallen) und gegen Klimaschäden (eine längere Abfolge von widrigen Situationen). Den Erkenntnissen der Historiker*innen zufolge reicht der Begriff des Risikos mindestens bis in die Zeit der Segelschifffahrt oder des großen Brands von London im Jahre 1666 zurück, doch dauert es bis zur Mitte des 20. Jahrhunderts, bis sich in den reichen Ländern Wirtschaftsbereiche häufen, die von Finanzgesellschaften abgedeckt werden, und die Zahl der Versicherten entsprechend stark ansteigt.[36] Versicherer und Rückversicherer fordern jetzt vermehrt Daten aus der statistischen Klimatologie an. In Frankreich tritt mit dem Gesetz vom 13. Juli 1982 über Versicherungen bei Naturkatastrophen ein System der solidarischen Versicherung bei «natürlichen» Risiken in Kraft – drei Viertel dieser Risiken sind Überschwemmungen, die ja durch das Klima bedingt sind. Indem die Klimatologie die Häufigkeit eines Ereignisses über einen langen Zeitraum bestimmt, schreibt sie sich in die Vergangenheit und in die Gesellschaftsgeschichte ein. Es geht um eine genaue Datierung und Lokalisierung eines bestimmten Extremwetterereignisses, um das Durchsuchen von Archiven zur Bestimmung der Intensität eines Phänomens sowie um die Ermittlung der politischen Maßnahmen, die auf lokaler oder nationaler Ebene zur Abmilderung der Folgeschäden ergriffen wurden. Eine echte chronologische Klimatologie, die beispielsweise Sturmtiefs an Küsten und in Waldgebieten oder Überschwemmungen im Bereich großer Flüsse verzeichnet, entspricht diesem Erfordernis eines Vergleichs verschiedener Zeitabschnitte, und zwar sowohl im Hinblick auf Vorhersagen (also das Fachgebiet der Meteorologen und Meteorologinnen) als auch zum Zweck des Schutzes und der Schadensverhütung (die einen der Arbeitsbereiche der Geoklimatologen und -klimatologinnen ausmachen).

Von Historiker*innen sowie von Geografen und Geografinnen weitgehend unbeachtet erstellte Emmanuel Le Roy Ladurie 1967 in seiner *Histoire du climat depuis l'an mil* mithilfe von aus der Weinlese gewonnenen Daten Temperaturkurven für die Vergangenheit und entwarf eine Zeitleiste, die mindestens ebenso lang war wie jene des Geografen Gordon Manley in England.[37] 1963 und 1965 hatte der englische Geograf Hubert Horace Lamb, der sich für die Geschichtswissenschaft begeisterte und dessen Laufbahn mit Wettervorhersagen am United Kingdom Meteorological Office begann, für die vergangenen Jahrhunderte Temperaturschwankungen in der Größenordnung von 1 °C festgestellt, indem er eine Sammlung quantitativer und qualitativer Daten ausgewertet hatte. Wärmere Perioden wie jene von 1150 bis 1300, als *Medieval Warm Epoch* bezeichnet, welche die Ausdehnung des englischen Weinanbaus begünstigte, wechseln sich ab mit kühleren, wenn nicht kalten Perioden wie jener, die um 1430 begann (Kleine

---

36   Das zeigt auch der unaufhaltsame Anstieg der Kosten. Die durch die jeweiligen Orkane verursachten Schäden in den USA belaufen sich auf (in Dollar): 1960, *Donna*: 3,35 Milliarden; 1999, *Floyd*: 5 Milliarden; 2005, *Stan*: 18 Milliarden; 2008, *Ike*: 38 Milliarden; 2005, *Katrina*: 125 Milliarden; 2017, *Harvey*: 180 Milliarden.
37   Le Roy Ladurie 1967.

Eiszeit).[38] Sodann weist Hubert Horace Lamb 1977 in seinem Werk *Climatic History and the Future* auf den rasanten Klimawandel im 20. Jahrhundert hin, den er sowohl natürlichen Ursachen zuschreibt als auch einem «Problem mit Kohlendioxid»[39]. Folglich hat das 20. Jahrhundert der Geoklimatologie eine auf den Zeitlauf bezogene Dimension verliehen, die auch heute noch sehr präsent ist, auch wenn sie sich nunmehr eher auf die Zukunft als auf die Vergangenheit bezieht.

4. Die Anpassung an den Klimawandel in Zeiten von Zukunftsmodellen

Der Beginn des 21. Jahrhunderts ist gekennzeichnet durch eine Hinterfragung der herkömmlichen Fächergrenzen der Klimatologie, bedingt durch neue Beiträge aus der Physik, der Chemie und der Gletscherkunde. 2011 schreibt die Physikerin Sylvie Joussaume in *Le climat à découvert*: «Der Einfluss [des Klimas] auf Landschaften und Gesellschaften ist so entscheidend, dass die Klimatologie als ein Zweig der Geografie sich das Thema als erstes Fach auf seine Fahne schrieb, noch vor dem Ausbau entsprechender Ansätze in der Physik und der Forschung zur Dynamik des Klimas».[40] Eine weitere Physikerin, Aude Garnier, konstatiert 2010 in *Les défis du CEA*: «Die Modellrechnung ist das Kennzeichen der Klimatologie als einer jungen Disziplin, die in den 1970er Jahren entstanden ist [...]. Die Modellrechnung, die die Veränderlichkeit des Klimas über einen langen Zeitraum hinweg untersucht, stellt ein gewichtiges Forschungsinstrument dar.»[41] Und der Geoklimatologe Pierre Pagney fasst die aktuelle Situation folgendermaßen zusammen: «Unter Mithilfe der Medien sind heute jene [Physiker], die Modellrechnungen erstellen, zu Propheten einer Klimatologie geworden, die für eine relativ kurze Frist (die kommenden hundert Jahre) im Rahmen einer größtenteils dem Menschen zugeschriebenen Erderwärmung radikale, wenn nicht katastrophale klimatische Veränderungen vorhersieht.»[42] Diese drei Zitate unterstreichen das ganze Ausmaß der Umwälzung, die aus der Entstehung einer «globalen» Klimatologie resultiert, welche das «Klimasystem» jetzt modelliert, indem der durch menschliches Handeln bedingte Klimawandel mit einbezogen wird.

---

38 Der Begriff war bereits 1939 von dem nordamerikanischen Geologen François Mathes geprägt worden zur Bezeichnung des Vordringens der Eiszungen der Sierra Nevada im 19. Jahrhundert.
39 Lamb 1984a, 1984b; Lewin 1994.
40 Joussaume 2011.
41 Garnier 2010.
42 Wissenschaftliches Vermächtnis von Pierre Pagney, vgl. http://www.climatologie.u-bourgogne.fr/personnel/page-perso/256-pierrepagneytestament, 23.07.2021.

Nach dreißig Jahren des Aufschwungs in der europäischen und nordamerikanischen Nachkriegszeit schwächt sich das Wirtschaftswachstum durch die Ölpreiskrisen von 1973 und 1979 ab, die den Preis für das «schwarze Gold» in die Höhe treiben. Das hat unmittelbare Auswirkungen auf Unternehmen, das Konsumverhalten und die Beschäftigungslage. Zur selben Zeit veröffentlicht das Massachusetts Institute of Technology (MIT) ihren Bericht *The Limits to Growth*,[43] welcher vom Club of Rome in Auftrag gegeben worden war. Auf der Basis verschiedener Indikatoren, zu denen das Klima allerdings nicht zählt, sieht dieser für die Zeit um 2015 einen Rückgang der Industrieproduktion und eine Nahrungsmittelverknappung voraus sowie eine Übersterblichkeit, wodurch die Bevölkerungszahl um das Jahr 2050 schrumpfen werde. Der weltweite «Zusammenbruch» des Wirtschaftssystems und der Bevölkerungsentwicklung, die auf dem «westlichen» Modell beruhten, sei demnach für die erste Hälfte des 21. Jahrhunderts unausweichlich. Der einzige Ausweg bestehe in dem Ende der Abhängigkeit von fossilen Energien, einem Nullwachstum und der Geburtenkontrolle.

Im Jahre 1978 verfasst der amerikanische Chemiker Jule Charney seinerseits einen Bericht für das MIT, und zwar über die Auswirkungen menschlicher Aktivitäten auf die Erdatmosphäre. Zusammen mit seinem Expertenpanel prognostiziert er, dass die Verdopplung des Kohlendioxidgehalts der Luft zu einer Erderwärmung von 1,5 bis 4,5 °C führe. 1979 lanciert die Weltorganisation für Meteorologie (World Meteorological Organisation, WMO) das Weltklimaprogramm (World Climate Programme, WCP) und richtet eine Konferenz zum Thema *Climate and Mankind* aus. Die einzelnen Wetterdienste verfügen ihrerseits über das Know-how für die Modellierung von Wetterprognosen über einen kurzen Zeitraum (einige Tage) und archivieren all jene von Wetterstationen erhobenen Daten, die für die Berechnung der Jahresdurchschnittstemperaturen des Planeten (heute 14,6 °C)[44] sowie für deren Nachverfolgung über mehrere Jahre erforderlich sind. Dieser gemittelte thermische Wert avanciert zum Deskriptor eines neuen, durchaus eigenartigen Begriffs: jenem des Weltklimas. 1981 erscheint das erste *Journal of Climatology* (heute *International Journal of Climatology*). 1987 veröffentlicht die vom Glaziologen Claude Lorius geleitete Forschergruppe des Commissariat à l'énergie atomique (der auch der Physiker Jean Jouzel angehört) die Analysen von Eiskernen, die aus von Russen bei Wostok in der Antarktis durchgeführten Bohrungen stammen. Diese zeigen, in welchem Verhältnis sich in der Vergangenheit der Gehalt an Treibhausgasen und die Temperaturwerte verändert haben. Für Physiker*innen wird offensichtlich, dass man es mit einer Herausforderung zu tun hat, die den gesamten Planeten

---

43 Meadows u. a. [1972] 2013.
44 Der Mittelwert des Planeten weicht im kältesten Monat (12,5 °C) nur um 3,5 °C von jenem des wärmsten Monats (16 °C) ab.

betrifft und die Maßnahmen unter anderem im Bereich der Landwirtschaft, der Energieversorgung erfordert. Die Regierungen sind es sich nunmehr schuldig, sich des Problems des Klimawandels bewusst zu sein. Die WMO schlägt folglich im Juni 1987 auf der Sitzung ihres Exekutivrates die Einrichtung eines Zwischenstaatlichen Ausschusses für Klimaänderungen vor (Intergovernmental Panel on Climate Change, IPCC).[45] Der US-amerikanische Präsident Ronald Reagan und die Premierministerin Großbritanniens Margaret Thatcher wirken während des G7-Gipfels (Vereinigte Staaten, Japan, Deutschland, Frankreich, Großbritannien, Kanada, Italien) auf dessen Gründung im Jahr 1988 hin mit dem Ziel, «diejenigen naturwissenschaftlichen, technischen und sozioökonomischen Informationen zu bündeln und aus wissenschaftlicher Sicht zu bewerten, die für das Verständnis der wissenschaftlichen Grundlagen bezüglich des Risikos des vom Menschen verursachten Klimawandels, seiner potenziellen Folgen sowie von Möglichkeiten zur Anpassung und Minderung relevant sind. Diese Bewertung soll umfassend, objektiv, offen und transparent durchgeführt werden.» Die Berichte des Weltklimarats bestätigen die Spanne der Werte des Charney-Berichts im Fall einer Verdopplung des Kohlendioxidgehalts und kündigen negative Auswirkungen dieser Erhöhung für die Jahre 2050 und 2100 an. Auch wenn Geoklimatologen und -klimatologinnen bisweilen die politische Ausrichtung der Institution kritisieren oder auch – unter anderem – die dort angewandten statistischen Methoden, die Grenzen der Modellrechnungen und die fehlende Berücksichtigung voraussichtlicher technischer Erfindungen, so stimmen sie doch in mehreren Punkten überein, und zwar in der Bejahung der Existenz vergangener und künftiger Klimaveränderungen des Planeten, des durchschnittlichen Temperaturanstieg um etwa 1 °C seit dem Ende der Kleinen Eiszeit (um 1850) und der Erhöhung des Kohlendioxidgehalts der Atmosphäre.

Verschiedene Forschungseinrichtungen, die über Großrechner verfügen wie die Climatic Research Unit der University of East Anglia[46] und das Global Precipitation Center des Deutschen Wetterdienstes in Hamburg, modellieren die geografische Gliederung der Klimatypen nach Köppen im Laufe des 21. Jahrhunderts anhand der vom Weltklimarat entworfenen Szenarien des Treibhausgasausstoßes (Abb. 2). Auf den so erstellten Karten ist nun kein genereller Umwälzungsprozess im Klimamosaik der Erde erkennbar. Verschiebungen lassen

---

45 Auf Englisch IPCC für Intergovernmental Panel on Climate Change. Anmerkung der Übersetzerin: Im Deutschen meist als Weltklimarat bezeichnet. Das folgende Zitat aus Absatz 2 der Verfahrensregeln (Principles Governing IPPC Work) wird hier in einer deutschen Übersetzung wiedergegeben, die in Ermangelung einer amtlichen deutschen Fassung für die hier vorliegende Publikation von der deutschen IPCC-Koordinierungsstelle (DLR) erstellt wurde.
46 Die Leitung des fachübergreifenden Forschungsbereichs, der von Hubert Horace Lamb gegründet wurde, hat 1979 der australische Physiker Tom Wigley übernommen.

sich einerseits auf den Breitengraden in Polrichtung (100 Kilometer für 1 °C) und andererseits in der Höhe (100 Meter für 1 °C) beobachten. Deutlichere Veränderungen finden sich in den hohen Breiten, da die Erwärmung hier doppelt, wenn nicht dreimal so stark sein müsste wie im Durchschnitt. Entsprechend wird zum Beispiel Frankreich im Jahr 2100 vom Klimatyp Cf (warmgemäßigtes Klima ohne Trockenzeit) zum Klimatyp Cs (warmgemäßigtes, sommertrockenes Klima) übergegangen sein. In den Alpen werden in hundert Jahren die Ausprägungen des Klimatyps ET (Tundrenklima) verschwunden sein. Der grönländische Eisschild wird an Volumen verlieren, der Permafrost auftauen. Doch ist nicht klar, wie weit man derzeit von anderen Warmperioden entfernt ist, wie sie für die Vergangenheit ermittelt wurden, denn die atmosphärischen Mechanismen (Stürme, Zyklone), die unter Umständen stärker und zahlreicher ausfallen können, bleiben bestehen, und die bekannte Dynamik dauert fort.

Die raum-zeitlichen Koordinaten des planetaren Klimasystems entsprechen nicht denen der menschlichen Gesellschaften und der einzelnen Klimate.[47] Vincent Dubreuil drückt dies folgendermaßen aus: «Es als selbstverständlich vorauszusetzen, dass die Menschheit ein einziger großer Akteur sei, der in seiner Gesamtheit auf einen Planeten einwirke, der als isotroper Raum verstanden wird – eine solche Vorstellung ist mit Blick auf die Geografie, das Klima und die Weltanschauung gleichermaßen anfechtbar.»[48] Den Beweis erbringen die Klimaveränderungen der Geschichte, denn sie waren weder jemals auf zeitlicher Ebene konstant noch auf räumlicher Ebene homogen. Im Übrigen messen nicht alle Geoklimatologen und -klimatologinnen der Durchschnittstemperatur der Luft auf der Erdoberfläche dieselbe Bedeutung als Deskriptor des Klimawandels bei. So schreibt Denis Lamarre: «Diese äußerst simpel gestrickte Vorstellung dient der Vortäuschung einer Wahrheit.»[49] Und selbst wenn es sich dabei um einen Indikator des Energiezustandes handelt, so stellt dieser doch bei weitem nicht den einzigen Deskriptor eines Klimas dar, da ja sehr unterschiedliche Klimate durchaus denselben durchschnittlichen Wärmegrad aufweisen können.[50] Darüber hinaus ist die Temperatur auch für die Verwundbarkeit einer Gesellschaft kein guter Gradmesser. Deren Resilienz hängt stark von der Fähigkeit der örtlichen Gemeinschaften, der Staaten und der Unternehmen ab, präventive Maßnahmen zu ergreifen und die Entwicklung neuer Technologien finanziell zu fördern. Folglich liegen die vermeintlich aufgesplitterten Forschungsthemen der

---

47 Tabeaud 2010.
48 Dubreuil 2020.
49 Lamarre 2016: 21.
50 Beispielsweise haben die Wetterstationen von Geelong in Australien, von Bahia Blanca in Argentinien, von Charlotte in den USA und von Ajaccio in Frankreich dieselbe Durchschnittstemperatur wie der gesamte Planet Erde, und dies in Klimazonen, die von Geografen deutlich unterschieden werden.

Geoklimatologen gar nicht so weit auseinander, denn grundsätzlich teilen sie sowohl die Verfahrensweisen als auch die Forschungsziele.

Denis Lamarre greift in *Les métamorphoses du climat* das Konzept des Klimapotentials auf, das heißt «die Gesamtheit der Verbindungen zwischen den Angelegenheiten des Menschen und den Klimaphänomenen in ihrer gemeinsamen Entwicklung, und zwar in ihrer praktischen Umsetzung durch eine gegebene Gesellschaft auf ihrem entsprechenden Territorium».[51] Jedes Klima stellt Ressourcen bereit, bedeutet aber auch Zwänge und Risiken für eine bestimmte Gesellschaft zu einem bestimmten Zeitpunkt ihrer Geschichte.[52] Die Klimate sind ebenso wie Gesellschaften Veränderungen unterworfen. Eine jede Gesellschaft geht auf ihre eigene Weise mit dem Klima um. Bei einer Betrachtung auf dieser übergeordneten Ebene und unter Berücksichtigung der jahrzehntelangen Herausforderungen kann das bisherige Netz der Wetterstationen folglich nicht mehr ausreichen. Im Rahmen von oft fachübergreifenden Forschungsprogrammen, die vor Ort durchgeführte Untersuchungen voraussetzen, installieren Geoklimatologen und -klimatologinnen deshalb zunehmend Messgeräte, welche die dem Studienobjekt entsprechenden Daten sammeln, etwa zur Bestimmung der Luftverschmutzung im innerstädtischen Bereich (Partikelfilter), zur Nachverfolgung der Boden- und der Luftentwicklung in Rebparzellen (hygrothermische Bodensonden), zur Überprüfung der Schneedecke auf Berghängen (Strahlungssensoren), zur Beobachtung des Permafrosts im Hochgebirge, zur Erforschung der Überflutung von Küstenregionen oder zur Überwachung kleinerer Abflussgebiete in alten Bergmassiven. Im Anschluss werden Modellrechnungen und damit ein geografisches Informationssystem erstellt, das regelmäßig ein digitales Geländemodell enthält. Ferner benutzen Geoklimatologen und -klimatologinnen Multi-Agenten-Simulationen zur Beschreibung zukünftiger Umweltprozesse, mittels derer diagnostische Vorgaben als Handreichung für politische Entscheidungsträger*innen erstellt werden können.

Diese Ansätze ergänzen jene, die sich den Formen der jeweiligen Lebenspraxis und der Anpassung an Veränderungen widmen. Beispielsweise stört sich die russische Gesellschaft Laurent Touchart zufolge an der Behauptung, die Klimaerwärmung zeitige ausschließlich verhängnisvolle Folgen: «[Ihre] Kultur der Kälte hat ihre Wurzeln zwar in der Vergangenheit, aber sie ist nach wie vor sehr lebendig. Im Übrigen hat die Urbanisierung diese keineswegs zum Verschwinden gebracht, sondern sie im Gegenteil in bestimmten Bereichen sogar verstärkt. Das lässt sich sogar objektiv beziffern durch den ‹Temperatur-pro-Einwohner-Index›,[53] der in Russland im Verlauf des gesamten 20. Jahrhunderts gesunken

---

51 Lamarre 2016: 32.
52 Pagney, Lamarre 1999.
53 Der 2005 von den amerikanischen Geografen Fiona Hill und Clifford Gaddy entwickelte Wärmeindex der urbanen Bevölkerung – beispielsweise pro Land – wird errechnet auf der

ist. Somit haben die Russen eine Kultur der Kälte geschaffen, die immer noch sehr ausgeprägt ist.»[54]

Trotz vielfältiger Beispiele von Kulturen, die sich ihrem Klima hervorragend angepasst haben, und zwar höchst unterschiedlichen Klimaten, führen die Informations- und Kommunikationstechnologien sowie die Entwicklung des Internets und der Blogosphäre heute ausnahmslos Katastrophen «in Echtzeit» vor. Solche schockierenden Bilder lassen Urängste neu aufleben und verwandeln Trübsinn in Furcht oder gar in die Gewissheit einer bevorstehenden Apokalypse. Nunmehr arbeiten Geoklimatologen eng zusammen mit Anthropologen, Soziologen und Kunsthistorikern in dem Bemühen, einen kulturwissenschaftlichen Ansatz zu entwickeln, wie er angesichts der Gefahren für eine Scheidung von Fantasie und Realität erforderlich ist.

5. Schlussbemerkungen

Geografische Untersuchungen haben Erkenntnisse über das Klima schon immer mit einbezogen, auch wenn die eigentliche Klimageografie erst kürzlich entstanden ist und damit im Vergleich zur Mathematik oder zur Physik eine junge Disziplin ist. Die Geoklimatologie hat sich bisweilen schwer getan damit, sich von naturwissenschaftlichen Nachbardisziplinen abzugrenzen. Doch durch ihre Stellung innerhalb der Gesellschaftswissenschaften und aufgrund spezifischer Untersuchungsmethoden behauptet sie von nun an ihren ganz eigenen Ansatz, einschließlich ihrer Bedeutung für fachübergreifende Forschungen.

Die Auswirkungen von Klimaveränderungen auf die Umwelt, die Wirtschaft und die Gesellschaft fallen sehr unterschiedlich aus, je nachdem, welche Weltgegend man betrachtet. Bei ihrer Bewältigung gibt es gravierende und leider anhaltende Ungerechtigkeiten in der Verteilung der Mittel. Der Arbeit von Geoklimatologen und -klimatologinnen kommt in diesem Zusammenhang große Bedeutung zu, denn sie stellen die Aufmerksamkeit, die den Risiken des Klimawandels geschenkt wird, in einen historischen und geografischen Kontext, das heißt in jenen der jeweiligen gesellschaftlichen Akteure und Akteurinnen auf ihrem konkreten Territorium. Angesichts derselben Gefährdung – wie etwa in Bezug auf den drohenden Anstieg des Meeresspiegels – können nicht überall dieselben Maßnahme ergriffen werden, und die nächstliegende ist dabei nicht zwangsläufig die machbarste und die nachhaltigste.

Basis der Summe Temperaturgrade pro Einwohner*in verschiedener Städte (die durchschnittliche Temperatur des Monats Januar multipliziert mit der Einwohner*innenzahl der Stadt) geteilt durch die Einwohner*innengesamtzahl des Landes.

54 Touchart 2011.

Es stellt sich die Frage, welche Richtung künftige Forschungen einschlagen werden. Die Themen der Geoklimatologen und -klimatologinnen werden ihrerseits durch die Gesellschaft beeinflusst, denn zum einen arbeiten Forschende immer stärker in Arbeitsgruppen mit ausgefeilten technischen Möglichkeiten, die zumindest in Teilen auf die entschlossene Unterstützung seitens der Politik angewiesen sind. Zum anderen stellen Forschende keineswegs reine Universalgenies dar, die uneigennützig in aller Abgeschiedenheit arbeiten. Vielmehr sollten sie ihre Fragestellungen folgerichtig im Rahmen jener großen Herausforderungen formulieren, die auf die Gesamtheit der Bürger*innen ihrer Zeit und ihrer Lebenswelt zukommen.

6. Bibliografie

Barrett, Eric C.: Rethinking Climatology. An Introduction to the Uses of Weather Satellite Photographic Data in Climatological Studies. In: Progress in Geography 2 (1970): 153–206.
Barrett, Eric C.: Climatology from Satellites. London 1974.
Barry, Roger G.; Perry, Allen H.: Synoptic Climatology. Methods and Applications. London 1973.
Berque, Augustin: Espace, milieu, paysage, environnement. In: Bailly, Antoine; Ferras, Robert; Pumain, Denise (Hg.): Encyclopédie de géographie. Paris ²1995.
Boia, Lucian: L'homme face au climat. L'imaginaire de la pluie et du beau temps. Paris 2004.
Bougeault, Philippe; Sadourny, Robert: Dynamique de l'atmosphère et de l'océan. Paris 2001.
Budyko, Mikhail *Atlas de l'univers*. Publication de la Direction principale de la géodésie et de la cartographie de l'URSS, Moskau 1954. (Russisch, ins Englische und Japanische übersetzt).
Budyko, Mikhail: The Heat Balance of the Earth's Surface. Washington 1958 (englische Übersetzung der russischen Ausgabe Leningrad 1956).
Budyko, Mikhail: Атлас теплового баланса земного схара (= Atlas der Wärmebilanz der Erdoberfläche). Moskau 1963.
Buffon, Georges-Louis Leclerc: Histoire naturelle, générale et particulière avec la description du cabinet du roi, Bd. XIV: De la dégénération des animaux. Paris 1766.
Candolle, Alphonse de: Géographie botanique raisonnée ou Exposition des faits principaux et des lois concernant la distribution géographique des plantes de l'époque actuelle. Paris 1855.
Candolle, Augustin-Pyrame de: Essai élémentaire de géographie botanique. Genève 1820.
Dubreuil, Vincent: Climatologie et météorologie. In: Groupe Cynodhodon: Dictionnaire critique de l'anthropocène. Paris 2020.
Dzerdzeevsky, Boris: Circulation Mechanisms in the Northern Hemisphere Atmosphere during the 20th Century. Meteorological Investigations. Moskau 1968.
Gaussen, Henri; Bagnouls, François: Les climats biologiques et leur classification. In: Annales de Géographie 355 (1957): 194, DOI: doi.org/10.3406/geo.1957.18273.
Gaussen, Henri; Bagnouls, François Saison sèche et indice xérothermique. In: Bulletin de la Société d'histoire naturelle de Toulouse 88 (1953): 193–240.
Hann, Julius Ferdinand: Handbuch der Klimatologie. Stuttgart 1897.

Huerre, Patrick: Mécanique des fluides. Paris 1991.
Humboldt, Alexander von: Relation historique du voyage aux régions équinoxiales du Nouveau Continent. Paris 1814.
Jacobs, Woodrow C.: Wartime Developments in Applied Climatology. In: Meteorological Monographs 1 (1947): 1–52.
Jourdan, Antoine Jacques Louis: Artikel Climatologie, In: Dictionnaire raisonné, étymologique, synonymique et polyglotte, des termes usités dans les sciences naturelles, Bd. 1. Paris 1834: 280.
Joussaume, Sylvie (2011). Le climat. Un thème pluridisciplinaire. In: Jeandel, Catherine; Mosseri, Rémy (Hg.): Le climat à découvert. Outils et méthodes en recherche climatique. Paris 2011: 19–21.
Köppen, Wladimir P.; Geiger, Rudolf: Handbuch der Klimatologie. Berlin 1936.
La Soudière, Martin de: Au bonheur des saisons. Voyage au pays de la météo. Paris 1999.
Lamarre, Denis: Les métamorphoses du climat. Dijon 2016.
Lamb, Hubert H.: Climatic History and the Future. London 1977.
Lamb, Hubert H.: Climate, History and the Modern World. London 1984 (= Lamb 1984a).
Lamb, Hubert H.: The Future of the Earth – Greenhouse or Refrigerator? In: Journal of Meteorology 9 (1984): 237–242 (= Lamb 1984b).
Le Rond d'Alembert, Jean; Diderot, Denis: Artikel Climat. In: L'Encyclopédie ou Dictionnaire raisonné des sciences des arts et des métiers par une société de gens de lettres, Bd. III. Paris 1751: 132–136.
Le Roy Ladurie, Emmanuel: Histoire du climat depuis l'an mil. Paris 1967.
Levasseur, Pierre Émile: L'étude et l'enseignement de la géographie. Paris 1872.
Lewin, Bernie: Professor Hubert H. Lamb. In: WMO Bulletin 43 (1994): 277–278.
Martonne, Emmanuel de: Traité de géographie physique, climat, hydrographie, relief du sol, biogéographie. Paris 1909.
Organisation météorologique mondiale (OMM): Cent ans de coopération internationale en météorologie. Historique 1873–1973 (= OMM 345). Genève 1973.
Pagney, Pierre; Lamarre, Denis: Climats et sociétés. Paris 1999.
Pédelaborde, Pierre: Le climat du bassin parisien. Essai d'une méthode rationnelle de climatologie physique, 2 Bde. Paris 1957/1958.
Péguy, Charles-Pierre: Éléments de statistique appliquée aux sciences géographiques. Paris 1957.
Reclus, Élisée: La Terre, Description des phénomènes de la vie du globe. Paris 1868/1869.
Reclus, Élisée: L'homme et la terre, 6 Bde. Paris 1905–1908.
Sorre, Maximilien: Les fondements biologiques de la géographie humaine. Essai d'une écologie de l'homme. Paris 1943.
Sorre, Maximilien: L'homme sur la Terre. Paris 1961.
Tabeaud, Martine: Les espaces-temps des climats. In: Historiens et Géographes 411 (2010): 117–130.
Thornthwaite, Charles: An Approach Toward a Rational Classification of Climate. In: Geographical Review 38 (1948): 55–94.
Touchart, Laurent: La Russie et le changement climatique. Paris 2011.
Trewartha, Glenn: An Introduction to Climate. New York ⁴1968.
Trewartha, Glenn: The Earth's Problem Climates. Madison 1961.
Vidal de la Blache, Paul: La Terre, géographie physique et économique. Paris 1883.

Vidal de la Blache, Paul: La géographie politique. À propos des écrits de M. Friedrich Ratzel. In: Annales de géographie 32 (1898): 97–111.

Vigneau, Jean-Pierre: Géoclimatologie. Paris 2000.

VII. Literatur und Klima

Anouchka Vasak

1. Einleitung

Im Jahr 1928 erschien ein Roman von André Maurois mit dem Titel *Climats*.¹ Dieser Titel verdeutlicht das ganze Ausmaß der Missverständnisse, die sich mit dem Wort Klima verbinden, insbesondere im Zusammenhang mit einem speziellen Verständnis von Literatur. Dieser Roman – die Erzählung der Geschichte einer Ehe, die zum Scheitern verurteilt ist – basiert auf einem rein psychologisch gefassten Klimabegriff: Als Synonym für Stimmung verstanden begegnet er der Leserschaft im Plural und legt ihr damit nahe, dass die Protagonisten von einer undefinierbaren Atmosphäre überfordert sind, wie sie sich aus einer Reihe von kleineren Situationen ergibt, die ihnen entgleiten und die sie selbst verursacht haben. Für gewöhnlich verbindet man mit dem Begriff der Literatur die Vorstellung von Fiktionalität, von fantasievollen Bildwelten und mit der Gattung Roman häufig den Aspekt der psychologischen Ausdifferenzierung. Es geht an dieser Stelle nicht darum zu leugnen, dass der Roman die menschliche Psyche erkundet. Doch soll im Folgenden aufgezeigt werden, dass die «Literatur» der Wirklichkeit keineswegs den Rücken kehrt – und der Begriff des Klimas ist eben eine der Bezeichnungen für diese Realität, denn das Klima – sowohl das Wort als auch das Konzept und die Vorstellungen, die damit verbunden sind – bietet eben gerade die Möglichkeit, der Literatur einen anderen Anstrich zu verleihen, nämlich weniger eine psychologische oder fiktionale Prägung als vielmehr eine wissenschaftliche Ausrichtung. Die nachstehende Darstellung beschränkt sich auf die europäische Literatur, und zwar auf der Grundlage einer Auswahl, die notwendigerweise subjektiv ausfällt und die darauf abzielt, die wachsende Bedeutung zutage zu fördern, welche Schriftsteller*innen dem Klima nach und nach zugemessen haben. Um es in Anlehnung an die Worte Paul Ricœurs zu sagen:² Es gibt nirgends einen klimafreien Ort, von dem aus man über das Klima sprechen könnte, denn ich spreche stets von «meinem» Klima und auch von «meinem» Klima aus. Damit soll das fast vollständige Fehlen der außereuropäischen Literatur wie auch zahlreicher Werke der europäischen Literatur selbst in dem folgenden Durchgang zwar nicht entschuldigt, aber doch in Teilen erklärt werden.

---

1 Maurois 1928.
2 Ricœur 1975: 25: «Es gibt keinen nichtmetaphorischen Ort, von dem aus man die Metapher betrachten könnte […] als ein Spiel, das sich vor unseren Blicken entfaltet.»

Bereits im Jahr 1966 veröffentlichte Louis Dufour, Mitglied des belgischen Königlichen Meteorologischen Instituts, seine Untersuchung *Les écrivains français et la météorologie. De l'âge classique à nos jours*.[3] Diese im Wesentlichen deskriptiv verfahrende Arbeit wurde vor allem in Studien von deutschsprachigen Literaturwissenschaftler*innen, die dem Motiv der Wolken in der Literatur nachgehen, als Pionierleistung gewürdigt.[4] In Frankreich wurden die ersten entsprechenden Untersuchungen zur Meteorologie häufig durch die Philosophie angeregt bzw. durch die «Theorie» der 1970er Jahre. Das grundlegende Werk zu diesem Thema bleibt – was die Wolken betrifft – jenes des Kunsthistorikers Hubert Damisch mit dem Titel *Théorie du nuage. Pour une histoire de la peinture*:[5] Obschon es der Malerei gewidmet ist, hat es doch auch eine ganze Generation von Literaturhistoriker*innen inspiriert, die sich für Wolken, Dunst und Nebel begeistern, wobei die beiden Letzteren – neben dem Regen – jene «Meteore» darstellen, die laut Louis Dufour in der französischen Literatur insgesamt am häufigsten vertreten sind. Im Laufe des letzten Drittels des 20. Jahrhunderts sprengen literaturwissenschaftliche Arbeiten überall in Europa die Grenzen ihrer Disziplin und öffnen sich zunächst der «Meteorologie», das heißt dem Wetterthema, dann aber auch dem Konzept des Klimas, und zwar in einem Ansatz, der zwischen Literaturwissenschaft, Philosophie, Klimageschichte und Wissenschaftsgeschichte liegt,[6] um sich schließlich im Rahmen der ursprünglich angelsächsischen Ökokritik bzw. Ökofiktionen der immer drängenderen Klimaproblematik zuzuwenden. In Frankreich brachten zu Beginn des neuen Jahrtausends zwei vielbeachtete Tagungen[7] Literaturwissenschaftler*innen, Klimahistoriker*innen und Kunsthistoriker*innen zusammen.[8] Von nun an wird der kombinierte Ausdruck «Literatur und Klima» stets in dieser fachübergreifenden Bedeutung gebraucht, auch wenn in dieser Zeit noch einige rein literaturwissenschaftliche Monografien erscheinen wie etwa jenes schöne Kapitel, das der Literaturkritiker Jean-Pierre Richard in seinen *Essais de critique buissonnière* dem Werk Marcel Prousts gewidmet hat.[9] Auch in der Forschung zur Gattung

---

[3] Dufour 1966; Vasak 2007.
[4] Siehe Becker 2012, 2014; Weber 2012.
[5] Damisch 1972.
[6] Siehe auch im Verlag Hermann (Paris) die Titel der Reihe MétéoS, die 2012 begründet und von Thierry Belleguic und Anouchka Vasak herausgegeben wird.
[7] *L'événement climatique et ses représentations (XVIIe–XIXe siècle), histoire, littérature, musique et peinture*, Paris, Université Paris IV (Sorbonne) – Fondation Singer-Polignac und *Canicules et froids extrêmes. L'événement climatique et ses représentations (II), histoire, littérature, peinture*, Université Paris III – Sorbonne nouvelle.
[8] Le Roy Ladurie, Berchtold, Sermain 2007; Berchtold u. a. 2012.
[9] Richard 1999.

des Reiseberichts stößt man häufig auf die Klimafrage, insbesondere hinsichtlich der «kalten Länder».[10]

Wenn sich hier also ein neues Forschungsgebiet aufgetan hat, so hängt dies auch damit zusammen, dass die Literatur selbst mit Beginn des 19. Jahrhunderts eine neue Bedeutung angenommen hat, denn die Literatur im modernen und europäischen Sinn, die sich nun nicht mehr auf althergebrachte Weise «schöne Literatur» nennt, entsteht um das Jahr 1800 herum, als Madame de Staël sie in *De la littérature* insbesondere gegen die Wissenschaft abgrenzt. Doch soll im Folgenden gerade anhand der Klimafrage daran erinnert werden, wie schwierig es lange Zeit war, die Literatur von der Philosophie, der Geschichte und sogar von der Geografie und den Naturwissenschaften zu unterscheiden. So stellt es heutzutage eine willkommene Rückbesinnung auf diese Vergangenheit dar, wenn man es – unter Berücksichtigung der bewährten Methoden der Textanalyse und der großartigen Beschreibung der objektiven Realität durch etliche Schriftsteller – erneut zulässt, dass die Literatur vor allem dank des Klimathemas dazu ermutigt, die Fachgrenzen und vielleicht auch die geografischen Grenzen zu überschreiten. Dafür haben in den letzten Jahren zahlreiche Arbeiten von Literaturwissenschaftler*innen den Weg bereitet.[11] Im Folgenden soll demnach eine Geschichte des Klimas in der Literatur entworfen werden, ausgehend von der Aufklärung – dem Zeitpunkt des Bemühens um Definitionen – bis hin zur Gegenwart. Doch sei hier vorab darauf verwiesen, dass eine Betrachtung des Klimas aus literaturwissenschaftlicher Sicht zunächst eine Auseinandersetzung mit der Bedeutung der Wörter und ihrer Entwicklung erfordert. Was bedeutet «Klima» eigentlich?

2. Die Bedeutung der Begriffe Klima und Klimatheorie

«Was gut entworfen ist, kommt auch klar zum Ausdruck.» Der Satz des großen Klassikers Nicolas Boileau erinnert daran, welchen Einfluss die Bedeutung von Wörtern auf das Verständnis der Sache hat. Wenn man dem Eintrag des 1694 im Zeitalter der französischen Klassik begründeten *Dictionnaire de l'Académie française*[12] folgt, so kann man die Entwicklung des Wortes *climat* ermessen, das auf das griechische Wort *klima* (Neigung) zurückgeht. In dieser ersten Ausgabe findet sich folgende Definition:

---

[10] Bertrand u. a. 2020.
[11] Becker 2012; Becker, Leplatre 2014.
[12] Siehe http://www.dictionnaire-academie.fr/article/A9C2596, 10.06.2024. Dem griechischen *klima* (wörtlich Neigung) entlehnt, woraus die Bedeutung «Erdschiefe einer Region im Verhältnis zur Sonne» resultiert, dann die weitere Bedeutung «Region».

> «Begriff aus der Geografie, der eine Fläche der Erdkugel bezeichnet, die zwischen zwei Breitenkreisen liegt. *In der Antike waren nur sieben Klimata bekannt. Südliches, nördliches Klima. Die Erde ist in entsprechende Klimata aufgeteilt.*»[13]

Heutzutage definiert die Académie française *climat* als «Gesamtheit der atmosphärischen, meteorologischen Gegebenheiten einer Region, eines Landes». Auch wenn diese Definition noch Spuren der alten bzw. antiken Bedeutung aufweist (wie in dem Ausdruck Klimawechsel für die Reise in ein anderes Land), so kommt man doch nicht umhin zu bemerken, dass das Klima im zeitgenössischen, jüngeren Sprachgebrauch – jenem, der noch nach der Definition der neunten Ausgabe des *Dictionnaire* von 1992 anzusetzen ist – den Bezug zu dieser Ortsbestimmung gänzlich verloren hat und nunmehr das Weltklima, das Klima des Planeten bezeichnet, ohne dass dies gesondert erwähnt werden müsste.

Im Jahr 1753 stand in der von Diderot und d'Alembert herausgegebenen *Encyclopédie* noch folgende, auf der Astronomie fußende Definition des Klimas, die aus der Feder Jean Henri Samuel Formeys stammte:

> «Abschnitt oder Zone der Erdoberfläche, die durch zwei Breitenkreise parallel zum Äquator begrenzt ist und deren Ausdehnung sich berechnet nach dem Ausmaß, zum Beispiel eine halbe Stunde, um das die maximale Tageslänge an jenem Breitenkreis, der dem Pol am nächsten liegt, jene an dem Breitenkreis, der dem Äquator am nächsten liegt, übersteigt.»[14]

Daher rührt demnach die grundlegende Aufteilung in Nord und Süd, daher stammen die drei großen Klimazonen, die kalte, die gemäßigte und die heiße. Daraus resultiert schließlich auch die «Klimatheorie», deren berühmtester Vertreter Montesquieu ist[15] – auch wenn er selbst diese so nie bezeichnet hat.

In Wahrheit existiert die Klimatheorie bereits in der Antike, bei Hippokrates (*De aere aquis et locis*) und Aristoteles (*Politiká*). Im 16. Jahrhundert verbindet Jean Bodin (*Six Livres de la République*, 1576) das Klima mit der Frage der Regierungsform. Diese Theorie gründet auf der Vorstellung einer natürlichen und notwendigen Verbindung zwischen einem Ort (einem Land, einer Region) und den Lebensformen einer Gesellschaft, die man dort beobachten kann. Es ist sinnvoll, einen Moment bei dieser Theorie zu verweilen, wie sie sich im Jahrhundert der Aufklärung schließlich verfestigen sollte, und zwar um deren Vorstellungen zu begreifen, aber auch, um den Klimadeterminismus, wie ihn Montesquieu erdacht hat, zu relativieren und um diesen von späteren Auswüchsen zu unterscheiden, welche Unhaltbares zu rechtfertigen suchten. Zu Beginn des 18. Jahrhunderts behauptet Jean-Baptiste Du Bos in seinen *Réflexions critiques sur la poésie et la peinture* (1719), dass die Künste sich nur in bestimmten Län-

---

13 *Dictionnaire de l'Académie française* 1694.
14 Formey 1753.
15 Montesquieu 1748, XIV–XIX.

dern entfalten könnten: in der Antike in Griechenland, in der Neuzeit in «gemäßigten» Ländern (Frankreich, England). Die Theorie Montesquieus wiederum fußt auf einer Physiologie:

> «In kalten Ländern wird man wenig empfänglich sein für jede Art von Genuss; umso größer wird diese Empfänglichkeit in gemäßigten Ländern sein; und in heißen Ländern wächst sie ins Unermessliche. So wie man die Klimazonen nach den Breitenkreisen unterscheidet, könnte man sie sozusagen anhand der Abstufungen der Empfindsamkeit unterscheiden. [Und er fügt hinzu:] Einen Moskauer müsste man häuten, um ihm eine Empfindung zu entlocken.»[16]

Ausgehend von dieser Physiologie trägt Montesquieu seine Schlussfolgerungen über die Eigenarten der Völker vor: «Die Völker der heißen Länder sind schüchtern wie Greise; jene der kalten Länder sind mutig wie junge Leute.» Der Autor von *L'Esprit des Lois* verknüpft den Süden – die «heißen» Länder – pauschal mit Despotie, Sklaverei und Polygamie. «Was würde es nützen, die Frauen der nördlichen Länder einzusperren, da dort die Sitten ja von Natur aus gut sind?», fragt er. Rechtfertigt Montesquieu etwa hinsichtlich der «häuslichen Sklaverei» die Polygamie in den Ländern «des Südens, [wo] zwischen den beiden Geschlechtern eine natürliche Ungleichheit besteht»? Nein. Zunächst einmal, so präzisiert er, «rechtfertige ich die Gebräuche nicht, sondern benenne ihre Ursachen». Es geht ihm darum, den «Geist der Gesetze» zu begreifen. Und dann habe das Gesetz als eine Art Gegengewicht zur Natur die Funktion, die «Laster des Klimas» zu korrigieren und zu mäßigen. Das ideale Klima sei nämlich genau jenes, dass man «gemäßigt» nenne. Letztendlich sagt Montesquieu, wenn die Herrschaft des Klimas die allererste der existierenden Herrschaften sei, so genüge es, dieser zu folgen, wenn sie gut sei, wie Peter I. es in Russland, einer «europäischen Nation», getan habe, als er als Zar den Russen die Sitten und Gebräuche der Europäer vorgegeben habe, denn der Mensch werde nicht allein durch das Klima regiert: «Mehrere Dinge beherrschen den Menschen, das Klima, die Gesetze, die Regeln der Regierung, das Vorbild vergangener Geschehnisse, die Sitten und Gebräuche, woraus sich ein allgemeiner Volksgeist bildet, der daraus hervorgeht.»

Nun hat aber dieser Mythos des Gemäßigten infolge des auf Europa fokussierten Jahrhunderts der Aufklärung Behauptungen hervorgebracht, an denen dann rassistische Theorien festgemacht werden sollten. Als Beispiel sei Jean-Baptiste Du Bos genannt, der sich zu folgender Aussage verstieg: «Ist sich nicht alle Welt darin einig, die Dummheit der Neger oder auch jene der Lappen dem

---

16 Montesquieu [1748] 1979: 375.

Übermaß an Kälte beziehungsweise an Hitze zuzuschreiben?»[17] Verwiesen sei hier auch auf Buffon, der ein Anhänger des Monogenismus war:[18]

> «Die konstanteste Hautfarbe der Menschheit ist also die weiße, welche jedoch die übermäßige Kälte des Klimas an den Polen in ein dunkles Grau verwandelt und die allzu große Hitze einiger Gegenden der heißen Zone in die Farbe Schwarz.»[19]

Dessen ungeachtet ist das 18. Jahrhundert das große Zeitalter der Entdeckung der «Alterität» aufgrund der Erweiterung der Erderkundung und der Reiseberichte, die diese Erkenntnisse verbreitet haben. Das Klima – ein Begriff, der vor allem im Plural verwendet wird – gerät zu einer Methode, die Verschiedenartigkeit, die Mannigfaltigkeit und die Bedingtheit der Erscheinungen auszudrücken. Doch entwickelt sich die Bedeutung des Wortes Klima unter dem Einfluss der Mediziner nach und nach weiter: Es verlässt quasi die Erde, um stattdessen den Zustand der Atmosphäre eines Ortes zu bezeichnen. Der zweite Teil des Artikels *Climat* der *Encyclopédie* wird von dem Chemiker Venel verfasst und ist medizinischen Zuschnitts. Er beschränkt das Klima nicht auf eine rein astronomische Definition:

> «Die Medizin betrachtet die *Klimata* allein anhand der Temperatur und des Hitzegrades, die ihnen eignen; in diesem Sinne ist *Klima* sogar gleichbedeutend mit *Temperatur*; das Wort wird folglich in einem viel weiteren Sinne verstanden als nur in jenem von *Region*, *Land* oder *Gegend*, vielmehr drücken die Mediziner damit die Gesamtheit der allgemeinen und gemeinsamen physikalischen Ursachen aus, die auf die Gesundheit der Einwohner eines Landes einwirken können, das heißt die Eigenart der Luft, jene des Wasser, des Bodens, der Nahrung usw.»[20]

Die aktuelle Definition des Klimas wird erst 1935 in die achte Ausgabe des Akademie-Wörterbuchs aufgenommen. Dabei neigt diese zeitgenössische Definition dazu, in einer gewissen sprachlichen Verwirrung zu vermischen, was eine strenge Wissenschaftlichkeit zu unterscheiden lehrt: das Klima und das Wetter, denn *le climat*, wie die Geografin Martine Tabeaud es definiert, sei «ein Konzept, das eine Reihe von Zuständen der Atmosphäre oberhalb eines Ortes in ihrer normalen Abfolge beschreibt».[21] *La météo* bzw. *le temps qu'il fait* (das Wetter) dagegen sei durch die Wechselhaftigkeit bestimmt. Vor diesem gemeinsprachlichen Gebrauch des Wortes *météo* wird im Akademie-Wörterbuch übrigens gerade ge-

---

17 Du Bos 1719: 215.
18 «Theorie, nach der die Menschheit in ihrer Gesamtheit von einem gemeinsamen primitiven Typus abstammt», *Dictionnaire de l'Académie française*, neunte Ausgabe.
19 Buffon [1749] 1971: 402.
20 Venel 1753.
21 Tabeaud 2011: 21.

warnt.²² Gleichwohl soll uns im Folgenden statt des Klimas zunächst das Wetter beschäftigen, genauer gesagt jener Zeitabschnitt, der in der Literaturgeschichtsschreibung als Romantik bezeichnet wird und der bereits im 18. Jahrhundert beginnt, insbesondere in Deutschland (mit Johann Wolfgang von Goethes *Die Leiden des jungen Werthers*, 1774), denn die Romantik wird nun gerade durch «das Eindringen des Wetters in die Literatur» geprägt.²³

3. Das Eindringen des Wetters in die Literatur

Dieser Wendepunkt bedarf der Erläuterung. Die Romantik ist jener Moment, an dem Klima, Subjektivität und Literatur zusammenfallen. In Jean-Jacques Rousseaus *Essai sur l'origine des langues* (1754) gerät das Klima zu einer schicksalhaften Macht, welche die Menschheit einst in das Leben in Gesellschaft zwang. «Jener, der wünschte, dass der Mensch gesellig werde, berührte mit dem Finger die Achse des Erdballs und neigte ihn zur Achse des Universums. Durch diese kleine Bewegung sehe ich das Antlitz der Erde verändert und die Bestimmung der Menschheit entschieden».²⁴ Vor dieser verhängnisvollen «Neigung» – denn so lautet die etymologische Bedeutung von «Klima» – lebten die Menschen nach Rousseau in einem «ewigen Frühling», dem Frühling des Naturzustands: Sie bedurften der Sprache nicht, und noch weniger brauchten sie die Literatur. Die allererste Sprache sei die Musik gewesen – und die Lyrik. Die Sprachen der warmen Länder seien Töchter der Leidenschaft, des verliebten Stelldicheins am Brunnen als gewohntem Treffpunkt. Dagegen seien die Sprachen in den kalten Ländern, «in diesem schrecklichen Klima, in dem alles neun Monate des Jahres abgestorben ist»,²⁵ aus der Not entstanden. Dieser Vorstellung verleiht Madame Germaine de Staël ein halbes Jahrhundert später eine neue Ausrichtung im Rahmen ihrer modernen Begründung der Literatur (mit *De la littérature*, 1800), indem sie den Süden dem Norden gegenüberstellt und die Sonne dem Schatten und damit der Melancholie, einer der Schöpferkraft zuträglichen Empfindung. «Die Melancholie, dieses Gefühl, das Genies zu so zahlreichen Werken anregt, scheint beinahe ausschließlich den Völkern des Nordens zu eignen».²⁶ Zu genau diesem Zeitpunkt dringen die Wolken, der Wind, das Unwetter – und die Melancholie – in die Literatur ein, und es ist kaum verwunderlich, dass die Romantik gerade in Deutschland und in England entsteht.

---

22 «Météo: wird oft fälschlich gebraucht zur Beschreibung des Wetters oder der klimatischen Bedingungen», www.dictionnaire-academie.fr/article/A9M1941-A, 10.06.2024.
23 D'Ormesson 1997: 151.
24 Rousseau [1754] 1995: 401.
25 Ebd.: 405.
26 Staël [1800] 1991: 202.

Zwar sei daran erinnert, dass im Frankreich des 16. Jahrhunderts die Dichter der Pléiade, durch die lateinischen Autoren Horaz und Vergil inspiriert, sowie im Anschluss daran die Barockdichter des 17. Jahrhunderts die Natur im Allgemeinen besangen und insbesondere die Jahreszeiten. Doch erwähnen diese Bilder der Vergänglichkeit keine Wetterphänomene, und die Jahreszeit bezeichnet oft schlicht einen Augenblick oder eine Gelegenheit: «Wann werde ich, ach, meinen kleinen Weiler wiedersehen / Und den rauchenden Kamin, und zu welcher Jahreszeit ...»[27]

Wenn uns in diesen Epochen ein Sturm begegnet, handelt es sich zumeist um eine Metapher und kommt – ohne dies abwerten zu wollen – einem Gemeinplatz gleich. Der «echte» Sturm, welcher eine Person an einem Ort und zu einer bestimmten Zeit überwältigt, betritt die Bühne erst im 18. Jahrhundert mit der Thematisierung des eigentlichen Wettergeschehens, denn alles scheint mit dem Sturm und dem Gewitter zu beginnen und wird durch drei literarische Donnerschläge angekündigt. Wir befinden uns in jener Strömung der deutschen Romantik, die mit dem vielschichtigen Begriff des «Sturm und Drang» bezeichnet wird. In *Die Leiden des jungen Werthers* (1774) bezeichnet das Gewitter, das in ein Tanzvergnügen platzt, den Augenblick, in dem sich Werther Hals über Kopf in Lotte verliebt. Zwar stimmt es, dass vor Goethe bereits Rousseau in *Julie ou la Nouvelle Héloïse* (1761), wenn nicht die Meteorologie, so doch den Sturm eingeführt hat. Eine neue Ästhetik – als Theorie erst von Edmund Burke, dann von Immanuel Kant entworfen – verschmilzt hier den Schrecken und das Wohlgefallen in der Empfindung des Schönen: So entsteht das Erhabene. Im Angesicht eines Sturms, etwa am Rande eines Abgrunds oder auf einem Berggipfel, verspürt das Individuum *horror and delight*. «Die Dichtung», schreibt Denis Diderot, «verlangt nach etwas Ungeheurem, Barbarischem und Wildem»[28]. Auch der Orkan, den Jacques-Henri Bernardin de Saint-Pierre in *Paul et Virginie* (1788) beschreibt, ist ein Ausdruck dieses Sublimen, das die Regeln der Ästhetik grundlegend erneuert. Der Schiffbruch der Saint-Géran inmitten des Orkans, der das Schiff mit Virginie an Bord daran hindert, die Küste der Île de France (heute die Insel Mauritius) zu erreichen, ist sicherlich ein literarisches Bravourstück. Doch sollte man diesen Orkan vermutlich sehr wörtlich nehmen, nicht als eine schlichte Metapher der Liebesleidenschaft und ihres dramatischen Endes. Bernardin de Saint-Pierre, der den Indischen Ozean bereist hat, kennt diese extremen Wetterphänomene gut, und der Schiffbruch hat sich am 17. August 1744 tatsächlich ereignet. Auf literarischer Ebene jedoch ist es etwas völlig Neues, dass der Orkan einen symbolischen Bruch zwischen dem Subjekt und der Welt vollzieht: Hierin liegt der tiefere Sinn des Todes Virginies und der Trennung dieser beiden Kinder der Natur. Der Orkan umschreibt das Ende einer Welt, das Ende der Harmonie, und dies ist Aus-

---

27 Du Bellay 1558.
28 *Discours de la Poésie dramatique* 1757

druck der romantischen Melancholie, der Loslösung des Individuums von der Welt. Von nun an sind die Wolken und die Stürme Gegenstand einer Verinnerlichung: Dies ist die Botschaft der romantischen Dichtung, die ein unbeständiges Subjekt inszeniert, welches gleichsam vom Wind hin- und hergeworfen wird. Dieses Subjekt gerät zum «meteorologischen Ich».[29]

Der große Literaturkritiker und Schriftsteller Pierre Pachet hat in *Les baromètres de l'âme* folgerichtig aufgezeigt, wie die Gattung des Tagebuchs gleichzeitig mit dem Aufkommen dieses Gefühls der eigenen Unbeständigkeit entstand.[30] Ist diese Entdeckung etwa gleichfalls Rousseau zu verdanken? Wir lesen im ersten Spaziergang der *Rêveries du promeneur solitaire*:

> «Ich werde an mir selbst in gewisser Weise dieselben Untersuchungen vornehmen wie die Naturforscher, wenn sie Tag für Tag den Zustand der Luft ermitteln. Ich werde ein Barometer an meine Seele halten, und diese sorgfältig durchgeführten und oft wiederholten Untersuchungen könnten mir ebenso verlässliche Resultate liefern wie den Naturforschern. So weit werde ich aber mein Unternehmen nicht ausweiten.»[31]

Dieser Versuch ist zum Scheitern verurteilt. Auch andere werden ihn unternehmen, wie der Philosoph Maine de Biran, oder auch Oberman, der Held des gleichnamigen Romans von Étienne Pivert de Senancour (1804), der in einer eintönigen Melancholie gefangen ist. Bei Chateaubriand durchschweift René begeistert die von Wind und Regen gepeitschte Landschaft: «Zieht schnell auf, ersehnte Gewitter, die ihr René in die Sphären eines neuen Lebens tragen sollt!»[32] So offenbart die europäische Literatur, vor allem jene des Nordens, zu Beginn des 19. Jahrhunderts die Qualen der «barometrischen» Seele. William Wordsworth (*I Wandered Lonely as a Cloud*, 1807), Percy Bysshe Shelley (*Mutability*, 1816), schließlich Alfred de Musset, Alfred de Vigny und Alphonse de Lamartine: Die Lyrik der Romantik setzt – mehr als der Roman – ein instabiles Subjekt in Szene, voller Durchlässigkeit für die Welt und ihr wechselhaftes Wetter, «nichtswürdiges Spielzeug der Luft und der Jahreszeiten» (immer noch Rousseau), und zwar in so ausgeprägter Form, dass die Außenwelt mittels psychologischer Begriffe beschrieben wird. Insbesondere das *Journal* von Maine de Biran erwähnt diese Durchlässigkeit zwischen Innen und Außen immer wieder in vielfachen Formulierungen: «aufgeheiterter, frischer Himmel», «düsteres Wetter, Nebel», «dunkler und milder Tag». Und wie könnte man dabei nicht an die Verse Paul Verlaines (1874) denken, die diese Wechselwirkung zwischen Subjekt und Welt wörtlich umsetzen: «Il pleure dans mon cœur / Comme il pleut sur la ville» («In meinem Herzen fließen Tränen / So wie sich der Regen über die Stadt ergießt»).

---

29 Vasak 2007: Kap. 6.
30 Pachet 1992.
31 Rousseau [1782] 1959: 1000–1001.
32 Chateaubriand [1802] 1964: 160.

Im ersten Viertel des 20. Jahrhunderts werden zwei weitere Schriftsteller die Verwandlungen des «meteorologischen Ich» aufzeigen. Mittlerweile unterliegt der Schreibprozess selbst dieser grundsätzlichen Durchlässigkeit. In Marcel Prousts *À la recherche du temps perdu* (1913) ist das Wetter keineswegs ein bloßer Begleitumstand: Anscheinend grundiert es alle Erfahrungen des Erzählers und hilft ihm dabei, einen Ort oder einen Augenblick in seiner Erinnerung zu verankern. So erscheint Gilberte an einem Tag im Jardin des Champs-Élysées, an dem Frost herrscht. Dann regnet es auf dem Deich von Balbec beim Treffen mit Albertine. Die farbigen Wolken ziehen auf den Glasscheiben des Bücherschranks im Zimmer des Grand Hôtel vorbei. Durch diesen Bildkomplex entstehen zugleich ein «Netzwerk» *und* eine gewisse Unstetigkeit, denn das Herz kennt ähnliche Unregelmäßigkeiten wie das Wetter. Dies beeinflusst auch die Formgebung des Werkes selbst, das als Abbild dieses neuen Modells konzipiert ist, was zu einer Verwischung von Grenzen und zum Eindruck unterbrochener Rhythmen führt, wie Jean-Pierre Richard in seinem Aufsatz *Proust météo* (*Proust und das Wetter*) dargelegt hat:

> «Bei Proust gibt es verschiedene Klimaschichten, die sich wie bei einem Palimpsest überlagern und die eine Lektüre auf zwei Ebenen erfordern. Die eine Schicht gehört der Kurzzeit an und wird durch momentane Ereignisse bestimmt, die sicherlich bisweilen heftig ausfallen können, die jedoch – wie man weiß – nicht auf Dauer anhalten werden. Die andere Schicht dagegen, die einem tieferen, dauerhaften Rhythmus gehorcht, jenem einer Jahreszeit zum Beispiel, spielt gegenüber der ersteren gleichsam die Rolle eines *basso continuo*, einer paradoxen Untermalung.»[33]

Kurz nach dem Ersten Weltkrieg erscheint der Roman *Mrs Dalloway* (1925) von Virginia Woolf. Er «erzählt» den Ablauf eines Tages im Leben der Clarissa Dalloway, eines heißen Junitages im Jahr 1923. Die Frage ist, ob es sich um eine Erzählung im klassischen Sinne handelt, oder nicht vielmehr um einen inneren Monolog, allerdings in der dritten Person, aber wer spricht dort eigentlich? Mrs Dalloway lässt sich von einem Strom von Empfindungen, Gedanken und Erinnerungen überfluten. Das Wetter ist dabei weit mehr als ein äußerer Umstand: Die Hitze, der Wind und die Wolken hüllen die Figur ein, während sie in einer totalen Weltoffenheit die Straßen Londons durchstreift. Alles ist frei und fließend, beweglich und wandelbar:

> «Ein Windstoß (trotz der Hitze war es recht windig) blies einen dünnen schwarzen Schleier über die Sonne und den Strand. Die Gesichter verblichen, die Omnibusse verloren plötzlich ihren Glanz. Denn obwohl die Wolken von gebirgigem Weiß waren, so dass man sich einbilden konnte, mit einem Beil harte Splitter davon abzuhacken, mit breiten goldenen Streifen an ihren Flanken, den Lichtungen himmlischer Lustgärten, und es ganz

---

33   Richard 1999: 118.

den Anschein hatte, als ob sich festgefügte Wohnsitze für die Konferenz der Götter oberhalb der Welt zusammenballten, waren sie in ständiger Bewegung.»³⁴

Dieser anhaltende Strom ist auch jener des Bewusstseins, und zwar an der Grenze zum Unbewussten. Der Ausdruck *stream of consciousness*, wie er zur Bezeichnung einer Bewegung innerhalb der Romanliteratur zu Beginn des 20. Jahrhunderts verwendet wird (von Marcel Proust, Virginia Woolf, William Faulkner, James Joyce, Samuel Beckett), trifft in diesem Fall nicht den Kern der Sache. Bei Marcel Proust und Virginia Woolf ist es vielmehr das Wettergeschehen in all seiner Wechselhaftigkeit, das die Schwundgefahr der Niederschrift und den Zerfall der Romanform erahnen lässt. Die auf den Abschnitt aus *Mrs Dalloway* folgende Aussage zum Thema Wolken gilt für den Roman in seiner Gesamtheit: «Die Verwandlung, das Verschwinden, die Zerstörung der feierlichen Verbindung, all das war im Nu geschehen.»

Der Mann ohne Eigenschaften von Robert Musil (1930–1943) geht sogar so weit, das Prinzip der Kausalität selbst in Frage zu stellen. Das meteorologische Modell, auf das die Romaneröffnung zurückgreift, scheint die Erzählung dennoch in die wissenschaftliche Rationalität einzuschreiben. Dies ist jedoch keineswegs der Fall: «Woraus bemerkenswerter Weise nichts hervorgeht.» Dieser berühmte Romananfang, der mitten im Stadtzentrum von Wien spielt, verrät vor allem eine ironische Haltung gegenüber der Kausalität und den herkömmlichen Romaneröffnungen.

«Über dem Atlantik befand sich ein barometrisches Minimum; es wanderte ostwärts, einem über Rußland lagernden Maximum zu, und verriet noch nicht die Neigung, diesem nördlich auszuweichen. Die Isothermen und Isotheren taten ihre Schuldigkeit. Die Lufttemperatur stand in einem ordnungsgemäßen Verhältnis zur mittleren Jahrestemperatur, zur Temperatur des kältesten wie des wärmsten Monats und zur aperiodischen monatlichen Temperaturschwankung. Der Auf- und Untergang der Sonne, des Mondes, der Lichtwechsel des Mondes, der Venus, des Saturnringes und viele andere bedeutsame Erscheinungen entsprachen ihrer Voraussage in den astronomischen Jahrbüchern. Der Wasserdampf in der Luft hatte seine höchste Spannkraft, und die Feuchtigkeit der Luft war gering. Mit einem Wort, das das Tatsächliche recht gut bezeichnet, wenn es auch etwas altmodisch ist: Es war ein schöner Augusttag des Jahres 1913.»³⁵

Wie man sieht, stört das Wetter die Form des Romans, zumindest ihr damals vorherrschendes Modell: jenes des realistischen Gesellschaftsromans des 19. Jahrhunderts. Paul Valéry machte sich über die überkommenen Romananfänge lustig, indem er sie nachäffte: «Die Marquise verließ das Haus um fünf Uhr». Von dem Moment an hat die Abfassung eines Romans jede Harmlosigkeit

---

34 Woolf [1925] 2022.
35 Musil [1930–1943] 1978: 9.

eingebüßt. Doch taucht zugleich das «Klima» wieder auf – als ein «Ort», aber auch als aktuelles Problem.

4. Die Rückkehr des Klimas

Um die Jahrhundertwende führt das Theater Nordeuropas das Wetter und das Klima in den geschlossenen Raum der Bühne ein. In den geschlossenen Raum? Denn genau diese Abgeschlossenheit soll durch neuartige dramaturgische Experimente hinterfragt werden. Die Bühne ist hier nicht mehr das Spiel hinter geschlossenen Türen, durch das sich das klassische Theater auszeichnete. Im Jahre 1881 vollzieht sich mit den *Gespenstern* (*Gengangere*) von Henrik Ibsen ein «historischer Bruch»:[36] Die Wetterphänomene betreten die Bühne, nicht mehr als Teil des Dekors, das einer Szene Lokalkolorit verleihen soll, auch nicht in Form eines spektakulären Ereignisses wie in William Shakespeares *Sturm* (*The Tempest*, gedruckt 1623), sondern als eine Macht, die im Verborgenen allgegenwärtig ist, die das Drama durchdringt und seine Stimmung erzeugt. Dieser «Hintergrund» – um einen Ausdruck August Strindbergs aus einer Bühnenanweisung seines *Totentanzes* (*Dödsdansen*, 1900/1901) aufzunehmen – hat nämlich sehr wohl eine dramatische Funktion. Dieses Stück setzt den inneren Konflikt zwischen Alice und dem Hauptmann, ihrem Gatten, es setzt dessen morbide, tödliche Tragweite vermittels der Außenwelt in eine fühlbare Erfahrung um: Man durchlebt den bedrohlichen Sturm vor der Tür des einsam gelegenen Hauses, hört aber auch den Ruf nach anderen Vergnügungen, den Ruf der offenen See und der Jugend. Der Regen und das Gewitter sind von nun an integraler Bestandteil des Dramas: Ein Gewitter, das *nicht* niedergeht, kann – wie in *Onkel Wanja* von Anton Tschechow (*Дядя Ваня*, 1898) – unterdrückte Tränen und erzwungenes Schweigen bedeuten. Das Drama badet nicht in einer Atmosphäre – vielmehr ist die Atmosphäre genau das Bindeglied zwischen Innen und Außen, zwischen dem abgeschotteten Haus und den Wetterphänomenen, zwischen dem Menschen und seiner Umwelt. Die Witterung gerät darüber hinaus zum spürbaren Zeichen der Vergänglichkeit – oder aber des Stillstands der Zeit –, wie dies in den *Drei Schwestern* (*Три сестры*) von Tschechow der Fall ist:

> «Tusenbach: [...] Zum Beispiel die Kraniche: Sie werden ewig fliegen, was immer auch ihnen durch die Köpfe gehen mag, während sie fliegen; ob sie wichtige Gedanken denken oder unwichtige – sie werden weiterfliegen und nicht begreifen, wohin und weswegen. Sie werden weiterfliegen, sogar wenn ein paar von ihnen anfangen zu philosophieren. [...]
> Mascha: Das gibt doch gar keinen Sinn.

---

[36] Causse 2014.

Tusenbach: Einen Sinn... Nehmen Sie zum Beispiel den Schnee. Welchen Sinn hat denn der.»[37]

Schon bald wird die Frage nach dem Klima sogar auf der Handlungsebene Gegenstand von Überlegungen. So scheint sie bei der Figur des Astrow in *Onkel Wanja* durch, der die Zerstörung der Umwelt beklagt: «[...] inzwischen springt die Axt durch alle Wälder in Rußland und die Bäume fallen reihenweise. Kein Vogel und kein Eichhörnchen weiß mehr wohin, die Flußbetten trocknen aus, ganze Landschaften verschwinden auf Nimmerwiedersehen. [...] Das Klima geht drunter und drüber und die Erde wird jeden Tag weniger.»[38] Bei dem Theaterregisseur Stéphane Braunschweig gerät *Onkel Wanja* zur «Metapher einer Welt, die der angekündigten Katastrophe ohnmächtig zusieht».[39] Doch Astrow sagt auch, dass wir auf der Klima Einfluss nehmen können: «[...] wenn ich an einem Wald vorbeikomme, den ich gerettet hab vorm Kahlschlag, oder wenn ich nachts höre, wie der Wind durch die Bäume geht, die ich gepflanzt habe, dann wird mir klar, daß meine Arbeit sogar die Qualität des Klimas entscheidend mitbestimmt.»[40]

Nach und nach nimmt das Klima auch im Roman immer mehr Raum ein, sowohl im Sinne eines lokalen Wettergeschehens als auch in jenem einer Großwetterlage – und sehr bald sogar als Problem, das es zu lösen gilt. Anzumerken ist hier, dass eine ganze literarische Strömung, die in Frankreich *roman du terroir* und in Québec *roman de la terre* genannt wird, dieser Entwicklung vorausgeht, auch wenn diese sich im 20. Jahrhundert fortsetzt. Zu dieser Strömung, die die Erzählung in ein Klima einbettet, das als konstant (*fixe*) im ursprünglichen Wortsinn) angesehen wird, gehören zum Beispiel *François le Champi* von George Sand (1848), *Maria Chapdelaine* von Louis Hémon (1913) und das lyrische und narrative Werk des Schweizer Schriftstellers Charles-Ferdinand Ramuz (1878–1947). Diese Strömung – von französischen Literaturkritikern auch *littérature régionaliste* oder *régionalisme littéraire* genannt – hat sogar zu Beginn des 20. Jahrhunderts eine ganz besondere, fast kämpferische Phase erlebt als Reaktion auf die politische und kulturelle Zentralisierung.[41] Doch wenn man «Klima» in der modernen Bedeutung versteht, also als atmosphärisches, in ständiger Bewegung befindliches Geschehen, lässt sich beobachten, wie das 20. Jahrhundert eine Reihe von Romanen hervorgebracht hat, welche jeweils anhand eines bestimmten Klimas oder einer Jahreszeit genau verortet werden können: das sommerliche Algerien in *L'Étranger* von Albert Camus, wo die Sonne eine grundle-

---

37 Tschechow 1901/⁶2023: 270–271.
38 Tschechow 1896/⁶2023: 206.
39 Vgl. https://www.theatre-odeon.eu/fr/saison-2019-2020/spectacles-19-20/oncle-vania-2020, 16.07.2024.
40 Tschechow 1896/⁶2023: 206–207.
41 Thiesse 1991; Collot 2014: 43.

gende dramatische Rolle spielt, oder der Winter in Jean Gionos *Un roi sans divertissement* und in Claude Simons *Les Géorgiques*, wo der Frost gar zur Erstarrung der Romanform selbst führt.[42] Insbesondere Marguerite Duras hat es verstanden, Atmosphärisches – als Klima *und* als Wetter – auszuschöpfen: der lähmende Sommer Italiens in *Les Petits Chevaux de Tarquinia*, der Sommer in der Normandie in *L'été 80*, der Monsun in *Le Vice-Consul*. Italo Calvino seinerseits inszeniert 1963 in *Marcovaldo ovvero le stagioni in città* die vier Jahreszeiten und eine Natur, die durch die Urbanisierung auf ein Minimum geschrumpft ist: fünf Jahre im Leben Marcovaldos, zwanzig Novellen, vier Jahreszeiten, die der Held unter dem Beton wiederzufinden sucht.[43]

Die Strömung der Ökokritik, die Ende der 1970er Jahre in den Vereinigten Staaten entsteht, vollzieht einen Brückenschlag zwischen der Literatur und der Umweltfrage. Sie untersucht die Verbindungen zwischen der literarischen Ästhetik – ohne Beschränkung auf die Gattung Roman – und dem neuen Umweltbewusstsein.[44]

In der Gattung Roman wird das Klima vor allem als «Problem» hinterfragt. Die Science-Fiction ist hier nicht weit bzw. – unserer Zeit ganz nah – die Ökofiktion, die sich auf die gegenwärtige Furcht vor dem Klimawandel gründet. Doch bereits lange vor dieser modernen *cli-fi* (*climate fiction*), die unsere Ängste in Szene setzt, gibt es in den Vereinigten Staaten John Steinbecks *Früchte des Zorns* (*The Grapes of Wrath*, 1939), diesen großen Gesellschaftsroman, der die Dust-Bowl-Katastrophe beschreibt, oder noch früher die ersten Vertreter des *nature writing* (das noch nicht so hieß) wie etwa Henry David Thoreau. In Europa ersann Charles-Ferdinand Ramuz 1937 in *Si le soleil ne revenait pas* (*Wenn die Sonne nicht mehr wiederkäme*) ein mögliches Ende der Jahreszeiten: Damals geht die Angst vor der Abkühlung der Erde um, und das schrittweise Verschwinden der «kranken Sonne» droht das Hochtal in einen ewigen Winter zu tauchen (von dem gesamten «Planeten» war noch nicht die Rede). Die Vorstellung, dass der Mensch auf das Klima einwirken könne, ist keineswegs neu: Sie findet sich schon bei Hippokrates. Doch erst im 19. Jahrhundert malen einige Romane im Zuge einer gewissen Wissenschaftsgläubigkeit die Möglichkeit aus, die Erdachse zu modifizieren:[45] so *La pluralité des mondes habités* (1862) von Camille Flammarion und *Sans dessus dessous* von Jules Verne (1889). Verne entwickelt hier eine Fiktion, in der ein Wegfall der Jahreszeiten die Menschheit von den – Gesundheit und Landwirtschaft abträglichen – Wetterschwankungen befreien könnte. «Gott sei Dank» stellen sich die Berechnungen aber als falsch heraus, so dass die Erdachse bleibt, wie sie ist. Ganz anders als diese amüsante Erzählung

---

42 Dubosclard 2012.
43 Montandon 2018.
44 Blanc, Chartier, Pughe 2008.
45 Montandon 2018: 447–449.

entwirft die aktuelle Ökoliteratur gemäß dem Untertitel des Buches von Christian Chelebourg (2012) lauter «Endzeitmythen»: Zahllose Romane sind besessen von der Angst vor dem Klimakollaps – mal der Abkühlung, mal der Erwärmung (James G. Ballard, *The Burning World*, 1964) – sowie vor der daraus folgenden Umweltkatastrophe. Das Kino greift diese Furcht bzw. Fragestellung auf (*The Day after Tomorrow, Prinzessin Mononoke, Das Mädchen, das die Sonne berührte*). Diese Schwarzmalerei wird gelegentlich von Schriftstellern, oft amerikanischen, ausgeschlachtet.[46]

Diesem speziellen Verhältnis zwischen Wissenschaft und Science-Fiction bzw. in unserem Fall der *climate fiction* soll hier am Ende dieses – unvollständigen – Überblicks eine ganz andere Sicht auf das Klima gegenübergestellt werden. Es geht um die poetische Sichtweise, und in dieser ist das Klima stets ein Mikroklima an einem sehr begrenzten Ort und in einem ganz bestimmten Moment. Dabei ist diese poetische Herangehensweise nicht weniger gelehrt und ebenso wissenschaftlich. Dies ist die Methode eines Francis Ponge, der bemüht ist, mittels einer höchst genauen Begrifflichkeit den blauen Himmel der Provence zu beschreiben, den er an einem Morgen im April 1941 an einem Ort namens La Mounine gesehen, verspürt und überprüft hat.[47] Es handelt sich um die Rekonstruktion eines Erlebnisses: Die Suche nach einer Sprache, die zu formulieren vermag, welchen Eindruck dieser Himmel bei ihm hinterlassen hat, wird zum Gegenstand einer Art Tagebuch, das er mit dem Aufschlagen eines Heftes in Roanne am 3. Mai 1941 beginnt und im August wieder schließt:

> «An einem Ort namens ‹La Mounine› zwischen Marseille und Aix erschien mir an einem Morgen im April gegen acht Uhr durch das Fenster des Reisebusses der – eigentlich kristallklare – Himmel über den Gärten gleichwohl vollständig mit Schatten durchmischt.»[48]

Der Dichter sucht hier nach Worten in seinem Bemühen, diesen paradoxen Schatten zu beschreiben und zu begreifen – «eine tragische Einfärbung der Situation». Als vorläufige Entsprechung wird ihm bei diesem Experiment die Malerei dienen, nicht jene Paul Cézannes, so führt er aus, sondern die Himmelsgemälde Auguste Chabauds. Er benötigt diesen Umweg über die Malerei sowie drei Monate der Nachforschung, bis er die genaue Formulierung findet. Und die Suche selbst ist genauso wichtig wie das Ergebnis:

> «Ja, ich möchte im Grunde weniger Dichter als ‹Gelehrter› sein. – Mein Wunsch ist es weniger, ein Gedicht fertigzustellen, als vielmehr eine bestimmte Formulierung zu finden, eine Aufklärung von Eindrücken. Wenn die Möglichkeit bestünde, eine Wissenschaft zu

---

46 Crichton 2004; Robinson 2005.
47 Ponge 1941.
48 Ebd.: 196–197.

begründen, deren Gegenstand ästhetische Eindrücke wären, dann möchte ich so ein Wissenschaftler werden.

[…] Weder eine wissenschaftliche Abhandlung noch die Enzyklopädie, auch nicht der Littré: irgendetwas dazwischen, etwas mehr oder weniger … und die richtige Maßnahme, um eine bloße Einlegearbeit zu vermeiden, besteht dann darin, nicht nur die Formulierung selbst zu veröffentlichen, die man gefunden zu haben meint, sondern die vollständige Geschichte der Suche danach, das Tagebuch ihrer Erforschung.»[49]

Auf diese Weise, so könnte man zusammenfassend sagen, avanciert die Literatur bei der Darstellung des Klimas zu einer Wissenschaft: zunächst einmal dadurch, dass sie zu einer sauberen Unterscheidung der Begriffe auffordert (das Wort Klima hat sich immer weiterentwickelt, und Wetter ist nicht gleich Klima) – Begriffe, die, richtig verwendet, die Wirklichkeit genauestens abbilden. Eindrücke zählen ebenso wie der Ausdruck, Subjektivität ebenso wie Objektivität. So kann die Klimaerfahrung auf lokaler Ebene all jenen vermittelt werden, die in anderen Klimazonen geboren wurden und «ein anderes Leben als das meine» führen – vorausgesetzt, es handelt sich um Leser.

5. Einige methodologische Optionen und in Arbeit befindliche Projekte

In der Literaturwissenschaft geht es zunächst einmal darum, die Bedeutung der Begriffe zu klären, sowohl mit Blick auf die Synchronie (also die aktuelle Wortbedeutung) als auch in Bezug auf die Diachronie (die semantische Entwicklung des Wortes). Begriffe wie Klima, Meteorologie, Wetter, aber auch Meteor, Sturm, Gewitter oder Orkan verdienen dabei größte Aufmerksamkeit. So besteht beispielsweise das Projekt *ENCCRE* (*Édition numérique collaborative et critique de l'Encyclopédie*), das sich einer digitalisierten Ausgabe der *Encyclopédie* Denis Diderots widmet, aus einem Expertenteam, dessen Erweiterung um einige Klimaspezialisten durchaus ein Desiderat darstellt.[50]

Sodann geht es um das Handwerkszeug der literaturwissenschaftlichen Textanalyse, das ein eingehenderes Verständnis von Werken erlaubt, in denen die Klimathematik eine Rolle spielt: sei es, dass man fiktionale Texte anhand ihrer Darstellung des Klimas oder der Meteorologie untersucht (etwa den Vorgaben der beiden *L'Événement climatique et ses représentations* betitelten Bände entsprechend); sei es, dass man diese Analysemethoden auf andere Textgattungen jenseits der Literatur anwendet, wie Reiseerzählungen (Jacques-Henri Bernardin de Saint-Pierre, Giuseppe Acerbi, Xavier Marmier) oder Berichte von Forschern und Entdeckern (für die Arktis bzw. das Eis im weiteren Sinne siehe

---

49 Ponge 1941: 202–203.
50 Vgl. http://enccre.academie-sciences.fr/encyclopedie, 08.11.2022.

die Arbeiten von Muriel Brot und Frédérique Rémy).[51] Dabei eröffnen sich verschiedene methodologische Perspektiven: So kann etwa der Ansatz der Erzählforschung, der sich für gewöhnlich auf die Untersuchung von Romanen bezieht (Fokussierung, Erzähltempo, narrative Funktionen) durchaus das Verständnis jener Reiseberichte erhellen, in denen das Klima vor allem die Rolle eines Gegners spielt, und dies sogar, wenn die Texte sich als objektives Erlebnisprotokoll ausgeben.[52] Auch kann eine Untersuchung der Dramaturgie dabei helfen, die Rolle eines bestimmten Meteors in einem Theaterstück oder in einer Oper zu bestimmen.[53] Und schließlich kann erst das Studium von Metaphern – im Roman oder in der Lyrik – den tieferen Sinn des Wetters, des Klimas oder der Jahreszeiten ergründen, wie allgemein bekannt sein dürfte (so das Gewitter in *Werther* als Metapher der Liebe auf den ersten Blick, der Nebel bei Guy de Maupassant als «Figuration der Auflösung», der heiße Sommer in den *Petits Chevaux de Tarquinia* als Metapher der vermeintlich brachliegenden Beziehungen, wo unter der Asche das Feuer glimmt, die «langen Schluchzer der herbstlichen Geigen» bei Paul Verlaine).

Zum Schluss sei hier noch die Ökokritik oder Ökopoetik erwähnt, die aus der amerikanischen Bewegung des *environmental criticism* hervorgegangen ist – ein relativ neues und schnell wachsendes Forschungsgebiet innerhalb der Literaturwissenschaft, das dem weiteren Feld der geistes- und gesellschaftswissenschaftlichen Umweltforschung angehört. Dabei stellt die *cli-fi* einen speziellen Zweig der Science-Fiction dar, der eine breite Leserschaft anzieht und der in weiten Teilen noch zu untersuchen bleibt.

Kasten 1. Die wichtigsten europäischen Klassiker, deren Werke das Klima thematisieren

Aristoteles, Politiká (4. Jahrhundert v. Chr.)
Jacques-Henri Bernardin de Saint-Pierre, Paul et Virginie (1788)
Jean Bodin, Six Livres de la République (1576, dt. Sechs Bücher über den Staat)
Nicolas Boileau, L'Art Poétique (1674, dt. Die Dichtkunst)
Joachim du Bellay, Les Regrets (1558, dt. Meine Klagen)
Jean-Baptiste Du Bos, Réflexions critiques sur la poésie et la peinture (1719, dt. Kritische Betrachtungen über die Poesie und Malerei)

---

51 Brot 2015; Rémy 2016.
52 So etwa der Bericht über Maupertuis' Expedition nach Lappland 1736/1737, vgl. Pekonen, Vasak 2014.
53 Wie jene des Nebels in den Stücken Maeterlincks oder in Richard Wagners *Rheingold* oder *Siegfried*, vgl. de Dardel 2014.

Georges-Louis Leclerc de Buffon, Variétés dans l'espèce humaine. In: Histoire naturelle de l'homme (1749, dt. Naturgeschichte des Menschen)
Italo Calvino, Marcovaldo ovvero le stagioni in città (1963, dt. Marcovaldo oder die Jahreszeiten in der Stadt)
François-René de Chateaubriand, René (1802)
Denis Diderot, Discours de la Poésie dramatique (1757, dt. Abhandlung von der dramatischen Dichtkunst)
Marguerite Duras, Les Petits Chevaux de Tarquinia (1953, dt. Die Pferdchen von Tarquinia); L'Été 80 (1980, dt. Der Sommer 1980); Le Vice-Consul (1966, dt. Der Vize-Konsul)
Camille Flammarion, La pluralité des mondes habités (1862, dt. Die Mehrheit bewohnter Welten)
Johann Wolfgang von Goethe, Die Leiden des jungen Werthers (1774)
Jean Giono, Un Roi sans divertissement (1947, dt. Ein König allein)
Louis Hémon, Maria Chapdelaine (1913)
Henrik Ibsen, Gengangere (1881, dt. Gespenster)
Pierre Maine de Biran, Journal (1792–1824, dt. Tagebuch)
Montesquieu, L'Esprit des lois (1748, dt. Vom Geist der Gesetze)
Robert Musil, Der Mann ohne Eigenschaften (1930–1943)
Francis Ponge, La Mounine. In: La Rage de l'expression (1941, dt. Die Wut des Ausdrucks)
Marcel Proust, À la recherche du temps perdu (1913, dt. Auf der Suche nach der verlorenen Zeit)
Jean-Jacques Rousseau, Essai sur l'origine des langues (1754, dt. Abhandlung über den Ursprung der Sprachen); Julie ou la Nouvelle Héloïse (1761, dt. Julie oder Die neue Heloise); Les Rêveries du promeneur solitaire (1782, dt. Die Träumereien des einsamen Spaziergängers)
George Sand, François le Champi (1848, dt. François das Findelkind)
Senancour, Oberman (1804)
Percy Bysshe Shelley, Mutability (1816, dt. Veränderung)
Germaine de Staël, De la littérature (1800, dt. Über die Literatur)
John Steinbeck, The Grapes of Wrath (1939, dt. Früchte des Zorns)
August Strindberg, Dödsdansen (1900–1901, dt. Totentanz)
Paul Verlaine, Romances sans paroles (1874, dt. Romanzen ohne Worte)
Anton Tschechow, Три сестры (1901, dt. Die drei Schwestern); Дядя Ваня (1896, dt. Onkel Wanja)
Jules Verne, Sans dessus dessous (1889, dt. Kein Durcheinander)
Virginia Woolf, Mrs Dalloway (1925)

Kasten 2. Einige Lehr- und Forschungseinrichtungen mit Bezug zum Thema Literatur und Klima

Frankreich

Forschungsprogramm *Vers une géographie littéraire*, Michel Collot, UMR 7172 THALIM (Théorie et histoire des arts et des littératures de la modernité), Arbeitsgruppe Écritures de la modernité (CNRS/université Sorbonne nouvelle, Paris 3/ENS), Seminar Paris 3, geographielitteraire.hypotheses.org/, 10.06.2024

Seminar *Globalisation/Environnement*, Marc Porée und Agnès Derail, Paris, École normale supérieure, Département de littérature anglophone, www.lila.ens.fr/spip.php?rubrique8, 10.06.2024

Seminar *Perception du climat*, École normale supérieure: literaturwissenschaftliche Vorträge dem jeweiligen Jahresthema entsprechend, http://www.perceptionclimat.net/seminaires.php, 10.06.2024

Seminar *Théâtre et écologie*, Frédérique Aït Touati und Anne-Françoise Benhamou, École normale supérieure

Portail des humanités environnementales, humanitesenvironnementales.fr/

zahlreiche Ankündigungen von in Frankreich stattfindenden Tagungen auf der Internetseite www.fabula.org, wie zum Beispiel *Fiction scientifique du langage: traduire et communiquer le désastre à veni»*, www.fabula.org/actualites/fiction-scientifique-du-langage-traduire-et-communiquer-le-desastre-venir_94539.php, 10.06.2024

Deutschland

Universität Münster, Seminare von Karin Becker, www.uni-muenster.de/Romanistik/Organisation/Lehrende/Becker/index.html, 10.06.2024

Freie Universität Berlin, Projekt *Literarische Meteorologie* von Michael Gamper, www.geisteswissenschaften.fu-berlin.de/we03/institut/mitarbeiter/ProfessorInnen/Gamper/index.html, 10.06.2024

Großbritannien

Edinburgh Environmental Humanities Network, http://www.environmentalhumanities.ed.ac.uk/

Bath Spa Research Centre for Environmental Humanities, www.bathspa.ac.uk/research-and-enterprise/research-centres/environmental-humanities/, 10.06.2024

The Cabot Institute, University of Bristol, https://www.bristol.ac.uk/cabot/, 10.06.2024

University of Bristol, *Literary and Visual Landscapes*, https://environmentalhumanities.blogs.bristol.ac.uk/tag/literary-and-visual-landscapes/.html, 10.06.2024

Oxford, Literature and Ecology, J. Bate, torch.ox.ac.uk/enviromental-humanities, 10.06.2024

Leeds, Environmental Humanities Research Group, ahc.leeds.ac.uk/english-research-innovation/doc/environmental-humanities-research-group-1, 10.06.2024

Weitere Länder
Universität Gent, Belgien, *Littérature, environnement et écologie*, www.literature.green/
Multidisziplinäre internationale Forschungsgruppe Atmospheric Humanities, networks.
    h-net.org/node/73374/announcements/5418642/launching-atmospheric-humanities,
    10.06.2024

6. Bibliografie

Becker, Karin (Hg.): La pluie et le beau temps dans la littérature française. Paris 2012.
Becker, Karin: Maupassant et le brouillard comme figure de la dissolution. In: Becker, Karin; Leplatre, Olivier (Hg.): La brume et le brouillard dans la science, la littérature et les arts. Paris 2014: 243–261.
Becker, Karin; Leplatre, Olivier: La brume et le brouillard dans la science, la littérature et les arts. Paris 2014.
Berchtold, Jacques; Le Roy Ladurie, Emmanuel; Sermain, Jean-Paul; Vasak, Anouchka (Hg.): Canicules et froids extrêmes, Bd 2: L'événement climatique et ses représentations. Histoire, littérature, peinture. Paris 2012.
Bernardin de Saint-Pierre, Jacques-Henri: Paul et Virginie [1788]. Paris 2013.
Bertrand, Gilles; Chartier, Daniel; Guyot, Alain; Mossé, Marie; Spica, Anne-Élisabeth (Hg.): Voyages illustrés aux pays froids (XVIe–XIXe siècle). De l'invention de l'imprimerie à celle de la photographie. Clermont-Ferrand 2020.
Blanc, Nathalie; Chartier, Daniel; Pughe, Thomas (Hg.): Littérature & écologie. Vers une écopoétique (= Revue écologie et poétique 36). Paris 2008.
Brot, Muriel. Destination arctique. Sur la représentation des glaces polaires du XVIe au XIXe siècle. Paris 2015.
Buffon, Georges-Louis Leclerc: Variétés dans l'espèce humaine [1749]. In: De l'homme. Histoire naturelle de l'homme. Hg. von Michèle Duchet. Paris 1971.
Büttner, Urs; Theilen, Ines: Phänomene der Atmosphäre. Ein Kompendium Literarischer Meteorologie. Stuttgart 2017.
Causse, Pierre (2014): L'invention de l'atmosphère. Pluies et orages dans la littérature dramatique européenne, à l'heure du carrefour naturalo-symboliste. Masterthesis, ENS Lyon. Lyon 2014.
Chateaubriand, François René de: René [1802]. Paris 1964.
Chelebourg, Christian: Les écofictions. Mythologies de la fin du monde. Bruxelles 2012.
Collot, Michel: Pour une géographie littéraire. Paris 2014.
Corbin, Alain (Hg.): La pluie, le soleil et le vent. Une histoire de la sensibilité au temps qu'il fait. Paris 2013.
Corbin, Alain: Les émotions individuelles et le temps qu'il fait. In: Corbin, Alain; Courtine, Jean-Jacques; Vigarello, Georges (Hg.): Histoire des émotions, Bd. 2: Des Lumières à la fin du XIXe siècle. Paris 2016: 57–74.
Damisch, Hubert: Théorie du nuage. Pour une histoire de la peinture. Paris 1972.

Dardel, Alexandre de: Brouillards de théâtre, théâtres de brouillards. In: Becker, Karin; Leplatre, Olivier (Hg.): La brume et le brouillard dans la science, la littérature et les arts. Paris 2014: 493–216.
Du Bos, Jean-Baptiste: Réflexions critiques sur la poésie et la peinture [1719]. Genève 1982.
Dubosclard, Geneviève: Neige, gel et givre dans Les Géorgiques de Claude Simon. In: Becker, Karin (Hg.): La pluie et le beau temps dans la littérature française. Paris 2012: 355–371.
Ducos, Joëlle: La météorologie en français au Moyen Âge. Paris 1998.
Ducos, Joëlle; Thomasset, Claude (Hg.): Le temps qu'il fait au Moyen Âge. Phénomènes atmosphériques dans la littérature, la pensée scientifique et religieuse. Paris 1998.
Dufour, Louis: Les écrivains français et la météorologie. De l'âge classique à nos jours. Bruxelles 1966.
Encyclopédie ou Dictionnaire raisonné des sciences, des arts et des métiers (1751–1772), http://enccre.academie-sciences.fr/encyclopedie/, 12.05.2024.
Glaudes, Pierre; Klettke, Cornelia (Hg.): Nuages romantiques – Des Lumières à la Modernité. Berlin 2018.
Glaudes, Pierre; Vasak, Anouchka (Hg.): Les nuages, du tournant des Lumières au crépuscule du romantisme (1760–1880). Paris 2014.
Goethe, Johann Wolfgang von: Les souffrances du jeune Werther [1774]. Paris 1990.
Le Roy Ladurie, Emmanuel; Berchtold Jacques, Sermain Jean-Paul (Hg.): L'événement climatique et ses représentations (XVIIe–XIXe siècle). Histoire, littérature, musique et peinture. Paris 2007.
Maurois, André: Climats. Paris 1928.
McCallam, David: Volcanoes in Eighteenth-Century Europe. An Essay in Environmental Humanities. Liverpool 2019.
Montandon, Alain (Hg.): Écrire les saisons. Cultures, arts et lettres. Paris 2018.
Montesquieu, Charles Louis de Secondat: De l'esprit des lois [1748]. Paris 1979.
Musil, Robert: Der Mann ohne Eigenschaften [1930–1943]. Reinbek bei Hamburg 1978.
Ormesson, Jean d': Une autre histoire de la littérature. Paris 1997.
Pachet, Pierre: Les baromètres de l'âme. Naissance du journal intime. Paris 1992.
Pekonen, Osmo; Vasak, Anouchka: Maupertuis en Laponie. À la recherche de la figure de la Terre. Paris 2014.
Ponge, Francis: La Mounine, ou Note après-coup sur un ciel de Provence [1941]. In: Ponge, Francis: La rage de l'expression. Paris 1976.
Proust, Marcel: À la recherche du temps perdu [1913–1927]. Paris 1987–1989.
Reichler, Claude: Nébulosité, transparence. Météorologie et sensibilité dans Oberman. In: Bercegol, Fabienne; Didier, Béatrice (Hg.): Oberman ou le sublime négatif. Paris 2006.
Rémy, Frédérique: Le monde givré. Paris 2016.
Richard, Jean-Pierre: Essais de critique buissonnière. Paris 1999.
Ricœur, Paul: La métaphore vive. Paris 1975.
Robel, Léon: Histoire de la neige. La Russie dans la littérature française. Paris 1994.
Rousseau, Jean-Jacques: Rêveries du promeneur solitaire. Première promenade [1782]. In: Rousseau, Jean-Jacques: Œuvres complètes I. Paris 1959.
Rousseau, Jean-Jacques: Essai sur l'origine des langues [1754]. In: Rousseau, Jean-Jacques: Œuvres complètes V. Écrits sur la musique, la langue et le théâtre. Paris 1995.
Staël, Germaine de: De la littérature [1800]. Paris 1991.
Tabeaud, Martine; Kislov, Alexandre (Hg.): Le changement climatique. Europe, Asie septentrionale, Amérique du Nord. Evian 2011.

Tschechow, Anton: Onkel Wanja [Дядя Ваня, 1896]. In: Tschechow, Anton: Die großen Dramen. Übertragen und bearbeitet von Thomas Brasch (insel taschenbuch 2989). Berlin ⁶2023: 197–241.

Tschechow, Anton: Die drei Schwestern [Три сестры, 1901]. In: Tschechow, Anton: Die großen Dramen. Übertragen und bearbeitet von Thomas Brasch (insel taschenbuch 2989). Berlin ⁶2023: 243–309.

Thiesse, Anne-Marie: Écrire la France. Le mouvement littéraire, régionaliste de langue française entre la Belle Époque et la Libération. Paris 1991.

Vasak, Anouchka: Météorologies. Discours sur le ciel et le climat, des Lumières au romantisme. Paris 2007.

Weber, André: Wolkenkodierungen bei Hugo, Baudelaire und Maupassant im Spiegel des sich wandelnden Wissenshorizontes von der Aufklärung bis zur Chaostheorie. Berlin 2012.

Woolf, Virginia: Mrs Dalloway [1925]. Übersetzt von Melanie Walz. München 2002.

VIII. Soziologie und Klima

Philippe Boudes

1. Einleitung

Im vorliegenden Beitrag sollen der Stellenwert und der Beitrag der Soziologie innerhalb des gegenwärtigen Verständnisses der Klimathematik im weiteren Sinne aufgezeigt werden. Wie die meisten anderen Sozialwissenschaften auch hielt sich die Soziologie bei den Untersuchungen, die das Klima in den Blick nahmen, zunächst zurück: Aufgrund seiner Konzentration auf soziale und kulturelle Gegebenheiten interessierte sich das Fach, das das Erbe von Émile Durkheim und Max Weber angetreten hatte, erst seit den 1980er und 1990er Jahren für Umweltfragen. Seit den 2000er und 2010er Jahren ist die Umweltsoziologie als «gereiftes Feld inmitten des Fachs» anerkannt,[1] doch bleibt «ein vollständiger Bericht über die derzeitigen Untersuchungen schwierig»[2], da kein «gemeinsamer Forschungs- und Diskussionsraum»[3] existiert, das heißt, es fehlt die Einrichtung von entsprechenden Forschungs- und Bildungsstätten, und dies ungeachtet der Veröffentlichung der Vierteljahrsschrift *Environmental Sociology* seit 2015. Auch wenn heute nach wie vor die Schwierigkeit besteht, Soziologen und Soziologinnen in internationale Forschungsprogramme zum Klima einzubeziehen und dem Klima innerhalb des Fachs Soziologie einen bestimmten Stellenwert zu verleihen, so kann man nunmehr doch feststellen, dass sich mittlerweile zahlreiche Arbeiten von Soziologen und Soziologinnen mehr oder weniger dem Klima widmen. Sie setzen sich mit einer großen Vielfalt von Themen auseinander wie den sozialen Bewegungen, der Ungleichheit, dem Expertenwissen, der gesellschaftlichen Aneignung oder auch dem organisierten Skeptizismus.

Diese Dynamik ist allerdings jüngeren Datums und bleibt störanfällig. Doch dieser Aufschwung einer Beschäftigung mit Umweltfragen und insbesondere die wachsende Einsicht in Klimarisiken geben Anlass zu der Einschätzung, dass die Klimasoziologie ein vielversprechendes Forschungsgebiet ist, und zwar sowohl aus epistemologischer als auch aus theoretischer und praktischer Sicht; und dies umso mehr, als hier ein gewisser Rückstand aufzuholen ist – wie generell der Rückstand der Soziologie in Bezug auf Umweltfragen – und die Klimaprobleme immer offensichtlicher an klassische Themen der Soziologie anschließen, darunter die Analyse des städtischen Umfelds vor allem hinsichtlich jener Initiativen,

---

1   Pellow, Brehm 2013: 230.
2   Charles, Kalaora, Vlassopoulos 2017: 153.
3   Ebd.: 159.

die Großstädte und Metropolen zur Anpassung an den Klimawandel ergriffen haben,[4] aber auch das Interesse an Fragen der Beziehung zwischen Mann und Frau[5] oder auch das Wiederaufleben der Klimabewegungen, vor allem jener, die von jüngeren Aktivisten getragen werden.[6]

All dies ändert aber nichts daran, dass die Soziologie eine Einrichtung ist wie andere auch: Mangels einer einschneidenden, grundlegenden Veränderung des Fachs braucht sie eine gewisse Zeit zur Anpassung, und die Klimaforschung bleibt deshalb eher eine Randerscheinung. «Die Mehrzahl der Soziologen hat diese Entwicklungen nicht zur Kenntnis genommen», betont Constance Lever-Tracy,[7] und abgesehen vielleicht von denjenigen Studien, die auf Umweltsoziologie spezialisiert sind, liegt noch einiges an Arbeit vor den Soziologen und Soziologinnen, wenn sie sich des künftigen Werdegangs von Gesellschaften, den die Bedeutung der Klimafrage ja offenzulegen scheint,[8] annehmen und diesen analysieren wollen. So sprechen Reiner Grundmann und Nico Stehr von einer «soziologischen Abstinenz» hinsichtlich der Klimathematik,[9] Robert J. Brulle und Riley E. Dunlap weisen 2015 und Kari M. Norgaard 2018 auf eine sozialwissenschaftliche Fachliteratur hin, die diffus und kaum in internationale Berichte einbezogen sei,[10] und Eric Klinenberg, Malcolm Araos und Liz Koslov konstatieren noch 2020 eine intellektuelle Krise und beklagen das geringe Tempo, das die aktuelle Entwicklung der soziologischen Fragestellungen auf allen Ebenen kennzeichne.[11]

Folglich stellt die Klimasoziologie ein Paradoxon dar: Ungeachtet einer durchaus vorhandenen Dynamik innerhalb der Forschung bleibt sie beinahe unsichtbar. Trotz ihrer Einschreibung in die Umweltsoziologie weist sie eine gewisse Zersplitterung auf, und ungeachtet der Bedeutung, die die beteiligten Forscher*innen ihr zumessen, findet sie in der nationalen und internationalen Politik nur selten Beachtung. So scheint es nunmehr, als könne sich eine Darstellung des Zusammenhangs zwischen Soziologie und Klima nicht auf eine einfache Überblicksdarstellung aller vorgelegten Untersuchungen beschränken. Vielmehr sollte sie auch über die gleichsam paradoxen Aspekte Aufschluss geben, die diese Fachrichtung mehr oder weniger stark prägen. Aus diesem Grund ist das folgende Kapitel in zwei Teile untergliedert. Im ersten Teil sollen die Probleme herausgearbeitet werden, mit denen Soziologen und Soziologinnen konfron-

---

4   Scanu 2015; La Branche 2015; Rudolf 2016.
5   Nagel 2015; Godfrey 2012.
6   White 2011; O'Brien, Selboe, Hayward 2018; Han, Ahn 2020.
7   Lever-Tracy 2008: 459.
8   Ebd.: 459.
9   Grundmann, Stehr 2010: 899.
10 Dunlap 2015; Norgaard 2018.
11 Klinenberg, Araos, Koslov 2020: 62.

tiert sind, wenn sie sich für Klimafragen interessieren – Schwierigkeiten, die durch die Geschichte und Epistemologie des Faches bedingt sind, aber auch solche, die mit dem unausgewogenen Verhältnis der Fächer bei der interdisziplinären Zusammenarbeit und mit einem allzu unpolitischen und individualistischen Verständnis des Klimas einhergehen. Der zweite Teil beleuchtet die Vielfalt der Themen sowie die kognitiven und institutionellen Dynamiken, die diesem Forschungsgebiet heute zugrunde liegen. Im Schlussteil wird diese Situation dann aus didaktischer Perspektive bestimmt und die Fähigkeit der Soziologie aufgezeigt, verschiedene Dimensionen des Klimas in den Blick zu nehmen, die zugleich auf der Ebene der Begrifflichkeit, der Politik und des Erlebens zu verorten sind.

2. Von den Schwierigkeiten der Soziologie, das Klima gedanklich zu erfassen

Zunächst einmal muss man – von der Geschichte ausgehend – erkennen, dass die Soziologie als Wissenschaft keineswegs auf ein Studium dessen ausgelegt ist, was lange die Frage der Natur genannt wurde, das heißt die Gesamtheit der den Planeten bestimmenden biophysischen Bedingungen. In der Gründungsphase des Fachs wurde die Soziologie den Kulturwissenschaften angegliedert – zu einer Zeit, als das Klima noch ein rein naturwissenschaftlicher Untersuchungsgegenstand war. Erst mit dem zeitgenössischen Umweltbegriff entsteht das Interesse an einer Wechselbeziehung zwischen der Dynamik der Natur und jener der Gesellschaft, und zwar in Untersuchungen wie jener von Serge Moscovici mit dem vielsagenden Titel *Essai sur l'histoire humaine de la nature*,[12] wobei hier nicht weiter auf jene Pionierarbeiten eingegangen werden soll, die in Überblicksdarstellungen zur politischen Ökologie oder zum Anthropozän erwähnt werden. Dabei bewegte die Soziologie früher zum einen die Diskussion über die epistemologische Überlegenheit der Komplexität des Sozialen, im Sinne eines ihrer Gründer im 19. Jahrhundert, Auguste Comtes, und zum anderen eine Rhetorik der Moderne, wie sie damals eingefordert wurde[13] und die an der Fähigkeit moderner, westlicher Gesellschaften, die Natur mittels der Vernunft zu beherrschen, keine Zweifel ließ. Diese Sichtweise schreibt sich seit der Aufklärung ein in die Reihe der philosophischen und technischen Revolutionen in ihrem Versuch, sich von der Natur (und der Religion) zu lösen, um allein die Vernunft und die Politik als Hebel des kollektiven Schicksals gelten zu lassen. Gleichwohl sind die Schwierigkeiten, das Klima gedanklich zu erfassen, heutzutage ungleich größer. Zudem soll an dieser Stelle auf folgende Punkte eingegangen werden: auf diese

---

12   Moscovici 1968.
13   Leroy 2001.

historischen und epistemologischen Voraussetzungen, auf die Auswirkungen interdisziplinären Arbeitens, wie es mit Umweltfragen verbunden ist, auf politisch neutrale Definitionen des Klimas sowie auf die ausgeprägte Tendenz, die Analyse individuellen Verhaltens über die Wirtschaft oder die Psychologie jener der sozialen oder kollektiven Logik zu bevorzugen.

2.1. Eine Öffnung gegenüber dem Klima, die unmöglich erscheint?

Zwar wird in den Überlegungen der klassischen Theoretiker*innen der Soziologie den natürlichen Determinismen und vor allem jenem des Klimas ein hoher Stellenwert eingeräumt.[14] So beeinflussen etwa für Ibn Khaldoun das Klima und die Temperatur das Temperament von Individuen ganz erheblich und bedingen auf diese Weise deren gesellschaftliche Institutionen, und zwar so grundlegend, dass der Gesetzgeber diesen Einfluss in den Augen Montesquieus berücksichtigen muss, indem er die Gesetze den Klimazonen entsprechend anpasst. Auch könnte man in diesem Zusammenhang die Bedeutung erwähnen, die Frédéric Le Play im 19. Jahrhundert dem Wald zumisst,[15] oder auch entsprechende, eher seltene Anmerkungen bei den Klassikern anführen – insbesondere bei Marx.[16] Dennoch hat die Soziologie – diese wenigen Texte ausgenommen – im Gegenteil versucht, gesellschaftlichen Aspekten bei jeder Form des Einflusses a priori nichtsozialen Determinismen Vorrang einzuräumen. Beispiele dafür finden sich vor allem in der Bewegung der sozialen Morphologie zu Beginn des 20. Jahrhunderts, die auf die Einbeziehung von streng genommen nichtsozialen Faktoren in die Gesamtheit der soziologischen Erklärungsmuster abzielte. So spiegelt der Einfluss der Geografie oder der biophysikalischen Verhältnisse eines Landes auf seine Entwicklung lediglich die Art und Weise wider, in der eine Gesellschaft sich dieser Bedingungen bemächtigt hat: Es handelt sich also um soziale bzw. soziohistorische Faktoren, was Maurice Halbwachs, einer Leitfigur dieser Strömung, die Behauptung erlaubt, es sei sehr wohl die Gesellschaft, die der Materie ihre Form verleihe und damit dem gesamten biogeophysikalischen System.[17]

Eine erste Schwierigkeit hängt folglich mit dem soziologischen Paradigma zusammen, das grundsätzlich auf einer immanent gesellschaftlichen Erklärung sozialer Phänomene beruht, ohne andere, äußere Elemente einzubeziehen. Erst verschiedene Untersuchungen, die nach dem Zweiten Weltkrieg erscheinen (etwa der neoorthodoxe ökologische Ansatz von Otis D. Duncan)[18] und vor allem gegen Ende der 1970er und zu Beginn der 1980er Jahre, führen zur Entwick-

---

14 Boudes 2008.
15 Kalaora, Savoye 1986.
16 Foster, Clark 2010.
17 Boudes 2011.
18 Duncan [1959] 1969.

lung einer Umweltsoziologie, wie sie vor allem in Nordamerika von Frederick H. Buttel, Riley E. Dunlap, Allan Schnaiberg sowie Jean-Guy Vaillancourt vertreten wird.[19] Gleichwohl findet dieses Forschungsgebiet der Soziologie erst Ende der 1990er Jahre Anerkennung im Zuge der Publikation erster Handbücher und Sammelbände[20] – in Frankreich hingegen erscheint das erste Handbuch erst 2012.[21] Jegliches Bestreben, das Klima einer soziologischen Analyse zu unterziehen, leidet unter diesem Kontext: Eine Öffnung gegenüber der Umweltthematik vollzieht sich nur langsam. Sie ist eine Randerscheinung, die außerhalb der führenden Institutionen der Soziologie vonstattengeht, das heißt in Forschungseinheiten und Publikationen, die als randständig oder interdisziplinär zu bezeichnen sind, und aus diesem Grund erfolgt eine Sammlung und Darstellung von Klimawissen vorerst nur in sehr eingeschränktem Umfang. Die Zersplitterung der Untersuchungen führt dazu, dass sich eine kollektive Dynamik erst Anfang der 2010er Jahre wirklich zu entfalten beginnt.[22]

2.2. Die Paradoxa der interdisziplinären Zusammenarbeit

Das Klima bleibt demnach ein Untersuchungsgegenstand, der den Umweltwissenschaften zugeschlagen wird, das heißt den naturwissenschaftlichen Fächern mit ihrem Studium der belebten und unbelebten Natur. Gegen Ende der 1970er Jahre kann man feststellen, wie im Zuge der Entstehung interdisziplinärer Forschungsprogramme der Wille aufkommt, die Sozialwissenschaften in die vielfältigen Untersuchungen zur Biodiversität, zu Ökosystemen und zu agrarischen Lebenswelten einzubeziehen.[23] Nichtsdestoweniger bleiben nicht nur die Grenzen und Hierarchien der beteiligten Disziplinen grundsätzlich bestehen, was die Vorliebe der Umweltwissenschaften für dieses Forschungsthema beweist. Darüber hinaus gehen die Naturwissenschaften sogar gestärkt aus dieser interdisziplinären Dynamik hervor, so dass sie die Soziologie (und die Sozialwissenschaften) zu untergeordneten Fachrichtungen werden lassen.[24] Zudem schreiben sich diese Programme in eine Ausschreibungslogik ein, in der die Sozialwissenschaften weit hinter den Naturwissenschaften liegen, welche die Fragestellungen vorgeben und dabei Umweltfragen auf ihre «mechanistische und ‹technizistische› Auffassung»[25] reduzieren, wodurch ihre anderen Dimensionen faktisch geleugnet werden.

---

19 Boudes 2008.
20 Redcliff, Woodgate 1997.
21 Barbier u. a. 2012.
22 Pellow, Brehm 2013.
23 Jollivet 2015.
24 Henry, Jollivet 1998: 7.
25 Ebd.

Diese Feststellung, die sich vor allem auf die Erfahrungen Marcel Jollivets aus der Zeit 1970–1990 stützt,[26] gilt auch noch für die Jahre 2000–2010, denn in der Tat stößt man auf einen ähnlichen Befund in dem von Sandra Bhatasara herausgegebenen Forschungsbericht, der seinerseits Auskunft gibt über den Zustand der Sozialwissenschaften, die nach wie vor von den Naturwissenschaften an den Rand gedrängt werden;[27] oder auch in einem Text von Robert J. Brulle und Riley E. Dunlap, der «die durchgängige Eingrenzung von Fragestellungen der Forschung aus der Perspektive der Naturwissenschaften» betont[28] und dabei die Untersuchungen von Harold A. Mooney, Anantha Duraiappah und Anne Larigauderie zum Beweis dafür anführt, dass eine Bestimmung des Forschungsgegenstandes «ausgehend vom deterministischen und mechanistischen Ansatz der naturwissenschaftlichen Scientific Community den Sozialwissenschaften ausgesprochen wenig Raum lässt, die Bedeutung der menschlichen Dimension zu erforschen».[29]

Zudem gründen sich die Versuche einer interdisziplinären Zusammenarbeit auf aus Systemtheorien hervorgegangene Forschungsansätze, die Gesellschaften als außerordentlich konsensuale und hochgradig anpassungsfähige Systeme begreifen. Diese Ansätze setzen ein ganzes Bündel von Faktoren in ihrer Bedeutung herab, die von Soziologen und Soziologinnen für gewöhnlich herangezogen werden, wie etwa die Rolle von Macht, Wertkonflikten und politischem Engagement, und verwässern damit jedweden Einfluss des gesellschaftlichen Faktors.[30]

2.3. Ein postpolitisches Klima

Ein weiteres Hindernis bei einer soziologischen Annäherung an die Klimathematik liegt in der Schwierigkeit, einem kritischen Ansatz inmitten eines vorherrschenden Diskurses Gehör zu verschaffen, der sich in einem technokratischen, auf Spezialistentum beruhenden, postpolitischen Rahmen herausgebildet hat.[31] Das Expertenwissen über das Klima, verbunden mit dem hochkomplexen «epistemologischen Monster» des Weltklimarates (um einen Ausdruck von Bruno Latour aufzugreifen, der von Amy Dahan-Dalmedico zitiert wird)[32], erzeugt eine neutrale, unpolitische, unpersönliche, unumstößliche und unumgängliche Redeweise, auf welche soziologische Betrachtungen kaum mehr Zugriff haben. Robert J. Brulle und Riley E. Dunlap führen dafür die Darstellung der postpoliti-

---

26 Jollivet 2015.
27 Bhatasara 2015: 219.
28 Brulle, Dunlap 2015: 6.
29 Mooney, Duraiappah, Larigauderie 2013: 3670.
30 Brulle, Dunlap 2015: 7; Palsson u. a. 2013: 8.
31 Beck 2010; Jasanoff 2010; Brulle, Dunlap 2015; Norgaard 2018.
32 Dahan-Dalmedico 2008: 71.

schen Perspektive durch Erik Swyngedouw an,[33] dem zufolge diese «um das als unvermeidlich wahrgenommene Wesen des Kapitalismus und der Marktwirtschaft herum erschaffen wurde, welche als alternativlose Organisationsstrukturen an der Basis der gesellschaftlichen und politischen Ordnung verstanden werden».[34] Anders ausgedrückt wird es damit unmöglich, die Entstehungsgrundlagen der Klimaproblematik zu hinterfragen, und es bliebe allein die Option einer Verherrlichung der Wissenschaftsgeschichte und der Klimapolitik, und auch dies nur in begrenztem Umfang. Da ist es leichter und vernünftiger, seine Arbeit auf die Klimaentwicklung auszurichten, als die technokratische Ideologie in Frage zu stellen, die mit der marktwirtschaftlichen Denkweise verbunden ist.[35]

Die soziologische Klimaforschung stößt hier auf eine wissenschaftstheoretische Sisyphusaufgabe, da sie vor jeder Betrachtung von gesellschaftlichen Klimafaktoren die wissenschaftliche und politische Ausrichtung des eigenen Fachs thematisieren muss. Zwar ist dies sicherlich weder ein uninteressantes noch vergebliches Vorgehen, denn dazu liegen zahlreiche erhellende Ansätze vor (zum Beispiel zu den Themen Spezialistentum und Verhandlungsfragen)[36]. Allerdings können diese schwerlich die Gesamtheit der sozialwissenschaftlichen Klimaforschung umfassen. Auch sollte diese Ausrichtung die Aufmerksamkeit weder von gesellschaftlichen Klimafaktoren ablenken noch Erkenntnisse zu anderen Einflüssen schmälern.

2.4. Ein individualisiertes Klima

Die Schwierigkeit einer Kommentierung jenes Systems, in dessen Rahmen der Klimadiskurs entstanden ist, wird noch verstärkt durch die Betonung eines Wandels nicht etwa der sozialen, politischen und kulturellen Infrastruktur, sondern vielmehr der individuellen Lebenspraxis, was obendrein auf ihre psychologische und wirtschaftliche Dimension bezogen wird. Diese Vorherrschaft – denn die Wirtschaft ist das Fach, das im Rahmen von sozialwissenschaftlichen Untersuchungen zum Klima am stärksten vertreten ist,[37] wogegen die Soziologie nur 3 Prozent jener Veröffentlichungen ausmacht, die globale Umweltveränderungen behandeln[38] – stellt wiederum ein Hindernis für die Herausbildung einer Soziologie dar, die um die Erforschung von Kollektiven, Institutionen und sozialen Bewegungen bemüht wäre und nicht etwa allein um das Handeln von Individuen, unabhängig von ihrem gesellschaftlichen Kontext. Ohne die Bedeutung die-

---

33 Brulle, Dunlap 2015: 12.
34 Swyngedouw 2010: 215.
35 Brulle, Dunlap 2015; Klein 2014.
36 Dahan-Dalmedico 2008; Aykut, Dahan 2011; Aykut, Dahan 2015.
37 ISSC 2013: 598–599.
38 Brulle, Dunlap 2015: 7; ISSC 2013: 493–496.

ser Fachrichtungen leugnen zu wollen, geht es hier doch vornehmlich um das Erfordernis, *zugleich* soziologische Fragestellungen mit einzubringen für ein besseres Verständnis der gesellschaftlichen Klimafaktoren einschließlich der Summe der relevanten Erfahrungen von Individuen. Letztlich tragen die Wirtschaft und die Psychologie zu einer Verstärkung jener Botschaften bei, die auf konkrete Ausprägungen klimabezogener Verhaltensänderungen abzielen, wogegen den Sozialwissenschaften normative oder gar naive Ansätze zugewiesen werden, wenn sie zu einer Hinterfragung der Problemstellung selbst nicht imstande sind.

In jedem Fall können weder wirtschaftliche Anreize noch eine Verhaltenserziehung allein eine angemessene Antwort auf die Klimaproblematik darstellen: «Auch hier ermöglicht die Soziologie mit ihrer Betonung der Beziehungen zwischen Individuen, Kultur und Wirtschaftssystemen einen aussagekräftigen Überblick über all jene Ursachen, die bislang eine wirkliche Beantwortung der Klimafrage verhindert haben.»[39] So behandeln beispielsweise die Untersuchungen von Jean-Baptiste Comby die politische Strategie der Aufwertung umweltbewussten Handelns und zeigen dabei auf, in welchem Maße sich hinter Botschaften, die ein sogenanntes umweltgerechtes Individualverhalten befürworten, eine Logik der Klassenherrschaft verbirgt.[40]

Diese vier Hauptschwierigkeiten – die Geschichte der Soziologie und ihr Paradigma selbst, die Interdisziplinarität und die Vorrangstellung der Naturwissenschaften, die Entpolitisierung der Klimaproblematik und die Überbetonung der Logik ein individuelles Handeln betreffend – können durchaus selbst Gegenstand einer Hinterfragung werden und allein schon durch ihre genauere Bestimmung Anlass zur Herausbildung soziologischer Analyseverfahren geben. Diese Vorbedingungen, die zugleich epistemologische, soziale und bisweilen ideologische Hürden darstellen, sollte man stets im Blick behalten. Nichtsdestoweniger haben Soziologen und Soziologinnen jedoch zahlreiche Studien zu Klimafragen vorgelegt, was nachstehend dargelegt werden soll.

3. Die vielfältigen Ansätze der Klimasoziologie

Die soziologische Klimaforschung weist eine Vielzahl unterschiedlicher Ansätze auf, die – wie die diversen Umweltfaktoren selbst[41] – die Gesamtheit der Untersuchungsbereiche durchziehen, welche die allgemeine Soziologie abdeckt. Hier sollen jüngere Studien zu einer Reihe von Themen angeführt werden unter Betonung der Vielfalt und der Besonderheit dieser Untersuchungen, die folgenden Aspekten gewidmet sind: allgemeinen theoretischen Elementen, der mit der ge-

---

39 Norgaard 2018: 174.
40 Comby 2015.
41 Boudes 2012.

sellschaftlichen Aneignung verbundenen Reflexivität, der individuellen Wahrnehmung der Klimas, dem Prozess einer organisierten Leugnung, der Umweltgerechtigkeit, dem Zusammenhang zwischen Gender und Klima, sozialen Bewegungen sowie verschiedenen Ausprägungen des Konsums und der marktwirtschaftlichen Organisation.

3.1. Methodologische und theoretische Ansätze

Unter Soziologen und Soziologinnen werden genauere Definitionen des Klimawandels und der Umweltveränderungen nicht besonders kontrovers diskutiert. Beides wird verstanden als das Produkt von Interaktionen zwischen der Klima- bzw. Naturdynamik einerseits und der Soziodynamik andererseits. Die Umwelt ist eine sozialisierte Natur; der Klimawandel – und im weiteren Sinne das Klima und die gegenwärtige Klimaproblematik – ist ein sozialisiertes Klima, das im Zusammenhang steht mit der Entwicklung unserer Gesellschaften, mit ihren Auswirkungen auf das Klimasystem sowie umgekehrt mit dem Einfluss, den dieses auf sie ausübt. Man könnte hinzufügen, dass das Klima das ist, was die Gesellschaft als ein solches bezeichnet – in den Medien, in den Berichten lokaler oder internationaler Institutionen, in der Rede von Individuen oder Gruppen, einschließlich der Leugnung des Klimawandels, denn auch diese ist ein Produkt unserer Gesellschaften. Für alle Fälle soll hier von einer Definition ausgegangen werden, die zum Teil den Ansatz von Rebecca Elliot[42] aufgreift und das Klima gleichermaßen beschreibt im Hinblick auf seine Materialität (die biophysikalischen Bedingungen), auf die Politik (die Zuständigkeit von Institutionen, Regierungen und Justiz), auf den Wissensbestand (vor allem die Gewinnung von Erkenntnissen und die damit verbundenen Kontroversen) und auf das praktische Handeln (sowohl das kollektive Engagement als auch das individuelle Handeln einschließlich des Konsumverhaltens).

Seit etwa zwanzig Jahren nehmen sich zahlreiche soziologische Strömungen dieser Umwelt- und Klimathemen an: so etwa Analysen in Form der Risikosoziologie,[43] der ökologischen Modernisierung,[44] der Theorie der *treadmill of production*,[45] des ökomarxistischen Ansatzes,[46] der Modellierung von Wechselbeziehungen zwischen Natur und Gesellschaft[47] sowie der Lehre des sozialen Metabolismus[48] – sämtlich überaus sachdienliche Ansätze für die soziologische

---

42 Elliot 2018.
43 Beck 2001.
44 Mol, Spaargaren, Sonnenfeld 2014.
45 Gould, Pellow, Schnaiberg 2004.
46 Foster, Clark 2010.
47 Rosa, York, Dietz 2004.
48 Fischer-Kowalski, Krausmann, Pallua 2014.

Erforschung des Klimas, auch wenn sie dieses nicht immer ausdrücklich in den Blick nehmen, denn das Klima bleibt hier ein Gegenstand oder Faktor unter vielen bzw. ein Risiko wie andere auch, eine der Auswirkungen des Räderwerks der Produktion, eine neue Krise des Kapitalismus, einer der Faktoren einer ökologischen Modernisierung, eines der Elemente des Schemas der Wechselbeziehungen oder des sozialen und energetischen Metabolismus, und zwar in einem Maße, dass man sich mit Joane Nagel, Thomas Dietz und Jeffrey Broadbent fragen kann, inwieweit das Klima lediglich ein Forschungsgebiet der Umweltsoziologie bleiben sollte oder ob es nicht vielmehr in die Soziologie in ihrer Gesamtheit Eingang finden müsste,[49] denn wenn das Klima die Gesellschaft auf einer ganz allgemeinen Ebene betrifft, einschließlich der Aspekte Ungleichheit und Machtverhältnisse, so muss es die Arbeitsweise von Soziologen und Soziologinnen grundsätzlich in Frage stellen, auf die Gefahr hin, dass randständige Forschungsgebiete von nun an in den Mittelpunkt rücken und für das gesamte Fach grundlegend werden.[50] Es geht dann nicht mehr um die Frage, welchen Beitrag die Soziologie zur Klimaforschung leisten kann, sondern umgekehrt darum, in welchem Maße das Klima imstande ist, die Entwicklung der Soziologie voranzutreiben.[51]

Auf jeden Fall kann man das Klima als ein «soziales Totalphänomen» bezeichnen, was bedeutet, dass es die Gesamtheit der Soziodynamik durchzieht, oder auch als Motor des soziologischen Denkens. Diese letztere Aufgabe wird von Kari M. Norgaard beschrieben, die an die Vorstellungskraft der Soziologen und Soziologinnen appelliert, um «das Klima zu denken».[52] Unter Rückgriff auf den von Charles W. Mills vorgeschlagenen Forschungsansatz zu historischen, vergleichenden und auf mehreren Ebenen beruhenden Analysen[53] unterscheidet Kari M. Norgaard eine ökologische Vorstellungskraft (die Art und Weise, wie menschliches Handeln biogeophysikalische Faktoren beeinflusst) und eine soziologische Vorstellungskraft (die Art und Weise, wie soziale Strukturen den Einfluss auf dieses System offenlegen oder aber verbergen). Sie erläutert dies dahingehend, dass die Soziologie in dem Maße, wie die soziale Dimension des Klimawandels objektiv greifbar wird, sich in ihrer Gesamtheit des Themas bemächtigen und sich beider Formen der Vorstellungskraft annehmen muss.[54] Ihr Ansatz wäre zu ergänzen durch den erneuten Hinweis auf die Rolle der Vorstellungskraft im soziologischen Prozess, wie er von Robert A. Nisbet vorgebracht

---

49 Nagel, Dietz, Broadbent 2010.
50 Grundmann, Stehr 2010: 906.
51 Elliot 2018: 302.
52 Norgaard 2018.
53 Mills 1959.
54 Norgaard 2018: 175.

wird.⁵⁵ Letzterem zufolge reagieren Soziologen und Soziologinnen auf ihre Umwelt, und ihr Erfindungsreichtum – ihre wissenschaftliche Vorstellungskraft – trägt zur Objektivierung von Phänomenen bei, die sich dem kollektiven Bewusstsein ebenso entziehen wie jene, die den Klimawandel betreffen, und die mit den menschlichen Gesellschaften interagieren.

3.2. Reflexivität und gesellschaftliche Aneignung

Sämtliche oben erwähnte Strömungen tragen zur Erneuerung der Soziologie und zu ihrer Reflexivität bei. Bei einer reflexiven Annäherung an die Klimathematik geht es um die Untersuchung der Frage, wie sich soziale Praktiken – individuelle wie institutionelle – weiterentwickeln und sich fortwährend neu definieren im Lichte neu gewonnener Erkenntnisse über eben diese Praktiken einschließlich jener, die im Zusammenhang mit den Klimawandel stehen – was die Praktiken, ihre Grundlagen und ihre Ziele grundlegend verändert. Die Klimaanalyse schreibt sich in eine Deutung der Moderne ein, wie sie Ulrich Beck und Anthony Giddens vorgelegt haben, und schöpft ihre Argumente zu großen Teilen aus diesen Arbeiten, denn die stete Aktualisierung der Daten, wie sie die Klima- und Umweltwissenschaften liefern, verlangen den Gesellschaften nicht nur eine kontinuierliche Verfolgung dieser Daten ab, sondern auch die Fähigkeit zu einer diesbezüglichen Anpassung. Allerdings muss darauf hingewiesen werden, dass diese Reflexivität häufig recht begrenzt bleibt⁵⁶ und vor allem durch den jeweiligen Rezeptionszusammenhang bedingt ist: Dies zeigen beispielsweise Hayley Stevenson und John S. Dryzek auf, indem sie Vorträge zur Klimathematik untersuchen, deren Einbettung in völlig gegensätzliche Kontexte – mal in ein Umfeld, das *business dominated*, mal in eines, das *social movement dominated* ist – das Zustandekommen eines wirklichen Austausches über Klimafragen sowie einen reflexiven Wandel verhindert.⁵⁷ Ähnlich hat René Audet die höchst unterschiedlichen Berichte und Veröffentlichungen über die ökologische Wende und das Klima analysiert und nachgewiesen, dass die untersuchten Organisationen – ausgehend von identischen Voraussetzungen – stark voneinander abweichende Diskurse entwerfen, die sich in einen technozentrischen und einen ökozentrischen Pol auffächern.⁵⁸ Die Befähigung dieser Organisationen zur Reflexivität ist folglich begrenzt in dem Sinne, dass sie von Weltanschauungen abhängt, die sich mit diesen Bezugspolen verbinden: Sie können eine Wende oder einen Wandel lediglich innerhalb der Grenzen ihrer paradigmatischen Ausrichtung in Betracht ziehen.

---

55 Nisbet [1966] 1993: 19.
56 Bessis 2008.
57 Stevenson, Dryzek 2012, wieder in: Boström u. a. 2017.
58 Audet 2014.

In Ergänzung zu diesen Arbeiten liegen Untersuchungen vor, die die sozialwissenschaftliche Konstruktion der Klimadaten bzw. Klimapolitik unter die Lupe nehmen. Ein prominentes Beispiel einer solchen Zusammenarbeit von Wissenschaft und Politik ist das 2-°C-Ziel: Stefan C. Aykut und Amy Dahan belegen die generelle Hervorhebung dieser Zahl seit den 1970er Jahren und weisen darauf hin, dass «der Weltklimarat die zwei Grad niemals offiziell als Verhandlungsziel ausgegeben hat»,[59] dass aber der Copenhagen Accord von 2009 dieses Ziel bestätigt. Dieser Grenzwert von 2 °C sollte die Aufmerksamkeit auf zwei Punkte lenken: Für sich genommen bleibt er eine Art Blackbox, deren Inneres weiter zu untersuchen wäre, da er die Machtverhältnisse verbirgt, die sowohl innerhalb wissenschaftlicher und politischer Institutionen als auch zwischen ihnen herrschen. Im Übrigen gehört er zu einer Abfolge von Klimaplänen, die in Abhängigkeit von der jeweiligen Beziehung zwischen Wissenschaft und Politik die Kohlendioxidkonzentration mehr in den Blick nehmen als die Emissionen bzw. Grenzwerte mehr als Szenarien, und einen Ansatz favorisieren, der auf die Kohlenstoffbilanz abhebt.[60]

Diese Kontroversen finden sich auch in anderen Zusammenhängen wieder, vor allem bei Florence Rudolf, die sich für die gesellschaftliche Aneignung des Klimawandels interessiert.[61] Diese werde – wie Umweltfragen generell – durch ihre «wissenschaftliche Prägung» bestimmt und erfordere «eine wissenschaftliche Sozialisierung zum Zwecke der Orientierung»[62]. Die Soziologin untersucht die Art und Weise, wie die Klimafrage auf verschiedenen Ebenen zum Ausdruck kommt, in lokalen Bewegungen[63] oder in der städtischen Klimapolitik,[64] das heißt, sie fragt nach dem konkreten Weg, auf dem eine wissenschaftliche Vorgabe Eingang in die Politik findet und wie Kollektive sich diese zu eigen machen. Dieses Interesse für die Aneignung von Klimaproblemen wird von Eva Schmid, Brigitte Knopf, Meike Fink und Stéphane La Branche, die ein Projekt analysieren, das die Zusammenarbeit zwischen Experten aus Technik und Wissenschaft und der Zivilgesellschaft stärken soll: Den Autoren zufolge kann die Umsetzung solcher Projekte nur dann erfolgreich sein, wenn man berücksichtigt, dass eine gesellschaftliche Akzeptanz für ein Szenario mit einer niedrigen Kohlenstoffbilanz bestehen muss.[65] So «muss die Zivilgesellschaft in Lösungen zur Minderung des Klimawandels einbezogen werden; rein akademische Lösungen werden nicht

---

59 Aykut, Dahan 2011: 151.
60 Ebd.
61 Rudolf 2009, 2012.
62 Ebd.
63 Rudolf 2009.
64 Ebd. 2012.
65 Schmid u. a. 2012.

von Erfolg gekrönt sein».⁶⁶ Ähnlich ruft Florence Rudolf dazu auf, die Analyse der Publizität von Klimathemen und des Reaktionsvermögens der einzelnen Landstriche voranzutreiben, mit dem Ziel, die propagierten wissenschaftlichen und politischen Herausforderungen auf gesellschaftlicher Ebene zu beschreiben.⁶⁷

3.3. Vorstellungen, öffentliche Meinung und Klima

Eine weitere Thematik der Klimasoziologie liegt in eben dieser Rezeption der Klimaproblematik durch das Individuum. «Wir sind alle Klimaskeptiker», heißt es beim Philosophen Clive Hamilton, womit er zu verstehen gibt, dass wir als Individuen das ganze Ausmaß des Problems noch nicht erfasst haben⁶⁸ – im Anklang an die Überlegung von Jean-Pierre Dupuy, dass wir, selbst wenn uns die Bedeutung des Klimawandels bewusst ist, nicht in der Lage sind, diesen konkret wahrzunehmen und ihm die Stirn zu bieten.⁶⁹ Gleichwohl kann man weltweit eine wachsende Besorgnis des Einzelnen über die Klimaentwicklung erkennen, wobei das Ausmaß der Betroffenheit von Land zu Land variiert.⁷⁰ Das Interesse der Öffentlichkeit an Klimafragen wird mithin als ein entscheidender Faktor angesehen, will man die existierenden – oder eben nicht existierenden – Reaktionen von Individuen wie Kollektiven begreifen. Folglich widmen sich Untersuchungen der Rolle, welche die Medien, die Wirtschaftsentwicklung, politische Werte und soziale Bewegungen für eine Wahrnehmung des Klimas spielen. So konnte Aaron McCright nachweisen, dass eine bestimmte Haltung gegenüber dem Klimawandel weniger vom Bildungsgrad abhängt als vielmehr von der politischen Überzeugung, denn unsere Wahrnehmung des Klimas werde weniger durch konkretes Wissen bedingt als durch unser Wertesystem und unsere Gruppenzugehörigkeit.⁷¹ Der Bildungsgrad spielt dennoch eine Rolle für das Gefühl einer Befähigung, angesichts des Klimawandels tätig zu werden. Dies geht aus Umfragen hervor, die europaweit durchgeführt wurden und die Loppoly Beyne näher untersucht hat: «Bildung scheint eine positive Wirkung auf die Wahrnehmung und das Verständnis von Umweltrisiken [und die Ermächtigung Einzelner zum Handeln] zu haben»⁷²; und dies in einem Maße, dass man für die Zeit seit 2000 deutliche Unterschiede hinsichtlich der Bewertung von Klimarisiken feststellen kann, wobei «das vorherrschende Narrativ, das von der Scientific

---

66 Ebd.: 17.
67 Rudolf 2009.
68 Hamilton 2018.
69 Dupuy 2004.
70 Shwom, McCright, Brechin 2015.
71 McCright 2009.
72 Beyne 2020: 83.

Community propagiert wird», von weniger gebildeten und niedrigeren Bevölkerungsschichten angezweifelt wird, «deren gesellschaftliche Basis [...] in jenen sozialen Kategorien zu finden ist, die durch die Globalisierung bedroht sind»[73].

Allerdings sollte die Erforschung dieser Einstellung zum Klima weiter vertieft werden: Rob Bellamy und Mike Hulme zufolge nimmt man das Klima häufig als eine Gefahr für andere und nicht für sich selbst wahr – als ein unbestimmtes, schwer zu verortendes Risiko[74] (*unsituated*, eine Bezeichnung, die Irene Lorenzoni und Nick Pidgeon eingeführt haben)[75]. Im Übrigen bestehe eine Kluft zwischen der individuellen Wahrnehmung, die durch ein Gefühl des Fatalismus, ja der Untätigkeit geprägt sei,[76] und den Formen des kollektiven Engagements, die im Gegensatz dazu eine Schlüsselrolle bei den Maßnahmen zu einer Anpassung an den Klimawandel spielten[77] – wobei sie erneut zu verstehen geben, dass eine Analyse der Kollektive um ihrer selbst willen für die Erforschung des gesellschaftlichen Klimaverständnisses unabdingbar sei. Ein weiterer ausschlaggebender Faktor liege in der Frage, inwieweit man bereits selbst einem heftigen Klimaereignis ausgesetzt gewesen sei: Während der Klimawandel im Regelfall mit punktuellen Extremereignissen in Verbindung gebracht wird,[78] neigen jene Personen, die solchen Wechselfällen schon einmal selbst ausgesetzt waren, eher dazu, der allgemeinen Klimaentwicklung mehr Bedeutung zuzumessen,[79] sicherlich weil sie das Problem in seiner Materialität und seinen Auswirkungen persönlich erleben konnten.

3.4. Leugnung

Beim Studium der öffentlichen Meinung stellt die Leugnung des Klimawandels eine gesonderte Kategorie dar. Obschon dieses Phänomen aus dem Blickwinkel der Psychologie oft untersucht worden ist,[80] haben soziologische Arbeiten auch deren gesellschaftliche Dimension aufgezeigt. So weist Kari M. Norgaard nach, wie die Leugnung der Realität des Klimawandels auf gesellschaftlicher Ebene organisiert werde: «Die Leute wollen uns vor irreführenden Informationen schützen, um 1) Gefühle von Angst, Schuld und Untätigkeit zu vermeiden; 2) kulturellen Normen zu folgen; 3) eine positive Auffassung des Individuums und der

---

73 Bozonnet 2012: 195.
74 Bellamy, Hulme 2011: 58.
75 Lorenzoni, Pidgeon 2006.
76 Ebd. 2006.
77 Walker 2011; Bhatasara 2015: 228.
78 Bellamy, Hulme 2011.
79 Shwom, McCright, Brechin 2015.
80 Marshall 2017.

nationalen Identität aufrecht zu erhalten».[81] Die Rede von der Erderwärmung richte sich gegen gesellschaftliche Normen und schreibe sich in den Glauben ein, dass moderne Gesellschaften von den natürlichen Bedingungen unabhängig seien, wobei Individuen und Gesellschaften dazu gebracht würden, keine Stellung zu beziehen und untätig zu bleiben.[82] Debatten über das Expertenwissen der Klimaskeptiker*innen tragen zusätzlich zur Verwirrung bei, indem sie Unsicherheit verbreiten hinsichtlich der Realität des Klimawandels.[83] Diese Leugnung und diese Betonung der Unsicherheit werden als Funktionen analysiert, die darauf abzielen, umweltschädliche gesellschaftliche Strukturen zu verschleiern oder zu bagatellisieren,[84] um gewisse individuelle Handlungsabläufe oder institutionelle und kollektive Dynamiken lokalen oder globalen Zuschnitts nicht in Frage zu stellen.

Neben weiteren Untersuchungen zu Kontroversen über die Klimaentwicklung in den Medien[85] sollen hier die Beiträge von Riley E. Dunlap und Aaron McCright über dieses Leugnungsthema hervorgehoben werden.[86] Die beiden Autoren widmen sich dem Entstehungszusammenhang der klimaskeptischen Arbeiten[87] und zeigen auf, dass diese von konservativen Organisationen finanziert werden und Expertengruppen von minderer wissenschaftlicher Glaubwürdigkeit heranziehen – diese sind kaum in die Klimawissenschaften involviert bzw. genießen keine akademische Anerkennung.[88] Eine ihrer jüngeren Studien schließt mit der Aussage, dass diese klimaskeptischen Bewegungen ungeachtet ihrer Verbindungen zur Industrielobby, zu konservativen Kreisen und zu kaum anerkannten wissenschaftlichen Autoritäten «ein bedeutsames Hindernis für die Beförderung eines gesellschaftlichen Engagements darstellen, das um eine Senkung der Treibhausgasemissionen bemüht ist [...], so dass sie eine gesellschaftliche Widerstandsfähigkeit auf lange Zeit gefährden können».[89]

3.5. Umweltgerechtigkeit

Eine weitere Thematik gesellt sich zu diesen Forschungsansätzen, nämlich jene der Umweltgerechtigkeit, worunter Theorien zur Ungleichheit, zur Migration, zum Nord-Süd-Verhältnis und zu Aspekten des Postkolonialismus und der Situ-

---

81 Norgaard 2010: 119–120
82 Dunlap, McCright 2015: 303.
83 Ebd.: 306.
84 Norgaard 2018: 171.
85 Z. B. Aykut, Comby, Guillemot 2011; Comby 2015.
86 Dunlap 2009; McCright 2009; Dunlap, McCright 2015.
87 Dunlap 2009.
88 Dunlap, McCright 2015: 314.
89 Ebd.: 320.

ierung zu fassen sind, denn das Klima und seine Entwicklung betreffen nicht alle Kategorien der Bevölkerung auf dieselbe Weise, und auch Individuen sind den Wechselfällen des Klimas nicht in demselben Maße ausgesetzt. Vor allem wurden Arbeiten veröffentlicht zu den Themen Klimaflüchtlinge sowie Ungleichheit der Ursachen und Folgen des globalen Klimawandels hinsichtlich verschiedener Kategorien (der Gesellschaft, der Geschlechter, der klassenspezifischen Kultur, des Nord-Süd-Verhältnisses):[90] Die Studien haben vor allem deutlich gemacht, dass genau jene Bevölkerungen, die am meisten vom Klimawandel betroffen sind, am wenigsten zu diesem Phänomen beitragen. Jüngeren Datums ist die Überblicksdarstellung von Sharon L. Harlan und ihrer Mitarbeiter*innen,[91] die speziell auf die Klimagerechtigkeit eingeht und dabei hinsichtlich der Energieerzeugung auf die Ungleichheiten zwischen reichen Ländern mit hohem Kohlenstoffausstoß und den ärmsten Ländern verweist, die die Konsequenzen dieser Produktion bzw. Emission zu tragen haben einschließlich jener Areale, die der Gewinnung von Energiequellen dienen. Darüber hinaus sind die reichen Länder besser auf den Schutz vor Klimarisiken eingestellt, wogegen die armen Länder über keine materiellen und wirtschaftlichen Ressourcen dafür verfügen: «Während bestimmte Länder oder Gruppen bis zu einem gewissen Grad in der Lage sind, die Auswirkungen von Tornados oder Überschwemmungen aufzufangen, erleben andere – jene, die in puncto Verwundbarkeit der Gesellschaft benachteiligt sind – einen Zusammenbruch der sozialen Ordnung und eine Eskalation der Gewalt».[92] Freilich können solche Unterschiede auch innerhalb ein und desselben Landes zutage treten: So legen Eric Klinenberg, Malcolm Araos und Liz Koslov dar, wie auf lokaler Ebene «arme Stadtviertel Hitzewellen und Flutkatastrophen stärker ausgesetzt und ihre Bewohner bei Extremereignissen stärker von Krankheit und Sterblichkeit betroffen sind».[93]

In der Tat sind bestimmte Bevölkerungen Klimarisiken stärker ausgesetzt, und diese Gefahrensituation ist im Lichte jener Umwälzungen untersucht worden, die der Klimawandel mit sich bringt. In dieser Hinsicht spricht Ulrich Beck von der sozialen Verwundbarkeit bestimmter Bevölkerungen unter Verweis auf die Tatsache, dass der Klimawandel eine Verwundbarkeit von Regionen dramatisch verschärfen oder aber abschwächen kann und dass «es ohne den Begriff der sozialen Verwundbarkeit unmöglich ist, das katastrophale Ausmaß des Klimawandels zu begreifen».[94] Die Auswirkungen des Klimawandels und insbesondere jene, die die Bewohner*innen von Küsten und Inseln treffen, darunter der

---

90 Nagel, Dietz, Broadbent 2010.
91 Harlan u. a. 2015.
92 Beck 2010: 175.
93 Klinenberg, Araos, Koslov 2020: 66.
94 Beck 2010: 171–172.

Anstieg des Meeresspiegels,[95] erzeugen das, was Ulrich Beck eine kritische Verwundbarkeit für bestimmte Bevölkerungen nennt,[96] das heißt unumkehrbare Folgen hinsichtlich des sozialen Zusammenhalts, so etwa Phänomene wie die Schwächung sozialer Bindungen oder gar Migrationswellen. In diesen Fällen spricht man von Klimaflüchtlingen.[97]

Klinenberg, Araos und Koslov kommen ihrerseits auf die Bedeutung des sozialen Zusammenhalts für die Widerstandsfähigkeit bei Extremereignissen zu sprechen und weisen nach, dass die Regierungen in durch Folgen des Klimawandels besonders gefährdeten Gebieten schlecht vorbereitet sind, was eine Bekämpfung kollektiver Umwälzungen angeht.[98] Diese Situation kann zu einem Vorgehen führen, bei dem das Desaster gleichsam vorweggenommen wird (*anticipatory ruination*),[99] das Migrationswellen auslöst und im Zuge dessen, abgesehen von materiellen Verlusten, einen Niedergang des Gemeinschaftsgefühls und der sozialen Netzwerke verursacht, die für den Einzelnen unabdingbar sind.

3.6. Geschlecht und Klima

Der Zusammenhang zwischen Geschlecht und Klima gehört zu den Themen, die in Untersuchungen zu Ungleichheiten behandelt werden. Auf der Grundlage des Ökofeminismus erfährt die Klimaforschung eine Erneuerung durch den Aufschwung der Gender Studies, die ihrerseits durch die postkoloniale Bewegung gestärkt werden in ihrem Bemühen, neue Sichtweisen vorzulegen, also Perspektiven auf Themen, die man bislang für allgemeingültig hielt – darunter die Natur. Die Untersuchung von Joane Nagel bietet einen klaren und anschaulichen Überblick zu dieser Fragestellung und zum Erfordernis einer weitergehenden Objektivierung des Zusammenhangs zwischen Geschlecht und Klima, denn es sei nicht nur so, dass «bei klimabedingten Naturkatastrophen mehr Frauen als Männer sterben; [...] und dass konservativ eingestellte Männer mit ihren Eigeninteressen an der Spitze der Maschinerie stehen, die den Klimawandel leugnet», sondern darüber hinaus seien «die politischen Entscheidungsträger, die zum Kampf gegen den Klimawandel wissenschaftliche Ansätze und Lösungen in großem Stil umsetzen, mehrheitlich Männer, die der Ideologie des kontinuierlichen Wirtschaftswachstums sowie einem Programm verpflichtet seien, das die Interessen der Frauen und der Wirtschaft von Entwicklungsländern an den Rand drängt».[100] Das entsprechende Forschungsprogramm ist also auf den Weg ge-

---

95 Longo, Clark 2016.
96 Beck 2010.
97 Norgaard 2018: 173; Tubiana, Gemenne, Magnan 2010.
98 Klinenberg, Araos, Koslov 2020: 68.
99 Ebd.: 69.
100 Nagel 2015.

bracht und öffnet sich zunehmend Ansätzen, die sich aus dem Ökofeminismus speisen und Wert darauf legen, dass materielle wie diskursive Formen der Klimawandels durch geschlechterspezifische Aspekte grundlegendbestimmt werden.[101]

Nichtsdestoweniger ist hier auf eine Schwierigkeit hinzuweisen, die die Kopplung von Genderthemen und Klima bzw. Umweltthemen innerhalb der Sozialwissenschaften mit sich bringt: Beide werden für gewöhnlich keinen bestimmten Fächern zugerechnet, sondern vielmehr «Studies» (den Gender Studies) oder auch Forschungsverbünden (den Umweltwissenschaften). Dies trägt dazu bei, dass diese Themen im Rahmen der Sozialwissenschaften ihre Berechtigung erhalten auf die Gefahr hin, dass eine klare Einbeziehung dieser Fragen in die eigene Disziplin hinausgezögert und ein überaus vielschichtiger Untersuchungsgegenstand festgelegt wird. So erwähnen genderbezogene Arbeiten das Klima häufig, obwohl sie es eigentlich über das Studium ganz anderer Themen in den Blick nehmen: etwa über die Landwirtschaft und den Aufbau von entsprechenden Wissensbeständen,[102] die Umweltgerechtigkeit und die Umweltbewegungen,[103] über Nachhaltigkeit bzw. den ökologischen Fußabdruck von Männern und Frauen und damit die Unterschiede hinsichtlich des Zugangs zu Ressourcen und des Verbraucherverhaltens[104] sowie gelegentlich auch direkt über internationale Klimaverhandlungen mit dem Hinweis auf die schwache Vertretung der Frauen in den Entscheidungsinstanzen der Klimapolitik.[105]

3.7. Soziale Bewegungen

Die Zugehörigkeit zu einem Kollektiv oder gar die Beteiligung an einer sozialen Bewegung spielen faktisch eine wichtige Rolle, sowohl mit dem Ziel, eine Widerstandsfähigkeit für die Zeit nach einer Katastrophe zu erlangen, als auch in der Absicht, eine generelle Anpassungsbereitschaft zu fördern.[106] Hinsichtlich des gesellschaftlichen Zusammenhalts warnt Kari M. Norgaard vor der Gefahr, die der Klimawandel für kollektive Identitäten und Symbole auf der Bedeutungsebene darstelle.[107] Erst kürzlich hat die breite öffentliche Wahrnehmung der Umweltbewegungen junger Bevölkerungsgruppen dazu geführt, dass Untersuchun-

---

101 McGregor 2010.
102 «Frauen [tragen bei] zur Bewahrung der Agrobiodiversität, die umso wichtiger ist, als sie zu einem erfolgreicheren Kampf gegen die aktuellen Klimarisiken verhilft», heißt es bei Guétat-Bernard, Saussey 2014: 33.
103 Laugier, Falquet, Molinier 2015; Terry 2009.
104 Gramme 2016: 77–79.
105 Hemmati, Rohr 2009.
106 Walker 2011.
107 Norgaard 2018: 173.

gen zu diesem Thema gefördert wurden. Der Grundgedanke kann hier mit Rob White so formuliert werden: «Junge Leute jeglicher Herkunft attackieren den Sinn und Unsinn einer Welt, die von einer Kultur der Begehrlichkeit geprägt ist.»[108] Die soziologische Untersuchung der politischen Einstellung der jungen Leute zeigt, dass diese sicherlich individueller auftreten, dass ihre politische und ideologische Verwurzelung weniger strukturiert ist als jene der Älteren, aber dass sie darum nicht weniger engagiert sind und ihr Bewusstseinslevel ausgesprochen hoch ist.[109] Die Umwelt bzw. hier das Klima waren immer schon ein Rückzugsort für politisches Engagement: Indem sie sich der Themen Klima, Ungleichheit, Prepperwesen, aber auch Viehzucht und Biodiversität annimmt, erneuert eine Vielfalt von Kollektiven das gemeinschaftliche Engagement und die Bedeutung, die die Jugend in diesem einnimmt. Die Überblicksdarstellung von Karen O'Brien, Elin Selboe und Bronwyn Hayward trägt zu einer Berichterstattung über diese Bewegungen bei und unterscheidet nach einem reformistischen Ansatz (im Rahmen einer legitimen Widerstandsbewegung), einem oppositionellen (einem Widerstand, der zum Umsturz aufruft) und einem propositionellen (einem risikobereiten Widerstand).[110] Die Mehrheit der Untersuchungen hebt die Tatsache hervor, dass die Haltung gegenüber Klima- und Umweltrisiken – oder einer allgemeinen Katastrophensituation – «zur Suche nach einem Halt im Kollektiv antreibt in der Hoffnung, die eigene Ohnmacht und Isolierung zu überwinden und die persönliche Laufbahn als Autodidakt zu stärken».[111]

Generell stellt das Engagement auf lokaler Ebene eine wichtige Etappe in der Entwicklung der Beziehung zwischen Individuum und Demokratie dar,[112] und etliche Untersuchungen nehmen die Herausbildung von Kollektiven in den Blick, deren Berufung in einer Reaktion auf globale Herausforderungen liegt, wobei der Zusammenschluss dazu dienen soll, einer bestimmten Dynamik der Eingrenzung oder Anpassung eine andere Richtung zu geben, meistens im Zusammenhang mit der Ernährung, einem nachhaltigen Konsum und dem Bereich der Energie. Für diese letztgenannten Fälle unterstützen Julia Backhaus, Audley Genus und Julia Wittmayer einen analytischen Rückgriff auf die Trias «soziale Innovation, nachhaltiger Konsum und gesellschaftlicher Wandel» mit dem Ziel einer Darstellung und Deutung dieser kollektiven Phänomene,[113] während andere Autoren und Autorinnen die Betonung auf die Verbindung zwischen der Herausbildung von Kollektiven um diese Themen herum, insbesondere im Energie-

---

108 White 2011: 16.
109 Muxel 2019
110 O'Brien, Selboe, Hayward 2018: 42.
111 Tasset 2019.
112 Norgaard 2018: 174.
113 Backhaus, Genus, Wittmayer 2018.

bereich,[114] und der daraus resultierenden sozialen Innovation legen, wodurch die übliche Logik des Führungssystems auf den Kopf gestellt und lokalen Akteure und Akteurinnen eine wachsende Bedeutung zugebilligt wird, wobei eine Logik der Polarisierung (Dezentralisierung), der Handlungsebene (räumliche Nähe) und der Technisierung (wirtschaftliche Unabhängigkeit) zu hinterfragen wäre.[115]

3.8. Verbraucherverhalten, Märkte, Organisationen

Schließlich kann man in diesem Zusammenhang die Bedeutung des Konsums, der Organisation und des Marktes nicht übergehen, denn aufgrund des Einflusses des Verbraucherverhaltens auf das Klima sind hier durchaus gesellschaftliche Faktoren zu untersuchen, an denen sich individuelle und kollektive Konsumentscheidungen ausrichten. So liegen jüngere Studien vor, die «individualistische Hypothesen in Frage stellen [...], indem sie erforschen, wo individuelle Entscheidungen der Verbraucher aufhören und wo soziale Praktiken anfangen, was Fragen zur Macht oder Ohnmacht von Verbrauchern aufwirft».[116] Auch verweisen die Autoren und Autorinnen darauf, dass in bestimmten Bereichen, in denen der ökologische Fußabdruck besonders hoch ist (Transport, Wohnung, Ernährung), «das individuelle Verhalten bzw. der grüne Verbraucher [nicht mehr] als eine unveränderliche Kategorie betrachtet wird», weil sich die gesellschaftlichen, institutionellen und symbolischen Werte wandeln und «institutionelle Möglichkeiten zu neuen Verhaltensweisen» und neue soziale Praktiken unter veränderten Vorzeichen hervorbringen.[117] Im Übrigen haben politische Aktionen bereits ihre direkte oder indirekte Wirksamkeit gezeigt für eine Ausrichtung des Verhaltens an einem geringeren Kohlendioxidausstoß, und zwar im Bereich des Landbaus und der Mobilität. Dies entspricht den Aussagen Frederick H. Buttels zur Verinnerlichung umweltgerechten Verhaltens (*self-consciously or environmentally relevant*): Dieser fordert auf zu einer Untersuchung des Umschwungs dieser Praktiken (Handlungen, die durch einen symbolischen oder politischen Bezug zur Umwelt motiviert sind) hin zu sogenannten unterstrukturierten Praktiken (*substructurally-environmental*), bei denen die Auswirkung auf die Umwelt – hier das Klima – immer gegenwärtig sein solle, auch wenn dies nicht mehr das Hauptziel sei und die Praxis in die tägliche Routine integriert sei.[118]

Das Thema der Wirtschaftsorganisationen und des sozioinstitutionellen Kontexts ihrer Handlungen und Stellungnahmen in Verbindung mit dem Kli-

---

114 Soutar 2018.
115 Rumpala 2012.
116 Klinenberg, Araos, Koslov 2020: 612.
117 Ebd.
118 Buttel 1996: 67.

mawandel wird häufig im Zusammenhang mit der Strömung der ökologischen Modernisierung betrachtet.[119] Es geht um einen Bericht über die Mechanismen einer Restrukturierung politischer und ökonomischer Institutionen sowie, auf einer niedrigeren Ebene, über jene des Konsums, soweit sie von Umweltüberlegungen geleitet sind.[120] Dieses Interesse an der Institutionalisierung der ökologischen Vernunft im Rahmen von Regierungs- und Wirtschaftsorganisationen schreibt sich ein in eine Soziologie der Umweltreformen. Während sie zu Beginn von einem gewissen Optimismus hinsichtlich von Verbesserungen im Umweltbereich mittels veränderter Organisationsformen geprägt war, ist die ökologische Modernisierung der Institutionen heutzutage eher an den Grenzen dieser einmal ergriffenen Maßnahmen interessiert,[121] beispielsweise im Fall der politischen Strategien Australiens[122] oder Deutschlands[123]. Bei Letzteren liege der Erfolg gerade in ihrem hohen technologischen Niveau und in einer Reihe von Investitionen in innovative Verfahren begründet statt nur in einer Regulierung des Marktes, und dies trotz einiger Widersprüche im Bereich der Nutzung von Kohleressourcen.[124] Andere Forschungsansätze widmen sich der Aneignung der Anpassung an den Klimawandel seitens der Akteure und Akteurinnen der Wirtschaft. Über eine Förderung von Regulierungsmaßnahmen hinaus erfordert die Anpassung eine gründliche Hinterfragung von Seiten der institutionellen Träger und der Unternehmen, einschließlich ihrer Verbindung zu bestimmten Landstrichen, zu vorhandenen Ressourcen und zu Aspekten der Verwundbarkeit. Rebecca Elliot führt dazu den Fall jener Behörde, die in Louisiana in den Vereinigten Staaten für den Hochwasserschutz zuständig ist, und zeigt auf, dass diese weniger das Ziel einer Kontrolle oder einer Modernisierung verfolge als vielmehr jenes einer Verringerung der Verluste und einer Umsetzung von Entschädigungsmaßnahmen, was dazu Anlass gibt, die Klimasoziologie generell mehr in Bezug auf Verlustrechnungen zu konzipieren (*sociology of loss*) und nicht nur mit Blick auf den Aspekt der Nachhaltigkeit (*sustainability*).[125] Eine vergleichbare Überlegung stellen Julie Gobert, Florence Rudolf, Alexandre Kudriavtsev und Paul Averbeck an bei dem Nachweis, in welchem Maße sich Unternehmen neu aufstellen und in eine Dynamik der Anpassung an Klimarisiken einfügen: Diese Anpassung «konfrontiert Unternehmen mit einem genaueren Verständnis des Klimawandels und der Auswirkungen und Risiken, die dieser für die Wirt-

---

119 Perrow, Pulver 2015.
120 Mol 2000: 139; Boudes 2017.
121 Gonzalez 2005.
122 Curran 2009; Salleh 2010.
123 Jänicke 2011.
124 Ebd.
125 Elliot 2018: 319.

schaftstätigkeit mit sich bringt».[126] Zwar variiert die Handlungsbereitschaft von einem Betrieb zum nächsten, doch entwickeln die meisten von ihnen ihre Einstellung zur ökologischen Vernunft und zum Klimarisiko fortlaufend weiter.

4. Schlussfolgerungen

Dieser Beitrag begann mit der Darstellung des Problems, dass die soziologische Untersuchung der Klimathematik öffentlich kaum wahrgenommen wurde, am Schluss des Kapitels kann nunmehr sicher behauptet werden, dass dies der Vergangenheit angehört. Ungeachtet fortbestehender Hindernisse, die vor allem mit der Geschichte der Wissenschaften und der Soziologie verknüpft sind – hinsichtlich des Verhältnisses der Fächer untereinander, der vorgebrachten Kritik an der Depolitisierung von Klimafragen und der Individualisierung der Beziehungen zwischen Mensch und Klima –, sind von Soziologen und Soziologinnen erfolgreich größere Anstrengungen unternommen worden, um die Klimathematik voll und ganz zu besetzen. Die Vielfalt der Forschungsansätze, die diese Entwicklung kennzeichnet, speist sich aus der Gesamtheit der soziologischen Fachrichtungen und gibt an dieser Stelle Anlass zu weiteren Ausführungen, mit denen drei Punkte zur Diskussion gestellt werden sollen.

Der erste Punkt betrifft die universitäre Lehre, und zwar ausgehend von dem anregenden Artikel von John Chung-En Liu und Andrew Szasz über den Stellenwert des Klimas in soziologischen Handbüchern.[127] Die Autoren gelangen zu der Feststellung, dass das Klima dort der Umweltthematik zugeschlagen wird, deren Behandlung allerdings nur wenige Seiten umfasst, und zwar stets am Schluss des Bandes in Kapiteln, die zugleich ganz anderen Themen gewidmet sind.[128] Dabei steht diese Zuweisung jedoch im Widerspruch zu der Tatsache, dass dieselben Handbücher zumeist die dramatischen, weltweiten Auswirkungen des Klimawandels betonen. Es sollte mithin möglich sein, Soziologen und Soziologinnen verstärkt zur Lehre über diese Herausforderungen anzuregen, das heißt, diese in soziologische Studiengänge aufzunehmen, beispielsweise im Zusammenhang mit der Wirtschaftssoziologie (um die Widersprüche des aktuellen ökonomischen Systems hervorzuheben), mit Analysen der Globalisierung und der Ungleichheit, mit Wissenschaft und Technik, um auf ihre gesellschaftliche Entstehung abzuheben,[129] sowie generell mit der Gesamtheit der fachübergreifenden Themen der Soziologie, wie sie im Verlauf dieses Kapitels angeführt wurden, darunter soziale Bewegungen und gesellschaftliche Vorstellungswelten.

---

126 Gobert u. a. 2017.
127 Liu, Szasz 2019.
128 Ebd.: 275.
129 Ebd.: 280.

In dieselbe Zielrichtung weist der zweite Punkt, der Gedanke, dass es durchaus möglich erscheint, Einführungen in die Soziologie zu konzipieren, die von der Klimathematik ausgehen, wie es Florence Rudolf vorschlägt.[130] Ohne deshalb die grundlegende Bedeutung der Soziologie schmälern zu wollen, könnten die Überlegungen André Micouds zur Biodiversität[131] oder jene von Philippe Boudes und Catherine Darrot zu umweltspezifischen Allgemeingütern Anwendung auf die Klimathematik finden.[132] Dabei geht es darum, bezüglich Letzterer drei Aspekte in den Blick zu nehmen: zunächst ihre Dimension als Konzept, das heißt die wissenschaftliche Konstruktion und die Entwicklung von Definitionen, Parametern, Modellen und Epistemologien, die damit verbunden sind; weiter ihre politische Dimension, das heißt die Art und Weise, in der Gesellschaften ein kollektives Handeln, eine Modellierung des Klimas und eine Anpassung und Neudefinition dessen, was unsere Einstellung zum Klima ausmacht, in Betracht ziehen; und schließlich ihre Erlebensdimension, somit ein Nachdenken über die Art und Weise, in der Gesellschaften und Individuen das Klima wahrnehmen, über dessen Bedeutung und über die Frage, inwieweit es anderen (individuellen und kollektiven) Dynamiken entspricht bzw. mit ihnen verbunden ist. Diese Fragestellungen zur Wissenschaft und Technik, zur Politik und zu Handlungsweisen sowie auch die Sinnhaftigkeit und das konkrete Erleben mahnen eine durch und durch kritische Haltung der Soziologen und Soziologinnen an, deren Ziel es sein sollte, Gegenwärtiges, Bevorstehendes sowie die gemeinsame Teilhabe von Individuen an der gesellschaftlichen Realität zu hinterfragen.

Und ein dritter Punkt sei genannt: Man kann – auch wenn die bisherige allgemeine Darstellung des Zusammenhangs zwischen Soziologie und Klima einer gewissen Neutralität verpflichtet war – dieses Kapitel nicht beenden, ohne das Engagement der Soziologen und Soziologinnen zu erwähnen, die sich in diesem Bereich betätigen. Diese tragen sicherlich zu einer Aufwertung des entsprechenden Vorgehens innerhalb der Soziologie bei, doch legen sie besonderen Wert auf eine Ausweitung dieser Untersuchungen und auf die Anerkennung des Klimas als eines zentralen, verbindenden Forschungsgegenstands mit dem Ziel eines entscheidenden Erkenntnisgewinns und der Möglichkeit, konsequent handelnd einzugreifen angesichts dieser Herausforderung, die von den meisten als ein grundsätzliches Risiko beurteilt wird oder auch, wie wiederum in einem soziologisches Standardwerk versichert wird, als «ein Problem gewaltigen Ausmaßes, das die Zukunft eines jeden von uns bedroht».[133] Gesellschaftliche Systeme und Phänomene bilden einen Schlüsselbereich der gegenwärtigen Klimaprobleme, ihrer Ursachen, ihrer Auswirkungen und ihrer Deutung, und aus diesem

---

130 Rudolf 2009.
131 Micouds 2005.
132 Boudes, Darrot 2016.
133 Macionis 2017: 584, wieder in: Liu, Szasz 2019: 277.

Grund muss die Soziologie ihre fachlichen Anstrengungen fortsetzen, indem sie ihren Beitrag zur interdisziplinären Klimaforschung und ihre Teilhabe an bereits ergriffenen Maßnahmen noch verstärkt, um diesen Herausforderungen angemessen begegnen zu können.

5. Bibliografie

Audet, René: The Double Hermeneutic of Sustainability Transitions. In: Environmental Innovation and Societal Transitions 11 (2014): 46–49.

Aykut, Stefan C.; Comby, Jean-Baptiste; Guillemot, Hélène: Climate Change Controversies in French Mass Media 1990–2010. In: Journalism Studies 13/2 (2012): 157–174, DOI: doi.org/10.1080/1461670x.2011.646395.

Aykut, Stefan C.; Dahan, Amy: Le régime climatique avant et après Copenhague. Sciences, politiques et l'objectif des deux degrés. In: Natures, sciences, sociétés 2/19 (2011): 144–157, DOI: doi.org/10.1051/nss/2011144.

Aykut, Stefan C.; Dahan, Amy: Gouverner le climat? 20 ans de négociations climatiques. Paris 2015.

Backhaus, Julia; Genus, Audley; Wittmayer, Julia M.: Introduction. The Nexus of Social Innovation, Sustainable Consumption, and Societal Transformation. In: Backhaus, Julia; Genus, Audley; Lorek, Sylvia; Vadovics, Edina; Wittmayer, Julia (Hg.): Social Innovation and Sustainable Consumption. Research and Action for Societal Transformation. London 2018: 1–11.

Barbier, Rémi; Boudes, Philippe; Bozonnet, Jean-Paul; Candau, Jacqueline; Dobré, Michelle; Lewis, Nathalie; Rudolf, Florence (Hg.): Manuel de sociologie de l'environnement. Québec 2012.

Beck, Ulrich: La société du risque [1986]. Paris 2001.

Beck, Ulrich: Remapping Social Inequalities in an Age of Climate Change. For a Cosmopolitan Renewal of Sociology. In: Global Networks 10 (2010): 165–181, DOI: doi.org/10.1111/j.1471-0374.2010.00281.x.

Bellamy, Rob; Hulme, Mike: Beyond the Tipping Point. Understanding Perceptions of Abrupt Climate Change and their Implications. In: Weather, Climate and Society 3 (2011): 48–60, DOI: doi.org/10.1175/2011wcas1081.1.

Bessis, Franck: La théorie de la réflexivité limitée. Une contribution au débat sur l'action entre l'économie des conventions et la théorie de la régulation. In: Cahiers d'économie politique 54/1 (2008): 27–56, DOI: doi.org/10.3917/cep.054.0027.

Beyne, Loppoly: Environnement. Perception des enjeux et pratiques des Français selon différentes caractéristiques sociodémographiques. Masterthesis, École des hautes études en sciences sociales. Paris 2020.

Bhatasara, Sandra: Debating Sociology and Climate Change. In: Journal of Integrative Environmental Sciences 12/3 (2015): 217–233, DOI: doi.org/10.1080/1943815x.2015.1108342.

Boström, Magnus; Lidskog, Rolf; Uggla, Ylva: A Reflexive Look at Reflexivity in Environmental Sociology. In: Environmental Sociology 3/1 (2017): 6–16, DOI: doi.org/10.1080/23251042.2016.1237336.

Boudes, Philippe: L'environnement, domaine sociologique. La sociologie au risque de l'environnement. Dissertation, Université Bordeaux II. Bordeaux 2008.

Boudes, Philippe: Morphologie sociale et sociologie de l'environnement. L'apport de Halbwachs à l'étude des relations entre les sociétés et leur milieu naturel. In: L'Année sociologique 61/1 (2011): 201–224, DOI: doi.org/10.3917/anso.111.0201.
Boudes, Philippe: La sociologie de l'environnement. Objets et démarches. In: Barbier, Rémi; Boudes, Philippe; Bozonnet, Jean-Paul; Candau, Jacqueline; Dobré, Michelle; Lewis, Nathalie; Rudolf, Florence (Hg.): Manuel de sociologie de l'environnement. Québec 2012: 113–125.
Boudes, Philippe: Changement social et écologie. Où en est la modernisation écologique? In: Sociologos 12 (2017), DOI: doi.org/10.4000/socio-logos.3142.
Boudes, Philippe; Darrot, Catherine: Biens publics. Construction économique et registres sociaux. In: Revue de la régulation 19 (2016), DOI: doi.org/10.4000/regulation.11805.
Bozonnet, Jean-Paul: Le contre-récit climatique dans l'opinion européenne. Émergence et signification sociale. In: Zaccai, Edwin; Gemenne, François; Decroly, Jean-Michel (Hg.): Controverses climatiques, sciences et politique. Paris 2012: 195–219.
Brulle, Robert J.; Dunlap, Riley E.: Sociology and Climate Change. In: Dunlap, Riley E.; Brulle, Robert J. (Hg): Climate Change and Society. Sociological Perspectives. New York 2015: 1–21.
Buttel, Frederick H.: Environmental and Resource Sociology. Theoretical Issues and Opportunity for Synthesis. In: Rural Sociology 61/1 (1996): 56–76, DOI: doi.org/10.1111/j.1549-0831.1996.tb00610.x.
Charles, Lionel; Kalaora, Bernard; Vlassopoulos, Chloé: Environnement sans frontières et sociétés. L'incomplétude sociologique. In: Blanc, Guillaume; Demeulenaere, Élise; Feuerhahn, Wolf (Hg.): Humanités environnementales. Enquêtes et contre-enquêtes. Paris 2017: 139–160.
Comby, Jean-Baptiste: La question climatique, genèse et dépolitisation d'un problème public. Paris 2015.
Curran, Giorel: Ecological Modernization and Climate Change in Australia. In: Environmental Politics 18/2 (2009): 201–217.
Dahan-Dalmedico, Amy: Climate Expertise. Between Scientific Credibility and Geopolitical Imperatives. In: Interdisciplinary Science Review 33/1 (2008): 71–81, DOI: doi.org/10.1179/030801808x259961
Duncan, Otis D. (1969). Human Ecology and Population Studies [1959]. In: Hauser, Philip M.; Duncan, Otis D. (Hg.): The Study of Population. An Inventory and Appraisal. Chicago 61969: 678–716.
Dunlap, Riley E.: The Conservative Assault on Climate Science. A Successful Case of Deconstructing Scientific Knowledge to Oppose Policy Change. In: Nagel, Joane; Dietz, Thomas; Broadbent, Jeffrey (Hg.): Workshop on Sociological Perspectives on Global Climate Change. Alexandria 2010: 67–73.
Dunlap, Riley E.; McCright: Aaron Challenging Climate Change. The Denial Countermovement. In: Dunlap, Riley E.; Brulle, Robert J. (Hg.): Climate Change and Society. Sociological perspectives New York 2015: 300–332.
Dupuy, Jean-Pierre: Pour un catastrophisme éclairé. Paris 2004.
Elliot, Rebecca: The Sociology of Climate Change as a Sociology of Loss. In: European Journal of Sociology 59/3 (2018): 301–337, DOI: doi.org/10.1017/s0003975618000152.
Fischer-Kowalski, Marina; Krausmann, Fridolin; Pallua, Irene: A Sociometabolic Reading of the Anthropocene. Modes of Subsistence, Population Size and Human Impact on Earth.

In: The Anthropocene Review 1/1 (2014): 8–33, DOI: doi.org/10.1177/ 2053019613518033.

Foster, John B.; Clark, Brett: Marx's Ecology in the 21st Century. In: World Review of Political Economy 1/1 (2010): 142–156.

Gobert, Julie; Rudolf, Florence; Kudriavtsev, Alexandre; Averbeck, Paul: L'adaptation des entreprises au changement climatique. Questionnements théoriques et opérationnels. Revue d'Allemagne et des pays de langue allemande 49/2 (2017): 491–504, DOI: doi.org/10. 4000/allemagne.606.

Godfrey, Phoebe C.: Introduction. Race, Gender & Class and Climate Change. In: Race, Gender & Class 19/1–2 (2012): 3–11.

Gonzalez, George A.: Urban Sprawl, Global Warming and the Limits of Ecological Modernisation. In: Environmental Politics 14/3 (2005): 344–362, DOI: doi.org/10.1080/ 0964410500087558.

Gould, Kenneth A.; Pellow David N.; Schnaiberg, Allan: Interrogating the Treadmill of Production. Everything you Wanted to Know about the Treadmill but Were Afraid to Ask. In: Organization and Environment 17/3 (2004): 296–316, DOI: doi.org/10.1177/ 1086026604268747.

Gramme, Sophie: Genre et changements climatiques. Analyse de la vulnérabilité à partir des rapports sociaux de sexe. Montréal 2016.

Grundmann, Reiner; Stehr, Nico: Climate Change. What Role for Sociology? In: Current Sociology 58/6 (2010): 897–910, DOI: doi.org/10.1177/0011392110376031.

Guétat-Bernard, Hélène; Saussey, Magalie: Genre et savoir. Dunkerque 2014.

Hamilton, Clive: Nous sommes tous climatosceptiques. Interview. In: Le Monde, 19 novembre 2018.

Han, Heejin; Ahn, San Wuk: Youth Mobilization to Stop Global Climate Change. Narratives and Impact. In: Sustainability 12 (2020), 4127: DOI: doi.org/10.3390/su12104127.

Harlan, Sharon L.; Pellow, David N.; Roberts, J. Timmons; Bell, Shannon Elizabeth; Holt, William G.; Nagel, Joane: Climate Justice and Inequality. In: Dunlap, Riley E.; Brulle, Robert J. (Hg): Climate Change and Society. Sociological Perspectives. New York 2015: 127–163.

Hemmati, Minu; Rohr, Ulrike: Engendering the Climate Change Negotiations. Experiences, Challenges, and Steps forward. In: Gender and Development 17/1 (2009): 19–32, DOI: doi.org/10.1080/13552070802696870.

Henry, Claude; Jollivet, Marcel: Introduction. Lettres des programmes interdisciplinaires de recherche du CNRS 17: numéro spécial, La question de l'environnement dans les sciences sociales (1998): 5–12.

International Social Science Council (ISCC): World Social Science Report. Changing Global Environment. Paris 2013.

Jänicke, Martin: German Climate Change Policy. Political and Economic Leadership. In: Wurzel, Rudiger; Connely, James (Hg.): The European Union as a Leader in International Climate Change Politics. London 2011: 129–146.

Jasanoff, Sheila: A New Climate for Society. In: Theory, Culture & Society 27/2–3 (2010): 233–253.

Jollivet, Marcel: Pour une transition écologique citoyenne. Paris 2015.

Kalaora, Bernard; Savoye, Antoine: La forêt pacifiée. Les forestiers de l'école de Le Play. Paris 1986.

Klein, Naomi: This Changes Everything. Capitalism vs. the Climate. London 2014.

Klinenberg, Eric; Araos, Malcolm; Koslov, Liz: Sociology and Climate crisis. In: Annual Review of Sociology 46 (2020): 6.1–6.21, DOI: doi.org/10.1146/annurev-soc-121919-054750.

La Branche Stéphane: Designing an Adaptation Strategy in a Complex Socioecosystem. Case of Territorial Climate and Energy Plans in France. In: Leal Filho, Walter (Hg.): Handbook of Climate Change Adaptation. Heidelberg 2015: 861–875.

Laugier, Sandra; Falquet, Jules; Molinier, Pascale: Genre et inégalités environnementales. Nouvelles menaces, nouvelles analyses, nouveaux féminismes. Introduction. In: Cahiers du Genre 2/59 (2015): 5–20, DOI: doi.org/10.3917/cdge.059.0005.

Leroy, Pieter: La sociologie de l'environnement en Europe. Évolution, champs d'action et ambivalence. In: Natures Sciences Sociétés 9/1 (2001): 29–39, DOI: doi.org/10.1016/s1240-1307(01)90005-6.

Lever-Tracy, Constance: Global Warming and Sociology. In: Current Sociology 56/3 (2008): 445–466, DOI: doi.org/10.1177/0011392107088238.

Liu, John Chung-En; Szasz, Andrew: Now is the Time to Add more Sociology of Climate Change to our Introduction to Sociology Courses. In: Teaching Sociology 47/4 (2019): 273–283, DOI: doi.org/10.1177/0092055x19862012.

Longo, Stefano; Clark, Brett: An Ocean of Troubles. Advancing Marine Sociology. In: Social Problems 63/4 (2016): 463–479, DOI: doi.org/10.1093/socpro/spw023.

Lorenzoni, Irene; Pidgeon, Nick F.: Public Views on Climate Change. European and USA Perspectives. In: Climatic Change 77 (2006): 73–95, DOI: doi.org/10.1007/s10584-006-9072-z.

Macionis, John J.: Sociology. New York 162017.

Marshall, Georges: Le syndrome de l'autruche. Pourquoi notre cerveau veut ignorer le changement climatique. Arles 2017.167

McCright, Aaron: The Political Dynamics of Climate Change. In: Joane Nagel, Joane; Dietz, Thomas; Broadbent, Jeffrey (Hg.): Workshop on Sociological Perspectives on Global Climate Change. Alexandria 2010: 105–109.

McGregor, Sherilyn: Gender and Climate Change. From Impacts to Discourses. In: Journal of the Indian Ocean Region 6/2 (2010): 223–238, DOI: doi.org/10.1080/19480881.2010.536669.

Micoud, André: Comment, en sociologue, tenter de rendre compte de l'émergence du thème de la biodiversité. In: Marty, Pascal; Vivien, Franck-Dominique; Lepart, Jacques; Larrère, Raphaël (Hg.): Les biodiversités. Objets, théories, pratiques. Paris 2005: 57–66.

Mills, Charles W.: The Sociological Imagination. New York 1959.

Mol, Arthur P.: Ecological Modernization. Industrial Transformations and Environmental Reform. In: Redclift, Michael R.; Woodgate, Graham (Hg.): International Handbook of Environmental Sociology. London 2000: 138–149.

Mol, Arthur P.; Spaargaren, Gert; Sonnenfeld, David A.: Ecological Modernization Theory. Taking Stock, Moving forward. In: Lockie, Stewart; Sonnenfeld, David A.; Fisher, Dana R. (Hg.): Routledge International Handbook of Social and Environmental Change. London 2014: 15–30.

Mooney, Harold A.; Duraiappah, Anantha; Larigauderie, Anne: Evolution of Natural and Social Science Interactions in Global Change Research Programs. In: Proceedings of the Natural Academy of Sciences 110, Beiheft 1 (2013): 3665–3672, DOI: doi.org/10.1073/pnas.1107484110.

Moscovici, Serge: Essai sur l'histoire humaine de la nature [1968]. Paris 1977.

Muxel, Anne: Politiquement jeune. La Tour-d'Aigues 2019.

Nagel, Joane: Gender and Climate Change. Impacts, Science, Policy. London 2015.

Nagel, Joane; Dietz, Thomas; Broadbent Jeffrey (Hg.): Workshop on Sociological Perspectives on Global Climate Change. Alexandria 2010).

Nisbet, Robert A.: The Sociological Tradition [1966]. Piscataway 1993.

Norgaard, Kari M.: The Social Organization of Climate Denial. In: Nagel, Joane; Dietz, Thomas; Broadbent, Jeffrey (Hg.): Workshop on Sociological Perspectives on Global Climate Change, Alexandria 2010: 117–119.

Norgaard, Kari M.: The Sociological Imagination in a Time of Climate Change. In: Global Planetary Change 163 (2018): 171–176, DOI: doi.org/10.1016/j.gloplacha.2017.09.018.

O'Brien, Karen; Selboe, Elin; Hayward, Bronwyn M.: Exploring Youth Activism on Climate Change. Dutiful, Disruptive, and Dangerous Dissent. In: Ecology and Society 23/3 (2018): www.ecologyandsociety.org/vol23/iss3/art42/, 24.08.2021, DOI: doi.org/10.5751/es-10287-230342.

Palsson, Gisli; Szerszynski, Bronislaw; Sörlin, Sverker; Marks, John; Avril, Bernard; Crumley, Carole; Hackmann, Heide; Holm, Poul; Ingram, John; Kirman, Alan; Pardo Buendia, Mercedes; Weehuizen, Rifka: Reconceptualizing the «Anthropos» in the Anthropocene. Integrating the Social Sciences and Humanities in Global Environmental Research. In: Environmental Science & Policy 28 (2013): 3–13.

Pellow, David N.; Brehm, Hollie N.: An Environmental Sociology for the Twenty-First Century. In: Annual Review of Sociology 39 (2013): 229–250.

Perrow, Charles; Pulver, Simone: Organizations and Markets. In: Dunlap, Riley E.; Brulle Robert J. (Hg.): Climate Change and Society. Sociological Perspectives. London 2015: 61–92.168

Redcliff, Michael R.; Woodgate, Graham (Hg.): The International Handbook of Environmental Sociology [1997]. London 2000.

Rosa, Eugene A.; York, Richard; Dietz, Thomas: Reflections on the STIRPAT Research Program. Environment, Technology and Society. 2004: 1–2.

Rudolf, Florence: Le climat change ... et la société? Montreuil 2009.

Rudolf, Florence: La réception territoriale du changement climatique ou comment le changement climatique contribue à l'émergence de territoires et de politiques climatiques spécifiques. In: VertigO, Sonderheft (2012): 12, DOI: doi.org/10.4000/vertigo.11825.

Rudolf, Florence (Hg.): Les villes à la croisée des stratégies globales et locales des enjeux climatiques. Québec 2016.

Rumpala, Yannick: Formes alternatives de production énergétique et reconfigurations politiques. La sociologie des énergies alternatives comme étude des potentialités de réorganisation du collectif. In: Flux 92/2 (2012): 47–61, DOI: doi.org/10.3917/flux.092.0047.

Salleh, Ariel: Climate Strategy: Making the Choice between Ecological Modernization or Living Well. In: Journal of Australian Political Economy 66 (2010): 124–149.

Scanu, Emiliano: L'action publique urbaine et les enjeux des changements climatiques. L'exemple de Québec et Gênes. Dissertation, Université de Laval. Québec 2015.

Schmid, Eva; Knopf, Brigitte; Fink, Meike; La Branche, Stéphane: Social Acceptance in Quantitative Low Carbon Scenarios. In: Renn, Ortwin; Reichel, André; Bauer, Joa (Hg.): Civil Society for Sustainability. A Guidebook for Connecting Science and Society. Bochum 2012, http://lowcarbon.inforse.org/files/resource_1/ENCI_Methodology_Acceptance_Scenarios_2012.pdf, 12.05.2024.

Shwom, Rachel L.; McCright, Aaron; Brechin, Steven R.: Public Opinion on Climate Change. In: Dunlap, Riley E.; Brulle, Robert J. (Hg.): Climate Change and Society. Sociological Perspectives. New York 2015: 269–299.

Soutar, Iain: Community Energy as a Site for Social Innovation. In: Backhaus, Julia; Genus, Audley; Lorek, Sylvia; Vadovics, Edina; Wittmayer, Julia (Hg.): Social Innovation and Sustainable Consumption. Research and Action for Societal Transformation. London 2018: 86–99.

Stevenson, Hayley; Dryzek, John S.: The Discursive Democratisation of Global Climate Governance. In: Environmental Politics 21/2 (2012): 189–210, DOI: doi.org/10.1080/09644016.2012.651898.

Swyngedouw, Erik: Apocalypse forever? Post-political Populism and the Spectre of Climate Change. In: Theory, Culture and Society 27/2–3 (2010): 213–232.

Tasset, Cyprien: Les «effondrés anonymes»? S'associer autour d'un constat de dépassement des limites planétaires. In: La Pensée écologique 3/1 (2019): 53–62, DOI: doi.org/10.3917/lpe.003.0053.

Terry, Geraldine: No Climate Justice without Gender Justice. An Overview of the Issues. In: Gender and Development 17/1 (2009): 5–18, DOI: doi.org/10.1080/13552070802696839.

Tubiana, Laurence; Gemenne, François; Magnan, Alexandre: Anticiper pour s'adapter. Le nouvel enjeu du changement climatique. Paris 2010.

Walker, Gordon: The Role of 'Community' in Carbon Governance. In: Wiley Interdisciplinary Review on Climate Change 2 (2011): 777–782, DOI: doi.org/10.1002/wcc.137.

White Rob Climate Change, Uncertain Futures and the Sociology of Youth. In: Youth Studies Australia 30/3 (2011): 13–19.

IX. Philosophie des Klimawandels

Ivo Wallimann-Helmer

1. Einleitung

Der menschengemachte Klimawandel ist eine der größten Herausforderungen für die Menschheit. Infolge der seit der Industrialisierung stark erhöhten Konzentration von Treibhausgasen in der Atmosphäre sind Klimaveränderungen und ihre negativen Auswirkungen bereits deutlich zu spüren. Wenn nichts geschieht, sind Schäden und Verluste als Folgen des Klimawandels unvermeidbar und werden in Zukunft noch zunehmen.[1] Zur Vermeidung der negativen Folgen des Klimawandels ist es erforderlich, den Ausstoß von Treibhausgasen zu senken, Maßnahmen zur Anpassung zu ergreifen und durch den Einsatz technologischer Lösungen, das heißt mit den Techniken des Geoengineering, auf das Klima einzuwirken.

Die Philosophie des Klimawandels beschäftigt sich hauptsächlich mit ethischen Fragen. Dieses recht junge Forschungsgebiet entstand in den 1990er Jahren.[2] Hauptgegenstand dieser Forschung ist die kritische Hinterfragung der internationalen Klimapolitik und ihrer Entscheidungen, und zwar insbesondere jener, die auf der Klimarahmenkonvention der Vereinten Nationen beruhen.[3] Der Hauptfokus der Forschung liegt dabei auf den Prinzipien einer gerechten Verteilung der Belastungen und Ansprüche im Umgang mit dem Klimawandel. Diese Auseinandersetzung erstreckt sich auf drei Bereiche. Der erste Bereich untersucht die Schwierigkeit, wirksame Maßnahmen zum Klimaschutz zu ergreifen. Hier soll die These untermauert werden, dass die klassischen Begriffe der Ethik angesichts der Herausforderung des Klimawandels kaum Anwendung finden. Der zweite Bereich untersucht, wie Maßnahmen gegen den Klimawandel gerechtfertigt werden können. Eine der verbreitetsten Strategien zur Rechtfertigung dieser Maßnahmen beruht auf Argumenten, die den Schutz der Menschenrechte einfordern. Der dritte Bereich untersucht aus demokratisch-liberaler Perspektive, wie sichergestellt werden kann, dass Klimaschutzmaßnahmen weder die persönliche Freiheit erheblich einschränken noch diskriminierend ausfallen. Hieraus ergeben sich Vorschläge zum Klimaschutz, die auf den Grundsätzen der freien Marktwirtschaft aufbauen.

---

1 IPCC 2018.
2 Bourban 2018; Bourban, Broussois, Fragnière 2022; Gardiner, Jamieson, Shue 2010.
3 Bourban 2017; Wallimann-Helmer 2019.

2. Die freie Marktwirtschaft als Ursache des Klimawandels

Die freie Marktwirtschaft und ihre Grundsätze werden häufig als Hauptursachen des Klimawandels angesehen, dies gilt auch für die Auseinandersetzungen innerhalb der Philosophie. Hierfür werden meist drei Gründe angeführt. Zunächst geht der menschengemachte Klimawandel auf die Industrialisierung zurück und diese wäre ohne eine freie Marktwirtschaft nicht möglich gewesen. Zugleich geht mit dem Paradigma des freien Marktes oft die Vorstellung einher, dass der Mensch stets nach Gewinnmaximierung strebe. Angesichts des Klimawandels wird in diesem Zusammenhang auf die Gefahr hingewiesen, dass eine wirkliche Motivation für den Klimaschutz fehle. Und schließlich stellt der Klimawandel den herkömmlichen Begriff der Verantwortung in Frage, wie er mit westlich-demokratischen Moralvorstellungen verknüpft ist. Die Fragmentierung von Ursachen und Auswirkungen des Klimawandels stellen das gängige Verständnis von moralischer Verantwortung in Frage. Deshalb vertreten viele in der Klimaethik die These, dass angesichts des Klimawandels eine neue Form der Ethik notwendig werde.[4]

Eine der wichtigsten Vorbedingungen für die Herausbildung eines freien Marktes ist die Anerkennung von Eigentumsrechten. Ausgehend von dem Gedanken, dass jedes menschliche Wesen ein Eigentumsrecht am eigenen Körper besitze, vertritt John Locke die Auffassung, dass jeder Mensch über einen berechtigten Anspruch auf die Früchte seiner eigenen Arbeit sowie auf den Gewinn verfüge, der im Rahmen fairer Bedingungen aus deren Tausch erzielt werde.[5] Diese beiden Grundbedingungen sind unabdingbar für die Entstehung einer freien Marktwirtschaft und für den schrittweisen Übergang von vornehmlich agrarisch geprägten hin zu industrialisierten Gesellschaften. Da der drastische Anstieg der Treibhausgase unmittelbar im Zusammenhang mit der Industrialisierung auftritt, liegt es nahe, die Hauptursache des menschengemachten Klimawandels in der Entwicklung der freien Marktwirtschaft zu sehen.

Wenn der menschengemachte Klimawandel in engem Zusammenhang mit der freien Marktwirtschaft steht, so kann man argumentieren, dass wirksamer Klimaschutz die Überwindung dieses Paradigmas zum Ziel haben müsse. Dies bedeutet, dass die freie Marktwirtschaft und deren Vorstellung von Privateigentum abgeschafft werden sollten. Weniger radikalen philosophischen Ansichten zufolge sollte man sich von der Idee des anhaltenden, wirtschaftlichen Wachstums verabschieden und vielmehr jene der Genügsamkeit oder gar ein Nullwachstum in Betracht ziehen.[6] Derartige Vorschläge werfen etliche Probleme

---

4　Jamieson 2010; Gardiner 2011.
5　Locke 1997.
6　Müller, Huppenbauer 2016.

auf, denn das Recht auf freie Lebensgestaltung gilt gemeinhin als ein grundlegender Wert, der absoluten Vorrang genießt, zumindest in der abendländischen Kultur, denn innerhalb dieses axiologischen Rahmens muss ein auf dem Markt basierendes Gewinnstreben genauso respektiert werden wie der Wunsch, ein Leben mit erhöhtem Ausstoß an Kohlendioxid zu führen.

Eine andere Form der Kritik behauptet, die freie Marktwirtschaft begünstige ein Verhalten, das auf rationale Gewinnmaximierung ausgerichtet sei, das fast zwangsläufig zu einer «Tragödie der Allmende» führe. Dies wird als eine mögliche Erklärung für die Trägheit der aktuellen globalen Klimapolitik behauptet, die immer noch keine wirksamen Maßnahmen zum Klimaschutz ergriffen hat. Die Fähigkeit der Biosphäre oder der Atmosphäre, Treibhausgase aufzunehmen, stellt in diesem Zusammenhang die «Allmende» dar, an der ungezügelter Raubbau betrieben wird.[7]

In der klassischen Darstellung der «Tragödie der Allmende» von Garrett Hardin wird angenommen, dass diese aufgrund des nutzenmaximierenden Verhaltens aller Beteiligten zuungunsten der Allmende entstehe.[8] Selbst wenn es langfristig in ihrem eigenen Selbstinteresse liegt, die Allmende zu bewahren, folgen die verschiedenen Nutzer ihrem persönlichen Eigeninteresse und ziehen daraus den höchstmöglichen Profit. Aufgrund der Tatsache, dass alle Nutzer der Allmende rationale Gewinnmaximierer sind, wird diese zwangsläufig kurz- oder langfristig übernutzt. Wie allerdings Elinor Ostrom gezeigt hat, ist kaum eine Allmende aller sozialen oder institutionellen Kontrolle entzogen, weshalb eine Übernutzung nicht zwangsläufig eintritt.[9] Sobald geeignete Kontrollmechanismen greifen, kann eine Übernutzung vermieden werden. Im Zusammenhang mit dem Klimawandel könnte man deshalb darauf hoffen, dass eine gefährliche anthropogene Störung des Klimasystems doch noch verhindert wird, weil die Emittierenden oder die politischen Akteure einander sozial kontrollieren.

Stephen Gardiner zufolge muss dies jedoch Wunschdenken bleiben. Die besondere Herausforderung des Klimawandels bestehe darin, dass die heute ausgestoßenen Treibhausgase ihre Wirkung nicht unmittelbar entfalten, sondern erst nach einer Frist von bis zu hundert Jahren oder mehr.[10] Folglich werden die negativen Auswirkungen der aktuellen Treibhausgasemissionen erst für die kommenden Generationen spürbar sein. Doch sind es die Menschen der Gegenwart,

---

7 Gardiner 2002. Bei der Aufnahmefähigkeit der Atmosphäre oder Biosphäre von «Übernutzung» zu sprechen, liefe auf eine starke Vereinfachung der physikalischen Prozesse hinaus. Im Prinzip ist diese Aufnahmefähigkeit unbegrenzt. Eine Begrenzung ergibt sich erst dadurch, dass ein bestimmter Temperaturanstieg als «unerwünscht» oder «gefährlich» angesehen wird. Es handelt sich hier um eine politische oder ethische Entscheidung und nicht um einen wissenschaftlichen oder physikalischen Befund.
8 Hardin 1968.
9 Ostrom u. a. 1999.
10 Gardiner 2006.

die die Belastungen des Klimaschutzes in Kauf nehmen müssen. Durch diese Zeitverschiebung wird die Sozialkontrolle hinfällig, die gemäß Elinor Ostrom eine nachhaltige Nutzung der Allmende gewährleisten könnte, denn zukünftige, noch nicht existierende Generationen können das Verhalten der Emittierenden von heute nicht kontrollieren. Wenn man also annimmt, dass Menschen rationale Gewinnmaximierer sind und dazu neigen, ihre Emissionen zugunsten ihrer persönlichen Vorteile zu steigern, dann erscheint ein gefährlicher Klimawandel kaum vermeidbar.

Das Motivationsproblem, das sich aus dieser Situation ergibt, verschärft sich noch durch eine zusätzliche Schwierigkeit: Egal wo geografisch gesehen Treibhausgase ausgestoßen werden – ihre Auswirkungen sind global, und die stärksten negativen Folgen sind häufig in jenen Gegenden der Welt spürbar, die am wenigsten zum Klimawandel beigetragen haben, ob nun in der Vergangenheit oder in der Gegenwart. Diese nicht nur zeitliche, sondern auch geografische Fragmentierung von Ursache (Ausstoß von Treibhausgasen) und Wirkung (klimabedingte Schäden und Verluste) stellt darüber hinaus den tradierten Begriff der Verantwortung in Frage, wie er im abendländischen Kulturkreis und seinen überlieferten Moralvorstellungen allgemein anerkannt ist.[11] Gemäß diesem Verständnis sind Individuen im Rahmen ihrer freien Lebensgestaltung verantwortlich für ihr Tun und nur dann gehalten, sich Grenzen aufzuerlegen, wenn ihr Handeln die Freiheit oder das Eigentum anderer schädigt. Dies setzt gemeinhin voraus, dass die Auswirkungen unseres Handelns unmittelbar sichtbar sind und eine Entschädigung für die negativen Folgen allein von den persönlich Betroffenen eingefordert werden kann. In Anbetracht der zeitlichen und geografischen Fragmentierung von Ursache und Wirkung im Fall des Klimawandels lässt sich dieser direkte Zusammenhang allerdings nicht mehr herstellen. Deshalb behaupten Dale Jamieson und andere Ethiker*innen, der Klimawandel erfordere eine neue, nie dagewesene Form der Ethik. Doch wie die nachstehenden Erläuterungen zeigen, entspringen die heute verbreiteten Konzepte der Klimaethik keineswegs einem neuen Verständnis von Moral.

Gleichzeitig gründet die herkömmliche abendländische Vorstellung von Verantwortung in einem ausgeprägten Individualismus. Dies führt zur Frage, inwiefern die Emissionen einer Person ausreichend zum Klimawandel beitragen, um als stichhaltig für die Zuschreibung von Verantwortung zu gelten.[12] Darüber hinaus kann die Verantwortung für den Ausstoß vergangener Treibhausgase über den fraglichen historischen Zeitraum seit der Industrialisierung hinweg letztlich nur Staaten als Gesamtheit zugeschrieben werden. Alle, die heute leben, ziehen einen Nutzen aus den in der Vergangenheit erzeugten Emissionen, doch sie sind keineswegs deren Verursacher. Deshalb werden häufig Staaten als Hauptakteure des Klimaschutzes betrachtet, nicht aber ihre Bürger*innen als In-

---

11 Jamieson 2010.
12 Fragnière 2016.

dividuen.¹³ Dennoch kann man bezweifeln, dass demokratische Staaten der Tragödie der Allmende – so wie Stephen Gardiner sie bestimmt hat – wirkungsvoll die Stirn bieten können.¹⁴ Vielmehr erscheint es weitaus wahrscheinlicher, dass demokratische Prozesse und ihre Politik dazu neigen, diese Tragödie fortzuschreiben.

3. Die Rechtfertigung des Klimaschutzes

Die Philosophie des Klimawandels beschränkt sich nicht nur auf die Untersuchung der Gründe, weshalb die Klimapolitik scheitert. Darüber hinaus ist sie bestrebt, Maßnahmen zum Klimaschutz aus ethischer Sicht zu rechtfertigen. Die Klimaethik kennt mehrere Strategien hierzu. 1) Der Klimawandel hat eine unvermeidliche Verletzung von Menschenrechten zur Folge. Eine Verletzung dieser Rechte gilt es zu vermeiden. 2) Es ist bereits offenbar, dass der Klimawandel unvermeidliche Schäden und Verluste mit sich bringt. Dies führt zu einer Verletzung von Eigentumsrechten und beeinträchtigt Rechte kultureller und sozialer Gemeinschaften. Auch für diese Bereiche sieht die Philosophie des Klimawandels Handlungsbedarf. 3) Der Klimawandel erzeugt ein doppeltes Unrecht. Etwas vereinfacht ausgedrückt könnte man sagen, dass die schlimmsten Auswirkungen des Klimawandels hauptsächlich in jenen Weltgegenden spürbar sein werden, die im Laufe der Geschichte selbst am wenigsten zum Klimawandel beigetragen haben. Diese Ungerechtigkeit sollte überwunden werden.

Argumente zur Rechtfertigung des Klimaschutzes, die sich auf die potenzielle Verletzung von Menschenrechten stützen, finden sich in zwei Varianten. Die weniger radikale dieser beiden Varianten stützt sich auf die Sachstandsberichte des Weltklimarates (Intergovernmental Panel on Climate Change, IPCC) und hebt darauf ab, dass der Klimawandel aller Wahrscheinlichkeit nach die Verletzung von Menschenrechten zur Folge habe.¹⁵ Die Menschenrechte, von denen hier die Rede ist, sind beispielsweise das Recht auf Leben, das Recht auf Gesundheit und das Recht auf Suffizienz. All diese Rechte stellen grundlegende Ansprüche des Menschen dar, die im Sinne von Menschenrechten berechtigte Forderungen darstellen. Die Auswirkungen des Klimawandels stellen ihren Schutz in Frage. Im Rahmen dieser Argumentation wird davon ausgegangen, dass der Klimawandel die Gefahr von Hungersnöten, Mangelernährung und Wasserknappheit erheblich erhöht. Auch wird angenommen, dass sich mit dem Klimawandel die Anzahl von Hitzetoden erhöhe und es entschieden schwieriger werde, in bestimmten Gegenden der Welt das Überleben von ganzen Bevölkerungsgruppen

---

13 Caney 2005; Page 1999.
14 Wallimann-Helmer 2013, 2015.
15 Caney 2010.

zu gewährleisten. In diesem Zusammenhang legen einige Ansätze nahe, radikalere Rechtfertigungsstrategien zu bemühen. So wird die Einführung eines zusätzlichen Menschenrechts gefordert, das den Anspruch anerkennt, nicht unter instabilen klimatischen Bedingungen leiden zu müssen.[16] Infolgedessen müsste die Resolution der Allgemeinen Erklärung der Menschenrechte um ein solches Recht ergänzt werden.

Gegen diese Rechtfertigung des Klimaschutzes wird eine Reihe von Einwänden vorgebracht.[17] Zunächst einmal sei es sachdienlicher, die zeitliche Dimension der Frage zu berücksichtigen. Maßnahmen des Klimaschutzes sollten bereits ergriffen werden, lange bevor konkrete Schäden entstünden. Folglich könne allein ein erhöhtes statistisches Risiko der Verletzung von Menschenrechten als Ausgangsbasis für eine Rechtfertigung von Klimaschutzmaßnahmen dienen. Ein solcher statistischer Ansatz ist allerdings nicht auf konkrete, bereits ermittelte Rechtsverletzungen anwendbar. Darüber hinaus beträfen die negativen Folgen der aktuellen Emissionen hauptsächlich zukünftige Generationen, die noch nicht existierten und ihre Menschenrechte nur potenziell, aber nicht de facto wahrnähmen. Beide Argumente zeigen, weshalb Forderungen nach Klimaschutzmaßnahmen basierend auf Menschenrechtsverletzungen keine klare Zuweisung der Verantwortlichkeiten bieten, weil sie sich nicht auf konkrete Rechtsverletzungen stützen können.

Im Rahmen einer Rechtfertigung von Klimaschutzmaßnahmen basierend auf Menschenrechtsverletzungen ist die Schwierigkeit, die sich aus der Unmöglichkeit einer klaren Zuweisung der Verantwortlichkeiten ergibt, nur durch den Bezug auf konkrete Schäden überwindbar, die der Klimawandel bereits verursacht hat und die sich in Zukunft noch verschlimmern werden. Selbst wenn es höchstwahrscheinlich niemals möglich sein wird, mit wissenschaftlicher Präzision nachzuweisen, wer genau in welchem Maße von den Emissionen eines bestimmten Landes oder einer Personengruppe betroffen sein wird, so kann man dennoch – unabhängig von diesen Kausalketten – bestimmen, welche Weltregionen die größten Schäden und die meisten Verluste erleiden werden.[18] Beispielsweise sind in Küstennähe lebende Gemeinschaften höchstwahrscheinlich einem massiven Anstieg des Meeresspiegels und einer verstärkten Erosion ausgesetzt. In Abhängigkeit von der jeweiligen Region und ihrer Anpassungsfähigkeit werden diese Bevölkerungsgruppen ihr Hab und Gut, ihr Land und wertvolle Kulturgüter verlieren.[19] Soweit das Recht auf Eigentum den Kern des Paradigmas der freien Marktwirtschaft aus-

---

16 Vanderheiden 2008.
17 Bell 2011.
18 Huggel u. a. 2016.
19 Zellentin 2015.

macht, sind der Klimaschutz und entsprechende Anpassungsmaßnahmen für den Schutz dieser Rechte unentbehrlich.[20]

Eine solche Rechtfertigung von Klimamaßnahmen wird allerdings dann problematisch, wenn Schäden und vor allem Verluste gar nicht verhindert werden können. In einem solchen Fall sind ergänzende Maßnahmen notwendig, allerdings nicht immer in Form finanzieller Mittel.[21] Der Verlust von vielen Gütern mag zwar häufig Anlass für eine monetäre Entschädigung sein, doch kann der Wert bzw. die symbolische Bedeutung einer Kulturstätte nur schwerlich mit einer solchen Kompensationszahlung aufgewogen werden. Und sogar in solchen Fällen weiß man nie genau, wer die Schadensersatzleistung eigentlich zu tätigen hat. Gleichwohl kann man generell festhalten, diese Verpflichtung liege bei den Industrieländern, weil sie den Großteil der klimarelevanten Treibhausgase verursacht hätten. Daneben werden es allgemein gesprochen die künftigen Generationen aus den Entwicklungsländern sein, die die negativen Auswirkungen des Klimawandels am heftigsten zu spüren bekommen.[22] Dies gilt nicht allein aufgrund der Tatsache, dass die negativen Folgen des Klimawandels in diesen Regionen der Welt am stärksten ausgeprägt sein werden. Dies gilt auch deshalb, weil diese Regionen häufig weniger in der Lage sind, Anpassungsmaßnahmen zu ergreifen, wenn man ihre jeweilige Infrastruktur, ihr Know-how und ihre wirtschaftlichen Ressourcen berücksichtigt. Nichtsdestotrotz führt bereits eine Einbeziehung der Bevölkerung dieser Regionen und ihres Wissensbestands in die Entscheidungsfindung über Anpassungsmaßnahmen häufig zu erheblich besseren Ergebnissen.[23]

Eine Philosophie des Klimawandels, die sich auf Ideen sozialer Gerechtigkeit stützt, kann meiner Meinung nach die überzeugendsten Argumente für eine Rechtfertigung von Klimaschutzmaßnahmen vorbringen. Gemäss dieser Perspektive gilt es, die vom Klimawandel verursachte Diskriminierung, die künftige Generationen in Entwicklungsländern erleiden, zu vermeiden oder aber auszugleichen.[24] Die Industrienationen stehen in der Pflicht, die Lage von unverschuldet benachteiligten Bevölkerungsgruppen zu verbessern. Dabei sind diese Nationen im Zusammenhang mit dem Klimawandel dazu keineswegs allein deshalb verpflichtet, weil sich ihre eigene Situation günstiger darstellt. Die philosophische und die politische Diskussion gehen davon aus, dass hierfür genauso ihr größerer Beitrag zur Entstehung des Klimawandels und ihre aktuellen Vorteile aus der Produktion von klimarelevanten Treibhausgasen früherer Generationen relevant seien.

---

20   Lelong 2020.
21   André 2020; Wallimann-Helmer u. a. 2019; Wallimann-Helmer 2020.
22   Roser, Seidel 2017.
23   Kaswan 2016.
24   Meyer, Roser 2010.

Ausgehend von diesen Überlegungen können damit drei klassische Prinzipien der Klimagerechtigkeit eingeführt werden: das Verursacherprinzip, das Nutznießerprinzip und das Leistungsfähigkeitsprinzip.[25] Das Verursacherprinzip verlangt, dass die Verursacher eines Schadens oder Risikos mehr tun müssen, um Abhilfe zu schaffen. Das Nutznießerprinzip verlangt, dass die Profiteure eines Schadens stärker zur Verantwortung gezogen werden. Diese beiden Prinzipien weisen in der Hauptsache den hochentwickelten Industrienationen eine größere Verantwortung zu, Klimaschutzmaßnahmen zu ergreifen und Anpassungsmaßnahmen zu ermöglichen bzw. umzusetzen. Im Fall des Leistungsfähigkeitsprinzips lässt sich eine Verantwortlichkeit weniger eindeutig zuweisen. Einerseits sind nicht alle Industrienationen gleichermaßen in der Lage, Emissionen zu senken oder Anpassungsmaßnahmen zu ergreifen. Andererseits scheint unter gewissen Umständen die Hilfe, die sich Entwicklungsländer gegenseitig zukommen lassen können, aufgrund der Vergleichbarkeit von Erfahrungen weitaus zielführender zu sein. Daraus ergibt sich, dass hinsichtlich der Anpassung an den Klimawandel eine entsprechende Differenzierung der Verantwortlichkeiten moralisch gerechtfertigt ist.[26] Gemeinschaften, die durch den Anstieg des Meeresspiegels bedroht sind und einen ähnlichen kulturellen Kontext teilen, werden sich höchstwahrscheinlich besser über zu ergreifende Maßnahmen verständigen können, als wenn Maßnahmen durch Industrienationen einfach aufgezwungen werden.

4. Bedingungen des Klimaschutzes

Welcher Art die Rechtfertigung für Klimamaßnahmen auch sein mag – aus demokratisch-liberaler Perspektive und im Kontext der freien Marktwirtschaft ist klar, dass diese Maßnahmen zwei Grundbedingungen erfüllen müssen. Zunächst wäre es unzulässig, die Freiheitsrechte des Individuums über Gebühr einzuschränken. Maßnahmen zum Klimaschutz müssen also die Verantwortlichkeit von Individuen berücksichtigen. Darüber hinaus muss eine ungleiche Verteilung der Belastungen durch Klimamaßnahmen gerechtfertigt werden, denn es gibt ein Nichtdiskriminierungsprinzip, das eine ungleiche Verteilung von Belastungen nur dann erlaubt, wenn diese rechtfertigbar sind. Der Emissionszertifikatehandel ist ein Beispiel einer Maßnahme, die diese beiden Bedingungen erfüllt. Er beruht auf Mechanismen des freien Marktes, um die Senkung des Ausstoßes von Treibhausgasen zu motivieren.

---

25 Hayward 2012; Wallimann-Helmer 2019, 2020.
26 Wallimann-Helmer 2016.

Aus einer demokratisch-liberalen Perspektive hört die Freiheit des Individuums dort auf, wo die Freiheit anderer Personen beginnt.[27] Maßnahmen des Klimaschutzes und finanzielle Abgaben für Klimaanpassungsmaßnahmen bedeuten eine Verletzung der persönlichen Freiheit. Klimamaßnahmen müssen deshalb dahingehend geprüft werden, inwiefern sie Einschränkungen für die Freiheit des Einzelnen zur Folge haben. Hinsichtlich der notwendigen Senkung des Ausstoßes von Treibhausgasen lassen sich drei Bereiche unterscheiden, in denen Maßnahmen ergriffen werden können: die Bevölkerungspolitik, das Wirtschaftswachstum und der technologische Fortschritt.[28] Dabei spielt die Freiheit des Individuums in der Bevölkerungspolitik eine besonders wichtige Rolle. Auf der einen Seite gehört das Recht auf freie Familiengründung zu den Menschenrechten und muss als solches geschützt werden. Auf der anderen Seite würde eine strenge Überwachung der Familienplanung im Sinne einer Geburtenkontrolle einen Eingriff in die Privatsphäre und damit eine Verletzung der persönlichen Freiheit bedeuten. Aus diesem Grund sind hinsichtlich der Freiheit des Individuums die einzigen legitimen Maßnahmen einer Bevölkerungspolitik jene der Armutsbekämpfung und der Bildungsförderung, denn keine dieser beiden Maßnahmen schränkt die individuelle Freiheit ein, beide führen aber langfristig zu einer Senkung der Geburtenrate und damit zu einer Verminderung der Emissionen.

Eine Bewertung der anderen beiden Maßnahmenbereiche erweist sich als komplexer. Die Nutzung der Mechanismen des freien Marktes für Klimamaßnahmen hat Einbußen für das Wirtschaftswachstum zur Folge, denn solche Maßnahmen schließen etwa die Erhöhung der Treibstoffpreise mit ein oder auch die Erhebung von Steuern auf Emissionen von Treibhausgasen.[29] Auch Informationskampagnen und Umweltlabel stellen ein Mittel zur Beeinflussung der Verbraucher*innen dar. Ähnlich können Label und Finanzierungen der öffentlichen Hand als Maßnahmen begriffen werden, die technologische Entwicklungen hin zu emissonsärmeren Technologien und Produktionsmethoden begünstigen. Dessen ungeachtet lässt sich bei diesen Maßnahmen nicht zuverlässig bestimmen, wo genau die Grenze zwischen einer erlaubten Einflussnahme und einem übermäßigen Eingriff in die Freiheit des Individuums verläuft, denn jede dieser Maßnahmen stellt eine Verletzung des freien Handels mit Gütern und Erträgen aus eigener Arbeit dar, ohne aber deren Handel direkt zu verbieten. Deshalb erscheint eine mehr oder weniger starke Einflussnahme des Staates auf Treibstoffpreise oder Emissionen zugunsten des Klimaschutzes durchaus vertretbar.

Aus der zweiten Bedingung für einen rechtfertigbaren Klimaschutz – der Tatsache, dass der Klimawandel bereits heute zu Schäden und Verlusten führt – ergibt sich ein viertes Prinzip der Klimagerechtigkeit. Im Gegensatz zu den an-

---

27 Nozick 1974; Rawls 2009.
28 Bourban 2019; Roser, Seidel 2017.
29 Laurent 2015; Sayegh 2019.

deren Prinzipien definiert das Prinzip der gleichen Emissionen pro Kopf (*equal per capita*) Ansprüche und keine Verantwortlichkeiten. Es fordert gleiche Emissionsrechte für die Gesamtheit der Weltbevölkerung.[30] Gemessen an dieser Forderung bedeutete jede andere Verteilung von Emissionsrechten einer ungerechtfertigten Diskriminierung. Alle mündigen Individuen genießen dieselben Rechte und üben berechtigterweise ihre Freiheit zur Verwirklichung von Lebensplänen aus. Deshalb kann man zwar ohne weiteres eine Senkung von individuellen Emissionen fordern, wenn es um die Herstellung und den Verbrauch von Luxusgütern geht, doch kann man dasselbe schwerlich fordern, wenn überlebenswichtige Emissionen in Frage stehen.[31] Zugleich gibt es eine Reihe von Gründen, die eine ungleiche Verteilung von Emissionsrechten rechtfertigen. Je nach klimatischen Bedingungen ist es nötig, entweder mehr zu heizen oder aber zu kühlen. Außerdem verfügen Entwicklungsländer oft nicht über die notwendige Technologie, um mit einem geringeren Emissionsausstoß ausreichend Energie zu erzeugen. Dies rechtfertigt zumindest vorübergehend höhere Emissionswerte.

Das Prinzip der gleichen Emissionen pro Kopf findet in der Klimaethik mit Blick auf Anpassungsmaßnahmen sowie den Umgang mit Klimaschäden und -verlusten wenig Beachtung. Dagegen sind diese Überlegungen allgegenwärtig in den Debatten zur Umweltgerechtigkeit, wie sie in den Sozialwissenschaften geführt werden. Hier werden Ungleichheiten in der Verteilung von Umweltbelastungen oft als Ungerechtigkeiten identifiziert.[32] Dies kann auch auf den Anspruch auf Anpassungsmaßnahmen und den Umgang mit Klimaschäden und -verlusten übertragen werden. Wenn solche Maßnahmen zur Folge haben, dass einzelne Bevölkerungsgruppen schlechter geschützt bzw. entschädigt werden als andere, so kann dies als Ungerechtigkeit aufgefasst werden. Allerdings könnte man hier aus Sicht der Gerechtigkeitstheorie des Egalitarismus die Tatsache geltend machen, dass eine ungleichmäßige Belastung gerechtfertigt sein könnte, sofern stärker gefährdete Menschengruppen sich selbst einer möglichen Gefahr ausgesetzt haben.[33] Dies ist etwa bei Hausbesitzer*innen der Fall, die an einem aufgrund des Klimawandels von starker Erosion bedrohten Abhang bauen, obwohl niemand bereit war, sie zu versichern.

Vor diesem Hintergrund ist eine Klimaschutzmaßnahme von entscheidender Bedeutung: der Emissionszertifikatehandel. Der Ausgangspunkt des Emissionszertifikatehandels besteht zum einen in dem Prinzip der gleichen Emissionen pro Kopf und zum anderen in der Annahme eines begrenzten Budgets an Emissionen, das durch die Vermeidung eines gefährlichen Klimawandels definiert

---

30 Singer 2002.
31 Shue 1993.
32 Walker 2012; Schuppert, Wallimann-Helmer 2014.
33 Dworkin 2000; Anderson 1999.

ist.[34] Um die Gleichverteilung von Emissionen pro Kopf zu gewährleisten, werden Staaten oder auch Privatpersonen pro Kopf gleiche Mengen an Emissionszertifikaten ausgestellt. Die Emissionen der Besitzer dieser Zertifikate müssen innerhalb der darin vorgeschriebenen Grenzen verbleiben und dürfen zusammengenommen das Emissionsbudget nicht überschreiten. Werden Mengen über dem zugewiesenen Anspruch emittiert, können über einen dafür künstlich geschaffenen Markt zusätzliche Emissionszertifikate von weniger Emittierenden erworben werden. Da die Anzahl der Emissionszertifikate durch das Emissionsbudget begrenzt ist, erhöht sich der Preis eines Zertifikats, sobald die Weltwirtschaft eine Erhöhung der Emissionen verzeichnet. Demnach liegt es im Interesse aller Besitzer von Zertifikaten, ihren Ausstoß von Treibhausgasen zu verringern. Der Mechanismus der freien Marktwirtschaft kann folglich eine wichtige Rolle bei der Regulierung des Emissionsausstoßes spielen, gleichzeitig bleibt die Freiheit der Einzelnen gewährleistet, weil es der freien Entscheidung der Einzelnen überlassen ist, welchen Preis sie für den Erwerb zusätzlicher Emissionszertifikate zu zahlen bereit sind. Im Fall dieser Klimaschutzmaßnahme kann deshalb die freie Marktwirtschaft als Bestandteil der Lösung angesehen werden und nicht nur als Ursache des Klimaproblems.

5. Fazit

So schließt sich der Kreis. Die freie Marktwirtschaft stellt nicht nur eine der Hauptursachen des menschengemachten Klimawandels dar, sondern regt auch zu neuen Ansätzen an, wie etwa den Emissionsrechtehandel. Hinsichtlich dieser beiden Gesichtspunkte spielt der Vorrang der Freiheit des Individuums in der Klimaphilosophie eine entscheidende Rolle. Die Freiheit und das Privateigentum stellen die Grundlage der Entstehung einer freien Marktwirtschaft und des Wirtschaftswachstums dar. Die anfängliche Gleichverteilung von Emissionszertifikaten erlaubt es, die Kosten für den Ausstoß von Treibhausgasen dem Verursacher anzulasten, und dies auf der Grundlage einer freien Marktwirtschaft und ohne eine gravierende Einschränkung individueller Freiheitsrechte. Macht man sich darüber hinaus bewusst, dass der Klimawandel die Gefahr von Menschenrechtsverletzungen mit sich bringt, so ist der Schutz dieser Rechte von vorrangiger Bedeutung.

---

34 Bourban 2018; Page 2011; WBGU 2009.

6. Bibliografie

Anderson, Elizabeth S.: What is the Point of Equality? In: Ethics 109/2 (1999): 287–337, DOI: doi.org/10.1086/233897.
André, Pierre: Pertes et préjudices. Quelles obligations de justice climatique? In: Ethica 23/2 (2020): 173–199.
Bell, Derek: Does Anthropogenic Climate Change Violate Human Rights? In: Critical Review of International Social and Political Philosophy 14/2 (2011): 99–124, DOI: doi.org/10.1086/233897.
Bourban, Michel: Justice climatique et négociations internationales. In: Négociations 27/1 (2017): 7–22, DOI: doi.org/10.3917/neg.027.0007.
Bourban, Michel: Penser la justice climatique. L'écologie en questions. Paris 2018.
Bourban, Michel: Croissance démographique et changement climatique. Repenser nos politiques dans le cadre des limites planétaires. In: La Pensée écologique 3/1 (2019): 19–37, DOI: doi.org/10.3917/lpe.003.0019.
Bourban, Michel; Broussois, Lisa; Fragnière, Augustin (Hg.): Philosophie du changement climatique. Éthique, politique, nature. Paris 2022.
Caney, Simon: Cosmopolitan Justice, Responsibility, and Global Climate Change. In: Leiden Journal of International Law 18/4 (2005): 747–775.
Caney, Simon: Climate Change, Human Rights, and Moral Thresholds. In: Gardiner, Stephen M.; Caney, Simon; Jamieson, Dale; Shue, Henry (Hg.): Climate Ethics. Essential Readings. Oxford 2010: 163–177.
Dworkin Ronald: Sovereign Virtue. The Theory and Practice of Equality. Cambridge MA 2000.
Fragnière, Augustin: Climate Change and Individual Duties. In: Wiley Interdisciplinary Reviews. Climate Change 7/6 (2016): 798–814, DOI: doi.org/10.1002/wcc.422.
Gardiner, Stephen M.: The Real Tragedy of the Commons. Philosophy and Public Affairs 30/4 (2002): 387–416.
Gardiner, Stephen M.: A Perfect Moral Storm. Climate Change, Intergenerational Ethics, and the Problem of Moral Corruption. In: Environmental Values 15 (2006): 397–413, DOI: doi.org/10.1177/096327190601500313.
Gardiner Stephen M.: A Perfect Moral Storm. The Ethical Tragedy of Climate Change, Environmental Ethics and Science Policy Series. Oxford, New York 2011.
Gardiner, Stephen M.; Caney, Simon; Jamieson, Dale; Shue, Henry (Hg.): Climate Ethics: Essential Readings. Oxford, New York 2010.
Hardin, Garrett: The Tragedy of the Commons. The Population Problem has no Technical Solution, it Requires a Fundamental Extension in Morality. In: Science 162 (1968): 1243–1248.
Hayward, Tim: Climate Change and Ethics. In: Nature Climate Change 12/2 (2012): 843–848, DOI: doi.org/10.1038/nclimate1615.
Huggel, Christian; Wallimann-Helmer, Ivo; Stone, Dáithí; Cramer, Wolfgang: Reconciling Justice and Attribution Research to Advance Climate Policy. In: Nature Climate Change 10/6 (2016): 901–908, DOI: doi.org/10.1038/nclimate3104.
IPCC: Global Warming of 1.5 °C. An IPCC Special Report on the Impacts of Global Warming of 1.5 °C above Pre-Industrial Levels and Related Global Greenhouse Gas Emission Pathways, in the Context of Strengthening the Global Response to the Threat of Climate Change, Sustainable Development, and Efforts to Eradicate. Cambridge, New York 2018, DOI: doi.org/ 10.1017/9781009157940.

Jamieson, Dale: Climate Change, Responsibility, and Justice. In: Science and Engineering Ethics 16/3 (2010): 431–445, DOI: doi.org/10.1007/s11948-009-9174-x.

Kaswan, Alice: Climate Change Adaptation and Theories of Justice. In: Archiv für Rechts- und Sozialphilosophie, Beihefte 149 (2016): 97–118.

Laurent, Éloi: Faut-il négocier notre avenir climatique au moyen de quantités d'émissions ou de prix du carbone? In: Négociations 24/2 (2015): 39–47, DOI: doi.org/10.3917/neg.024.0039.

Lelong, Corentin: Justice et migration climatique. In: Ethica 23/3 (2020): 139–172.

Locke, John: Deux traités du gouvernement. Bibliothèque des textes philosophiques. Paris 1997.

Meyer, Lukas H.; Roser, Dominic: Climate Justice and Historical Emissions. In: Critical Review of International Social and Political Philosophy 13/1 (2010): 229–253.

Müller, Adrian; Huppenbauer, Markus: Sufficiency, Liberal Societies and Environmental Policy in the Face of Planetary Boundaries. In: GAIA. Ecological Perspectives for Science and Society 25/2 (2016): 105–109, DOI: doi.org/10.14512/gaia.25.2.10.

Nozick, Robert: Anarchy, State, and Utopia. New York 1974.

Ostrom, Elinor; Burger, Joanna; Field, Christopher B.; Norgaard, Richard B.; Policansky, David: Revisiting the Commons: Local Lessons, Global Challenges. In: Science 284/5412 (1999): 278–282, DOI: doi.org/10.1126/science.284.5412.278.

Page, Edward A.: Intergenerational Justice and Climate Change. In: Political Studies 47/1 (1999): 53–66, DOI: doi.org/10.1111/1467-9248.00187.

Page, Edward A.: Cashing in on Climate Change. Political Theory and Global Emissions Trading. In: Critical Review of International Social and Political Philosophy 14/2 (2011): 259–279, DOI: doi.org/10.1080/13698230.2011.529713.

Rawls, John: Théorie de la justice. Paris 2009.

Roser, Dominc; Seidel, Christian: Climate Justice. An Introduction. London, New York 2017.

Sayegh, Alexandre G.: Pricing Carbon for Climate Justice. In: Ethics, Policy & Environment 22/2 (2019): 109–130, DOI: doi.org/10.1080/21550085.2019.1625532.

Schuppert, Fabian; Wallimann-Helmer, Ivo: Environmental Inequalities and Democratic Citizenship: Linking Normative Theory with Empirical Research. In: Analyse & Kritik 2 (2014): 345–366, DOI: doi.org/10.1515/auk-2014-0208.

Shue, Henry: Subsistence Emissions and Luxury Emissions. In: Law & Policy 15/1 (1993): 39–60, DOI: doi.org/10.1111/j.1467-9930.1993.tb00093.x.

Singer, Peter: One World. The Ethics of Globalization. New Haven, London 22002.

Vanderheiden, Steve: Atmospheric Justice. A Political Theory of Climate Change. Oxford 2008.

Walker, Gordon: Environmental Justice: Concepts, Evidence and Politics. London 2012.

Wallimann-Helmer, Ivo: The Republican Tragedy of the Commons. The Inefficiency of Democracy in the Light of Climate Change. In: Ancilla Iuris 1 (2013): 1–14.

Wallimann-Helmer, Ivo: The Liberal Tragedy of the Commons. The Deficiency of Democracy in a Changing Climate. In: Birnbacher, Dieter; Thorseth, May (Hg.): The Politics of Sustainability. Philosophical Perspectives. New York 2015: 20–35.

Wallimann-Helmer, Ivo: Differentiating Responsibilities for Climate Change Adaptation. In: Archiv für Rechts- und Sozialphilosophie, Beihefte 149 (2016): 119–132.

Wallimann-Helmer, Ivo: Justice in Managing Global Climate Change. In: Letcher, Trevor M. (Hg.): Managing Global Warming. An Interface of Technology and Human Issues. Amsterdam 2019: 751–768.

Wallimann-Helmer, Ivo: Les différents domaines de l'action climatique et leurs principes de justice. In: Ethica 23/2 (2020): 25–49.

Wallimann-Helmer, Ivo; Meyer, Lukas; Mintz-Woo, Kian; Schinko, Thomas; Serdeczny, Olivia: The Ethical Challenges in the Context of Climate Loss and Damage. In: Mechler, Reinhard; Bouwer, Laurens M.; Schinko, Thomas; Surminski, Swenja; Linnerooth-Bayer, Joanne (Hg.): Loss and Damage from Climate Change. Concepts, Methods and Policy Options. Cham 2019: 39–62.

WBGU: Solving the Climate Dilemma. The Budget Approach, Special Report. Berlin 2009.

Zellentin, Alexa: Climate Justice, Small Island Developing States & Cultural Loss. In: Climatic Change 133/3 (2015): 491–498, DOI: doi.org/10.1007/s10584-015-1410-6.

Danksagung

Besonderer Dank gebührt Iñigo Atucha, Lucie Benoit, Michel Bourban und Alexis Metzger für ihre Kommentare und ihre nützlichen Ratschläge zur Überarbeitung vorangegangener Versionen dieses Kapitels.

X. Ästhetik und Klimawandel

Nathalie Blanc

1. Einleitung

Was ist unter einer Ästhetik des Klimawandels zu verstehen? Etwas anderes als unter einer Ästhetik des Klimas? Und sollte dies der Fall sein: Warum und wie unterscheiden sie sich? Wissenschaftler*innen zufolge sollten Klima und Wetter nicht miteinander verwechselt werden. Desgleichen verfolgt die Klimatologie ein anderes Ziel als die Meteorologie, deren Bestimmung in der Wettervorhersage für die kommenden Tage liegt. Dagegen bezieht sich der Klimawandel auf statistische Schwankungen von Wetter- oder Umweltereignissen für eine Spanne von dreißig Jahren auf den gesamten Zeitverlauf hin betrachtet.[1] An dieser Stelle sei gleich angemerkt, dass eine separate Untersuchung einer Wetter-, einer Klima- und einer Klimawandelästhetik äußerst schwierig zu bewerkstelligen wäre, denn wie eine Studie gezeigt hat, weist jeder Tag, der seit 2012 vergangen ist, Zeichen der Klimaerwärmung auf, zumindest bei einer weltweiten Analyse der meteorologischen Bedingungen.[2] Infolgedessen bezieht sich der vorliegende Beitrag zwar auf die Ästhetik des Klimawandels, umgeht deshalb aber nicht etwa die Klima- bzw. Wettergeschichte, denn die Verwirrung, die bei dem Versuch entsteht, eine Ästhetik des Klimawandels zu definieren, hat ihre Entsprechung in der Geschichte der Begriffe Klima und Wetter bzw. in der Entstehung der wissenschaftlichen Fachrichtungen Klimatologie und Meteorologie.

Jenseits der Schwierigkeiten, die mit der wissenschaftlichen Begrifflichkeit verbunden sind, stellt sich diese Frage auf ganz andere Weise auf kultureller Ebene. Das Klima verweist auf eine Gewöhnung an eine bestimmte Abfolge von Geschehnissen in puncto Temperatur, Licht und Niederschlag im Laufe eines Jahres oder eines Lebens, denn hierin liegt ein Erleben des Wetters begründet.[3] Unglücklicherweise unterscheiden Sprecher*innen im Französischen nicht zwischen Zeit (*le temps qui passe*) und Wetter (*le temps qu'il fait*). Im Englischen dagegen können beide durch die Wörter *time* und *weather* unterschieden werden.[4] Summa summarum besteht das Klima mithin keineswegs nur aus Wetterereignissen und auch nicht aus Lebenserfahrungen.

---

1 Le Treut 2009: 88.
2 Sippel u. a. 2020.
3 La Soudière 1999.
4 Knebusch 2008.

Um den genauen Sachverhalt einer Ästhetik des Klimawandels zu eruieren, gilt es, jene Publikationen zu studieren, die die abenteuerliche Existenz des Menschen auf der Erde und ihren Zusammenhang mit dem Klima dramatisieren. So ergibt erst die Erforschung großer vergangener Zeiträume den richtigen Maßstab für eine Einschätzung von Klimaveränderungen.[5] Doch es geht auch um ein Vertrauen in wissenschaftliche Erzählungen über die Zukunft. Folglich ist das Klima zugleich Resultat einer individuellen Wahrnehmung und einer Wissensvermittlung, welche Personen zu verdanken ist, die Ereignisse objektiv begreifen und darüber berichten. Unter entsprechenden Veröffentlichungen gibt es auch etliche, die vor Katastrophen warnen, die als Ausdruck des Klimawandels erscheinen. Als Beispiel soll hier das Buch von David Wallace-Wells *The Uninhabitable Earth: A Story of the Future* angeführt werden.[6] Der Autor legt ordentlich los und haut mit der Faust auf den Tisch. Seine Schreibweise ähnelt dem Lärm einer Maschinenpistole oder einem Staccato in der Musik, und nach der Lektüre ist man erschöpft, außer Atem und verblüfft. Das Klima der Zukunft ist eine Abfolge fürchterlicher Ereignisse. So wird es etwa – neben immer tödlicheren Dürren und immer zahlreicheren Überschwemmungen – auch eine unvorhersehbare, sprunghafte Zunahme von Phänomenen des Systems Erde geben, bei der ein einzelnes Ereignis in einer Kettenreaktion ganze biologische, physikalische und chemische Systeme betreffen kann. Diese Auswirkungen urplötzlicher Geschehnisse bzw. diese Überschreitung von Schwellen ist bereits jetzt spürbar. So geht es beispielsweise um die durch Borkenkäfer ausgelöste Entwaldung, da diese sich dem Klimawandel besser anpassen können als die Wälder, die sie verschlingen,[7] um den Permafrostboden, der beim Auftauen Methan freisetzt, um die Übersäuerung der Meere, die das Absterben der Korallenriffe mit sich bringt, oder auch um die Grenzen einer Aufnahme von Kohlenstoff durch die Vegetation. Die Lektüre dieses Buches – oder auch jene etlicher anderer Bücher, denn das Schrifttum über das Thema Katastrophe oder gar Zusammenbruch ist umfangreich[8] – erzeugt Schwindelgefühle, ohne irgendeinen Halt zu bieten.

Dieser Schwindel ist einer Ästhetik des Klimawandels vergleichbar. Ihn kennzeichnet die Infragestellung der sinnlichen Wahrnehmung aufgrund einer Überbeanspruchung der Vorstellungskraft und des Verständnisses der Phänomene und ihres Verlaufs. Er fordert dazu auf, die Rolle der Ungewissheit hin-

---

5   Dies belegt der Erfolg von Büchern wie *Eine kurze Geschichte der Menschheit* (Harari 2015) oder auch *The Sixth Extinction. An Unnatural History* (Kolbert 2014).
6   Wallace-Wells 2019.
7   Raffles 2016.
8   Hier sei beispielsweise für Frankreich *Cataclysmes. Une histoire environnementale de l'humanité* (Testot 2018) genannt.

sichtlich der weiteren Zukunft zu begreifen.[9] Vor allem ist dieser Schwindel existentieller Natur: Wie ist ein Leben, nicht nur physisch und biologisch, sondern auch psychologisch, in den kommenden Jahrzehnten noch möglich? Die Entwicklung der «Solastalgie» – ein von Glenn Albrecht geprägter Neologismus[10] – oder auch der Umweltangst (*éco-anxiété*), jenes Leidens und jener seelischen Not, die durch Umweltschäden und künftige Umwälzungen ausgelöst wird, hämmert die Vorstellung einer leidenden Umwelt in die Köpfe ein.

Im ersten Teil dieses Beitrags soll die Ästhetik als Theorie der sinnlichen Wahrnehmung und der Empfänglichkeit für Sinnesempfindungen betrachtet werden. Der zweite Teil ist dann den Schwindelgefühlen gewidmet, die eine Ästhetik des Klimawandels ausmachen, sowie den Schwierigkeiten, entsprechende Vorstellungen genauer zu bestimmen.

2. Von der Umwelt- zur Klimaästhetik

Was versteht man unter Ästhetik? Hier sollen einige Aspekte einer Definition angeführt werden, ohne die manche Leser*innen bezweifeln würden, dass der Klimawandel tatsächlich etwas mit Ästhetik zu tun hat. Es handelt sich um einen Bereich der Philosophie, der im 18. Jahrhundert im Zusammenhang mit mehreren Schriften von Philosophen entsteht, darunter die *Aesthetica* von Alexander Gottlieb Baumgarten, deren Veröffentlichung 1750–1758 die Ästhetik als eigenständige philosophische Disziplin begründet, sowie *Die Kritik der Urteilskraft* von Immanuel Kant, die zuerst 1790 erscheint. Es geht hier um die Beurteilung einer Umwelt mittels der Sinneswahrnehmungen, und es geht zugleich um die Befähigung, ausgehend von dieser sinnlichen Wahrnehmung ein Geschmacksurteil zu formulieren. Dieses Urteil unterliegt dann den Vorgaben der öffentlichen

---

9   Der Unsicherheitsfaktor bildet den Kern dieser neuartigen Katastrophen, die von der Banque de France «grüne Schwäne» (*cygnes verts*) oder auch «schwarze Klimaschwäne» (*cygnes noirs climatiques*) genannt werden. In seinem Buch *The Black Swan: The Impact of the Highly Improbable* entwickelt Nassim Nicholas Taleb die Vorstellung der «schwarzen Schwäne» in diesem Sinne. Diesem Autor zufolge weisen schwarze Schwäne drei Kennzeichen auf: Sie stellen unregelmäßig auftretende, kaum vorhersehbare Ereignisse dar. Ihre Auswirkungen sind gravierend und betreffen alle Bereiche des täglichen Lebens. Und sie können erst im Nachhinein erklärt werden. Die Hauptkennzeichen dieser Katastrophen liegen darin, dass man sie nicht vorhersagen kann, indem man sich auf eine normale statistische Verteilung von Ereignissen stützt. Mangels einer auf Grundlage einer statistischen Verteilung berechenbaren Wahrscheinlichkeit entwickeln sich neue Epistemologien. Die erste Konsequenz liegt in dem Anerkennen der Ungewissheit, ebenso übrigens wie in der Einsicht in die Zerbrechlichkeit jeder Existenz. Dieses Anerkennen verhindert nicht die Entwicklung der Vorstellung, dass massiv dagegen vorzugehen ist und dass das Gefühl der Unsicherheit heute größtenteils in den Maßnahmen begründet liegt, die hinsichtlich der Klima- und Umweltrisiken ergriffen wurden.
10   Albrecht 2005.

Streitkultur. Zudem erlaubt es dem Individuum ein besseres Verständnis seiner eigenen Gefühle in Bezug auf eine natürliche oder auch bebaute Umwelt. Das ästhetische Urteil verweist zudem auf die Autonomie des Individuums, denn, wie Kant schreibt, ein Geschmacksurteil setzt die Fähigkeit zur Erkenntnis im Einklang mit der Natur voraus und verweist das Subjekt auf sich selbst. So erklärt Kant etwa:

> «Um zu unterscheiden, ob etwas schön sei oder nicht, beziehen wir die Vorstellung nicht durch den Verstand auf das Objekt zur Erkenntnis, sondern durch die Einbildungskraft (vielleicht mit dem Verstande verbunden) auf das Subjekt und das Gefühl der Lust oder Unlust desselben. Das Geschmacksurteil ist also kein Erkenntnisurteil, mithin nicht logisch, sondern ästhetisch, worunter man dasjenige versteht, dessen Bestimmungsgrund *nicht anders* als *subjektiv* sein kann. Alle Beziehung der Vorstellungen, selbst die der Empfindungen, aber kann objektiv sein (und da bedeutet sie das Reale einer empirischen Vorstellung); nur nicht die auf das Gefühl der Lust und Unlust, wodurch gar nichts im Objekt bezeichnet wird, sondern in der das Subjekt, wie es durch die Vorstellung affiziert wird, sich selbst fühlt.»[11]

Die Ästhetik ist eine Wissenschaft der Sinnesempfindungen. In diesem Sinne versteht sich die Ästhetik erstens als eine neue Erkenntnistheorie und zweitens als ein Verfahren, der Wahrnehmung von Umweltphänomenen Raum zu geben, einschließlich der gerätegestützten Anschauung, ob es sich nun um Mikroskope, Brillen oder andere Instrumente handelt, die zu jener Zeit aufkommen. Gleichwohl wird dieses Interesse an der Umwelt bzw. der Natur nicht von langer Dauer sein, denn später, das heißt vor allem im 19. Jahrhundert und in der ersten Hälfte des 20. Jahrhunderts, bleibt die Ästhetik häufig dem Bereich der Kunstphilosophie und dem Geschmacksurteil über solche Werke vorbehalten, die von Menschenhand geschaffen sind, statt auf eine ästhetische Beurteilung von sogenannten Kunstwerken der Natur bzw. der Umwelt abzuheben. Die Gründe dafür sind vielfältig: Es geht dabei insbesondere um die Kluft zwischen menschengemachten Kunstwerken und den Werken der Natur, die mehr als Objekt wissenschaftlicher Forschung betrachtet werden denn als Gegenstand einer Ausübung von Geschmacksurteilen. Darüber hinaus geht die Begründung des Objektivitätsprinzips innerhalb der Naturwissenschaften einher mit ihrer Trennung von den Künsten und von einer Philosophie der Ästhetik, die sich ja am subjektiven Gefallen ausrichtet. Allerdings entwickelt John Dewey von 1934 an in *Art as Experience* eine Theorie der ästhetischen Erfahrung ohne einen solchen Bezug zur Kunst. Er vergleicht die Erfahrung mit einer dynamischen Strömung, deren Eigenschaften aus dem Erlebnis eines Geschehens innerhalb seines Kontextes hervorgehen. Die Erfahrung ist für die Entdeckung der Welt und der Natur grund-

---

11   Etwa Kant 1977: 115.

legend. Die ästhetischen Qualitäten der Erfahrung verstärken dabei deren Intensität.

Dewey erhebt als Pragmatiker die erlebte Situation zum Maßstab all dessen, was eine Bestimmung der Eigenschaften von Dingen und Ereignissen erlaubt. So geht mit der Klimaerfahrung die Erprobung der Vorstellung von einem Wandel über Generationen hinweg einher. Dennoch kann man hinsichtlich der Umweltästhetik erst dank des anregenden Artikels von Ronald Hepburn *Contemporary Aesthetics and the Neglect of Natural Beauty* die Entwicklung einer neuen Wissenschaft der Ästhetik erkennen, die neue Maßstäbe setzt für die Frage nach der Beurteilung der natürlichen oder bebauten Umwelt, welche seit dieser Zeit grundlegend im Wandel begriffen ist.[12] Indes räumen Untersuchungen zur Umweltästhetik bis vor kurzem Pflanzen und Tieren sowie Landschaften Vorrang ein. Nur selten geht es um Fragen des Wetters oder des Klimas. Und dies ist umso deutlicher, als man sich bei einem Interesse an der ästhetischen Dimension des Klimas, das von der Frage der Sinneseindrücke ausgeht, häufig mit der Frage des Wetters oder auch der Luftqualität auseinandersetzen muss.

Angesichts dieses Mangels an entsprechenden Vorstellungen sei hier auf die Geschichte verwiesen. Vor der Erfindung der modernen Meteorologie im 18. Jahrhundert ist der Himmel vor allem Sitz überirdischer Mächte, und dortige Geschehnisse erlauben eine Vorhersage bestimmter Ereignisse auf Erden. Allerdings zeichnen sich seit dem 17. Jahrhundert erste Vorzeichen diesbezüglicher Erkenntnistheorien ab. In *Les météores*, einem Teil des *Discours de la méthode*, erforscht Descartes meteorologische Phänomene akribisch in zehn *discours*, und zwar im Widerspruch zu den scholastischen Traktaten, die zum Beispiel Hagel oder Donner zumeist als Ausdruck magischer Kräfte betrachteten.[13]

Doch wird der Himmel erst vom 18. Jahrhundert an vollkommen meteorologisch und damit ein wissenschaftlicher Untersuchungsgegenstand. Die 1780 in Deutschland gegründete Societas Meteorologica Palatina klassifiziert die Wolken nach ihrer Gestalt (etwa «dicke», «streifige» und «sich häufende» Wolken) sowie nach ihrer Farbe.[14] Und Luke Howard (1772–1864), der «Pate der Wolken», sollte schließlich die drei Hauptkategorien der Wolken benennen (Cumulus-, Stratus- und Cirruswolken). Außerdem wird dieser zu einem Pionier für das Studium des Stadtklimas. Auch auf kultureller Ebene entwickelt sich der Stellenwert des Himmels und der Wetterkunde weiter. Der englische Maler John Constable (1776–1837) begeistert sich für die Meteorologie, wobei der Himmel zu Beginn der industriellen Revolution bereits verschmutzt ist, wie es William Turner in *Rain, Steam and Speed: The Great Western Railway* (1844) darstellt.

---

12 Hepburn 1966.
13 Descartes [1637] 1987: 115–194.
14 Liegey 2018.

Dennoch schreiben die Himmelsdarstellungen dieses Malers dem Himmel zugleich eine zauberhafte und farbenfrohe Ausstrahlung zu. Mit den Malern der Romantik entsteht eine neue Sichtweise des Himmels. *Der Wanderer über dem Nebelmeer* von Caspar David Friedrich (1818) stellt den Menschen hoch über das Gewoge. Im 20. Jahrhundert wird die Wolke gar zum Gegenstand einer ästhetischen Analyse und erlangt den Ausführungen des Kunstkritikers Hubert Damisch in *Théorie du nuage* (1972) zufolge den Wert einer Hierophanie, das heißt eines Gegenstandes, der Ausdruck des Heiligen ist bzw. dessen Aufscheinen dient.

In der heutigen Zeit der weltweiten Verbreitung ökologischer Krisen betrifft eine Ästhetik des Klimas nicht allein den Himmel und die Wetterkunde, ja nicht einmal die Erfahrung eines Klimas. Es handelt sich vielmehr um eine Ästhetik des Klimawandels, die eine Welt ins Spiel bringt, die sich so dramatisch verändert, dass sie – so wird von einigen behauptet – sogar das Überleben der Menschheit gefährdet.

Diese aus dem Klimawandel entstandene Ästhetik bewirkt laut Matthew R. Auer,[15] der damit Emily Brady[16] kritisiert, dass man die Umwelt nicht mehr unvoreingenommen betrachten könne in einer Weise, wie sie bislang die Erben der Ästhetik Kants verfochten hätten, und dass fortan ästhetische Urteile von einer Moralisierung befallen seien aufgrund des Gefühls, dass die Menschheit dabei versagt habe, diese Welt in ihrem Reichtum, ihrer Schönheit und ihrer Vielfalt zu bewahren. Ethik und Ästhetik sind nun im Verbund beteiligt und strukturieren die mit dem Klimawandel zusammenhängenden Affekte. So entsteht das Erfordernis einer Geografie der Affekte, die sich auf den Körper wie auch auf die Vorstellungskraft bezieht und einen festen Bezug zu einer bestimmten Umgebung bzw. Situation aufweisen sollte. Dabei handelt es sich um eine Hinterfragung der Beziehung, die man dank der Sinneseindrücke zur Umwelt unterhält.[17]

Von diesem Moment an geht es um einen Bericht über eine Ästhetik des Klimawandels. Der Einstieg erfolgt dabei über den Begriff des Schwindels, und zwar in dem Maße, wie er der Tragweite der vorausgesagten Veränderungen entspricht – ein Begriff, der sich in drei Ausprägungen gliedern lässt. Da gibt es erstens den Schwindel auf der Ebene der Begrifflichkeit: Was bezeichnet das Wort Klimawandel genau? Was bedeutet der Begriff, wie soll man ihn verstehen? Die Schwierigkeit, das Ausmaß der prognostizierten Umwälzungen zu begreifen, entspricht dabei der Schwere des Schwindelgefühls. Zweitens betrifft der Schwindel bestimmte Auswirkungen oder Einflüsse. Das Ausmaß der vorausgesagten – unermesslichen – Folgen ist beispiellos in der Menschheitsgeschichte. Drittens verweist der Schwindel auf die Befähigung bzw. die Unfähigkeit, sich

---

15 Auer 2019.
16 Brady 2017.
17 Sundberg 2014.

gegen fiktive oder reale Gefahren zu schützen. Was kann man denn schon wirklich ausrichten? Der Schwindel spiegelt die Ohnmacht angesichts des prophezeiten Schicksals in Ermangelung einer weltweiten Koordinierung entsprechender Maßnahmen. Die Hypothese lautet wie folgt: Ein Verständnis des Klimawandels erfordert ein Begreifen seiner Ästhetik, das heißt der seine Auffassung bedingenden Vorstellungen und Sinnesempfindungen. Der Klimawandel, Gegenstand der öffentlichen Streitkultur und Stoff existentieller Ängste, verpflichtet zum Nachdenken und zu einer neuen Ausrichtung der Art und Weise, in der wir uns dank unserer Sinne unserer Umwelt gegenüber empfänglich zeigen können. Er fordert dazu auf, sich bei der Formulierung eines ökologischen Gefühls gemeinschaftlich großer Aufmerksamkeit zu befleißigen. Darüber hinaus unterliegt der Rahmen einer solchen Wahrnehmung einer Neugestaltung durch soziale und ökologische Umwälzungen. Mithin vollzieht sich der Wandel weltweit und bringt heute politische Entscheidungen und ausgedehnte Gemeinschaftsaktionen mit sich, wobei es um den Entwurf von Vorstellungen und sozialen Praktiken geht, die dem Ausmaß der Herausforderungen gerecht werden.[18]

Ist beispielsweise der Sehsinn – der beherrschende Sinn der menschlichen Wahrnehmung – wirklich so wichtig bei einem Ereignis, das mit den Augen kaum zu erkennen ist? Und was ist mit der Wahrnehmung der zukünftigen Welt? Welche empirischen, wissenschaftlichen oder sonstigen nichtfiktionalen Vorstellungen vom Klimawandel sind überhaupt möglich? Auf welche Affekte kann in gleicher Weise zurückgegriffen werden? Müsste für die Darstellung eines Phänomens, das von seinem Wesen her auf eine längere Dauer angelegt ist, auf die bildenden Künste oder die Textkünste verwiesen werden? Sollte man von einer realistischen Kunst sprechen? Handelt es sich um eine besondere Gattung, wie etwa die Weltuntergangserzählung, den Schauerroman oder auch die bukolische Dichtung oder um eine Literatur des Erhabenen, des Seltsamen und des Schocks?

Die Ästhetik des Klimawandels spiegelt heute den Schwindel wider, das heißt das beängstigende Gefühl, das Gleichgewicht zu verlieren und zu fallen, wie man es oberhalb eines leeren Raumes empfindet, der eine unwiderstehliche Anziehungskraft auszuüben scheint. Es gibt verschiedene Arten des Schwindels, insbesondere jenen Schwindel, wie er durch einen Abgrund, durch ein Vakuum verursacht wird. Ebenso wie das Klima erweist sich der Schwindel als ein metaphorisches Phänomen in einem Moment, an dem eine dramatische Verwandlung der Umwelt eingesetzt hat. Dieser Schwindel spiegelt die höchst zahlreichen Unbekannten wider, die mit dieser Verwandlung verbunden sind, lauter Ungewissheiten, zu deren Entstehung – und zu deren Erfüllung – die Wissenschaften und Technologien seit dem 18. Jahrhundert beigetragen haben.

---

18   Blanc, Benish 2016.

3. Schwindelerregende Definitionen

Warum ist eine Definition des Klimas so schwierig? Sicher bietet die Lektüre von wissenschaftlichen Werken und Berichten durchaus Ansätze zur Ausarbeitung einer Vorstellung vom Klima. Auch enthalten die Berichte des Zwischenstaatlichen Ausschusses für Klimaänderungen, im Deutschen meist Weltklimarat genannt, entsprechende Definitionen. Gemäß dem Bericht von 2013 ist der Klimawandel folgendermaßen zu beschreiben:

> «Klimawandel oder Klimaänderung bezieht sich auf eine Änderung des Klimazustands, die aufgrund von Änderungen des Mittelwertes und/oder des Schwankungsbereiches seiner Eigenschaften identifiziert werden kann (z. B. mit Hilfe von statistischen Tests) und die über einen längeren Zeitraum anhält, typischerweise Jahrzehnte oder länger. Klimawandel kann durch interne natürliche Prozesse oder äußere Antriebe wie Modulationen der Sonnenzyklen, Vulkanausbrüche sowie andauernde anthropogene Änderungen der Zusammensetzung der Atmosphäre oder der Landnutzung zustande kommen. Es ist zu beachten, dass das Rahmenübereinkommen der Vereinten Nationen über Klimaänderungen (UNFCCC) in seinem Artikel 1 Klimaänderung definiert als ‹Änderungen des Klimas, die unmittelbar oder mittelbar auf menschliche Tätigkeiten zurückzuführen sind, welche die Zusammensetzung der Erdatmosphäre verändern und die zu den über vergleichbare Zeiträume beobachteten natürlichen Klimaschwankungen hinzukommen.› Das UNFCCC unterscheidet demnach zwischen einerseits Klimawandel, der Aktivitäten des Menschen, die die Zusammensetzung der Atmosphäre verändern, zuzuordnen ist, und andererseits Klimavariabilität, die natürlichen Ursachen zuzuordnen ist.»[19]

Mehrere Elemente dieser Definition sind von Bedeutung, insbesondere die Tatsache, dass sich der Klimawandel aus einer statistischen Untersuchung ergibt, die sich über mehrere Jahrzehnte erstreckt. Er kann also über einen Zeitraum beobachtet werden, der einer Generation entspricht. Sodann unterliegt das Klima einer ganzen Abfolge von Veränderungen, und einige dieser Veränderungen gehen auf Antriebe zurück, die mit menschlichem Handeln verbunden sind. Diese Vorstellung von Treibern entspricht der Vorstellung einer natürlichen Dynamik, die jedoch gewaltsamen menschlichen oder anderen Aktivitäten (Sonneneinstrahlung, Vulkantätigkeit) ausgesetzt ist. Und schließlich ist der Klimawandel nicht gleichbedeutend mit natürlichen Klimaveränderungen. Es handelt sich um ein Phänomen anthropogenen Ursprungs.

Die Definition ist einfach und begrenzt zugleich. Allerdings führen neue Überlegungen und Versuche, die verschiedenen Auswirkungen des Klimas auf die Umwelt und das Leben zu begreifen, zu der Erkenntnis, dass die Klimafrage auf eine Vielzahl von Ereignissen zielt, die bisweilen schwer zu formulieren sind. Für ein besseres Verständnis dessen, was es mit dem Klima auf sich hat und warum eine Definition des Klimas, die doch für die Wahrnehmung unserer Um-

---

19 Zitiert wird die deutsche Übersetzung des Berichts: IPCC 2016: WGII-5.

welt grundlegend ist, eine auf Schwindelgefühlen beruhende Ästhetik des Klimawandels nahelegt, muss man zunächst einen Schritt zurückgehen, denn wenn das Klima definiert, was wir als Gemeinschaft darstellen, wie soll man dann wissen, wer wir in diesen Zeiten großer Umwälzungen wirklich sind?

Dies gilt etwa für die Vorstellung von den Klimazonen (beispielsweise den gemäßigten Regionen),[20] die auf Einsichten beruhen, die seit dem 19. Jahrhundert gewonnen und in der Schule unterrichtet wurden.[21] Um es klar und deutlich zu sagen: Diese Vorstellungen vom Klima sind aus einer auf die abendländische Kultur fokussierten Weltsicht hervorgegangen, welche die Erde vorwiegend anhand der jeweils typischen Klimate beschrieb, insbesondere mittels der Temperaturwerte. Demnach ist Frankreich ein Land mit gemäßigtem Klima und einem jahreszeitlichen Rhythmus. Ein gemäßigtes Klima ist ein Klima, das keine Extreme kennt und dessen Temperaturen weder zu stark nach oben noch zu stark nach unten ausreißen. Zudem muss man bei diesem zunächst recht allgemeinen Überblick zusätzlich eine Reihe von Empfindungen hinsichtlich des Winters, des Sommers und generell der Jahreszeiten erwähnen. Diese Vorstellung vom Klima verbindet verschiedene Landstriche einer Gegend und verschiedene Lebensräume miteinander. Für Landwirten und Landwirtinnen oder für Winzer*innen hängt eine bestimmte Zahl von Problemen, die die Erzeugung von Lebensmitteln und landwirtschaftliche Arbeiten betreffen, eng mit dem Klimawandel zusammen. Wie dem auch sei, die Klimafrage bezieht sich auf ein ganzes Bündel von sich überschneidenden Besorgnissen und auf verschiedene Lebensweisen in einem gegebenen Umfeld. Zugleich geht es um eine Abfolge von erlebten Stimmungen oder Atmosphären, die in ihrem Verlauf die Vorstellung von der vergehenden Zeit ausmachen. Besonders in gemäßigten Regionen können damit bestimmte Farben verbunden sein: das rötliche Braun im Herbst, das gräuliche Braun im Winter, das helle Grün im Frühjahr, der reife Weizen im Sommer. Diese Ansichten, die im Wesentlichen auf der Landwirtschaft fußen, lassen an die *Très Riches Heures du Duc de Berry* denken, jenes Stundenbuch, das Herzog Jean de Valois, duc de Berry 1410–1411 bei den Brüdern Paul, Johan und Her-

---

20 Für Schneider, Root und Mastrandrea (2011: 1331) ist dieses Klima gekennzeichnet durch einen Zeitraum von vier bis sieben Monaten, in denen die durchschnittlichen Temperaturen über 10 °C liegen, so dass das Klima einen Wechsel zwischen einer kalten und einer warmen Jahreszeit aufweist.

21 Darüber hinaus entsprechen diesen großen Klimazonen die verschiedenen Kulturen und Verhaltensweisen der Völker. Der Klimadeterminismus geht aus einer langen Tradition hervor, einschließlich jener, die mit dem Kolonialismus verbunden ist, mit ihren klassischen Quellen Herodot und Hippokrates, bis hin zu seinem erneuten Aufleben in unterschiedlichen Fächern, vor allem in der Geografie, etwa bei Montesquieu, Herder und Taine. «Montesquieu's category of climate, Althusser argued, marked the first appearance in the modern understanding of politics of a conception of history as the concatenation of heterogeneous political forms and the contingent encounters between them» (Bristow 2016).

man von Limburg in Auftrag gab. Anomalien im Ablauf der Jahreszeiten – zum Beispiel ein Tag mitten im Winter, der sich wie ein Sommertag anfühlt – kennzeichnen Durchschlagsspannungen einer zugrunde liegenden Ordnung.

Von diesem Moment an geht es darum, unsere Sicht auf das Klima anzupassen, sowohl vom Klimawandel ausgehend als auch durch eine Hinterfragung dessen, was seit dem 19. Jahrhundert zur Entstehung dieser Vorstellungen vom Klima geführt hat. Es stimmt, dass der Klimawandel die zeitlichen Koordinaten sowohl des Wetters als auch des Klimas durcheinanderbringt und diesbezüglich gewisse Kenntnisse voraussetzt bzw. dazu zwingt, das Verhältnis zwischen Zeit oder Zeitlichkeit (*time*) und Wetter oder Meteorologie (*weather*) und Klima zu überdenken.[22] Darüber hinaus kann man den Klimabegriff durchaus auch metaphorisch verstehen. Sicher wird der Terminus im Französischen seit dem 13. Jahrhundert zur Bezeichnung von Zonen der Erde mit Bezug zum Himmel gebraucht und dann für eine bestimmte Temperatur, die an diesen Orten herrscht. Doch nimmt das *climat* vom 17. Jahrhundert an auch eine moralische Konnotation an. Der Wortgebrauch bezeichnet eine gewisse Atmosphäre in einem moralischen oder politischen Kontext, so dass *climat* bisweilen mit dem Kulturbegriff gleichbedeutend ist. Der Terminus *climat* verweist also auf die Sinnfrage, das heißt auf die Ausrichtung der Gedanken. Der Klimawandel zwingt dazu, unterschiedliche Elemente zwischen Wortsinn und Metapher zusammenzufügen.[23]

In der Folge sollte der Klimawandel die Gesamtheit unserer Wahrnehmung und unserer Vorstellungskraft umgestalten, denn es handelt sich um die Einsicht, dass nichts von dem, was mit Blick auf das Klima jahrhundertelang den festen Rahmen unserer Umwelt gebildet hat, keinen Sinn mehr hat. Der Klimawandel bringt es mit sich, dass man versucht, sich Geschichten zu erzählen, die die Vorstellung einer Umwälzung enthalten, die von Dauer ist und gegen die Menschen wenig ausrichten können in Ermangelung radikaler Umstellungen in der Lebensweise. Solche Erzählungen appellieren in weiten Teilen an die Fantasie. Fortan ist die Kultur Kathryn Yusoff und Jennifer Gabrys zufolge am Klimawandel beteiligt wie auch die Fantasie vor allem hinsichtlich einer Vorausschau.[24]

Abgesehen von der Tatsache, dass sie Künstler*innen und Forscher*innen dazu anregt, eine Zukunft des Klimas zu ersinnen, spielt die Klimakatastrophe als Ursache unumkehrbarer gesellschaftlicher Schäden eine wichtige Rolle für die Thematik von Filmen und Literatur. Der Film *The Day after Tomorrow* (2006) bezieht sich auf das Verhalten der amerikanischen Bevölkerung nach einer Abkühlung bzw. Zerstörung des Rahmens ihres Lebens, während die Trilogie von

---

22 Bristow 2016.
23 Ford 2016.
24 Yusoff, Gabrys 2011.

Kim Stanley Robinson *Forty Signs of Rain* (2004), *Fifty Degrees Below* (2005) und *Sixty Days and Counting* (2007) der Verbindung zwischen dem Klimawandel in der menschlichen Wahrnehmung, der Politik und der einschlägigen Wissenschaft nachgeht, wobei Letztere von bestimmten Protagonisten und Protagonistinnen und ihrer persönlichen Laufbahn verkörpert werden. Andere Science-Fiction-Erzählungen widmen sich derselben Aufgabe.[25] Der Klimawandel offenbart das Scheitern einer bestimmten Moderne sowie der technischen Beherrschung der Jahreszeiten und lässt den Gedanken aufkommen, der Klimawandel stehe im Zusammenhang mit menschlichem Handeln. Die grundlegende Veränderung diverser Milieus durch den Ausstoß von Treibhausgasen führt zu einer Darstellung des Klimas als einer Waffe, die der Bestrafung dient, oder auch als Sinnbild des Schicksals. Gelehrte oder religiöse Reden, die manchmal in ähnlicher Weise das Herannahen der Katastrophe voraussagen, führen mit Blick auf Katastrophenfilme und Dokufiktionen zu einer Poetik der Veranschaulichung, auf die Gefahr hin, dass man sie in einem Werk wie *Paris 2011: La Grande Inondation* von Bruno Portier durcheinanderbringt. Diese Darstellungen weisen in die gleiche Richtung wie die Quellen der Gattung Science-Fiction, wo dies ja ebenfalls – etwa bei Jules Verne – die entsprechende Einstellung war. Darüber hinaus erneuert die Klima-Science-Fiction auch gewisse Grundregeln des Heldentums, da fiktionale Schilderungen von ökologischen Katastrophen das herkömmliche Aufeinandertreffen feindlicher Kräfte durch eine Bewusstmachung der menschlichen Verantwortung ersetzen, die jeden dazu auffordert, nur noch gegen sich selbst zu kämpfen. Die kosmologische Ausweitung des Heroismus scheint zugleich untrennbar mit seiner Verinnerlichung verbunden.[26]

4. Schwindelerregende Auswirkungen

Dieses Schwindelgefühl angesichts der Schwierigkeit, eine angemessene Definition für den Klimawandel zu finden, befällt einen auch bei der Betrachtung seiner Auswirkungen, von denen etliche bereits deutlich erkennbar sind, wogegen andere noch bevorstehen. Der Weltklimarat veröffentlichte am 8. August 2019 einen Sonderbericht über *Klimawandel, Desertifikation, Landdegradierung, nachhaltiges Landmanagement, Ernährungssicherheit und Treibhausgasflüsse in terrestrischen Ökosystemen*.[27] Dieser Bericht ist der zweite von drei Sonderberichten jüngeren Datums. Der erste konzentrierte sich auf die Möglichkeiten, die Klimaerwärmung auf 1,5 °C zu begrenzen, im Anschluss an die 2015 in Paris beschlossenen Klimaziele, und betonte die Bedeutung dieses Ziels (in Bezug auf

---

25 Blanc, Sander 2014.
26 Chelebourg 2012.
27 Siehe www.ipcc.ch/report/srccl, 19.07.2021.

die Hypothese einer Erhöhung um 2 °C) für eine Begrenzung katastrophaler Folgen.[28] Der dritte, höchst alarmierende Sonderbericht, der am 25. September 2019 veröffentlicht wurde, bezieht sich auf die Ozeane.[29] Außerdem ist es wichtig, den Rückgang der Biodiversität zu berücksichtigen, der im Mai 2019 in einem Bericht des Weltrats für Biologische Vielfalt (Intergovernmental Platform on Biodiversity and Ecosystem Services, IPBES) dargelegt wurde und der als sechstes Massenaussterben bezeichnet wird.[30] Neben den Berichten des Weltklimarates wird in einer Vielzahl weiterer Publikationen über die zahlreichen prognostizierten Katastrophen berichtet (Übersäuerung der Ozeane, Anstieg des Meeresspiegels, Erosion der Küsten, Extremereignisse usw.). Allerdings muss in Anlehnung an David Wallace-Wells darauf hingewiesen werden, dass ungeachtet des Nachweises einer ganzen Reihe von Entwicklungen in vielen Punkten nach wie vor große Ungewissheit herrscht, in Abhängigkeit von den politischen Entscheidungen der kommenden Jahre hinsichtlich einer Senkung der Treibhausgasemissionen.[31] Nichtsdestoweniger scheint es so, als habe der Himmel nicht mehr nur als Wohnstatt der Götter ausgedient, sondern als sei er vom 19. Jahrhundert an auch noch giftig geworden. Im Bereich der französischsprachigen Kultur setzt sich mit dem Buch *Comment tout peut s'effondrer* von Pablo Servigne, Raphaël Stevens und Yves Cochet die Vorstellung eines Zusammenbruchs der auf Wärmetechnik beruhenden Zivilisation durch.[32] Man kann sich die Frage stellen, inwieweit diese Katastrophenfantasien der Unfähigkeit der Staaten und der internationalen Organisationen entsprechen, eine konsequente Eingrenzungs- und Anpassungspolitik zu fördern. Ängste stellen die Reaktion auf Schwierigkeiten der Politiker dar. Den Menschen verleiht das Gefühl, weltweit in demselben Schicksal vereint zu sein, eine Ahnung von ihrer Machtlosigkeit, woraus möglicherweise das Bestreben resultiert, sich auf den Raum des jeweils eigenen Landes zurückzuziehen, wie es das Erstarken nationalistischer politischer Bewegungen widerspiegelt.

Ein weiteres Kennzeichen dieses Schwindelgefühls stellt die Bedeutung dar, die Paul Virilio dem Klimawandel und den Wetterdaten in seiner Installation «Exit» verlieh. Die Installation wurde anlässlich der UN-Klimakonferenz in Paris 2015 (COP 21) in der Fondation Cartier vorgestellt und malte eine katastrophale Zukunft mit der Zwangsumsiedlung von einer Milliarde Menschen innerhalb der nächsten fünfzig Jahre aus. Diese wirkungsmächtige Installationskunst betont dabei aber nur das schwindelerregende Gefühl, dass das Schauspiel der künftigen Katastrophe jener für die gesellschaftliche Unterhaltungskultur typi-

---

[28] Siehe www.ipcc.ch/sr15, 19.07.2021.
[29] Siehe www.ipcc.ch/report/srocc, 19.07.2021.
[30] Siehe ipbes.net/global-assessment-report-biodiversity-ecosystem-services, 19.07.2021.
[31] Wallace-Wells 2019.
[32] Servigne, Stevens, Cochet 2015.

schen Kommunikationswelt angehört, wie sie seit den 1960er Jahren von den Situationisten und vor allem von Guy Debord in seinem Buch *La société du spectacle* (1967) hinlänglich beschrieben wurde.

Doch wie spektakulär diese Darstellungen auch sein mögen – der Klimawandel stellt vor allem die wertschaffende Routine der Alltagspraxis auf den Kopf. Für viele Menschen ist die Katastrophe keine Angelegenheit eines Medienspektakels, sondern eine Sache der Lebenswirklichkeit. So sehen sich etwa die 962 Einwohner*innen von Tuktoyaktuk in Kanada einer zweifachen Bedrohung gegenüber: dem Anstieg des Meeresspiegels, der eine Erosion der Küste bedingt, und dem Abtauen des Permafrostbodens. Die vom Fischfang lebenden Menschen konstatieren auch, dass sich noch andere Veränderungen abzeichneten: So gebe es nun in dieser Gegend Lachse.[33] Auf diese Weise treten auf einmal Pflanzen- und Tierarten in Erscheinung, die zuvor noch nie gesehen wurden; andere hingegen verschwinden und stellen Ökologen, die sich der Arterhaltung widmen, vor unlösbare Probleme. Emma Marris betont in *Rambunctious Garden: Saving Nature in a Post-Wild World*:

> «What is interesting about climate change is that it pits two common assumptions against each other: the pristineness myth and the myth of a correct baseline for each area. If humans are outside nature and humans caused climate change, then it follows that humans should make good – should make sure that species that would have survived without climate change survive, no matter what – even if it means moving stressed-out organisms to new places where they can thrive under the new climate.»[34]

Auch im Bereich der Kunst hängt das Schwindelgefühl mit den Auswirkungen des Klimawandels zusammen und findet seinen Ausdruck in zahlreichen Katastrophendarstellungen. In ihrer Absicht, den sinnlichen und ästhetischen Aspekt dieser Auswirkungen zu erfassen, ermöglichen künstlerische Praktiken ein ganz neues Verständnis des Klimawandels. Mit dem Ziel, solche Darstellungen zu bereichern und Betrachter zum Nachdenken zu bewegen, ruft COAL, eine 2008 gegründete Vereinigung, die im Verbund mit Institutionen, Körperschaften, Nichtregierungsorganisationen, Wissenschaftlern und Unternehmen Künstler und Kulturschaffende dazu anhalten will, sich für Umweltfragen zu interessieren, zur Anfertigung von Kunstwerken und Arbeiten auf, die eine Vorstellung bzw. Umsetzung von konkreten Lösungen erlauben.[35] Der Verein COAL hat

---

33 *Klimawandel. Am Rande des Abgrunds.* Im hohen Norden droht ein Inuit-Dorf, vom Nordpolarmeer verschlungen zu werden. Willkommen in Tuktoyaktuk, wo die Küstenerosion mit bloßem Auge zu beobachten ist und wo die Einwohner*innen wohl die ersten Klimaflüchtlinge Kanadas werden könnten. Eine Reportage von I. Hachey. Siehe: http://plus.lapresse.ca/screens/499dbc0d-4ce9-4a94-b332-7b499c248f76__7c___0.html, 19.07.2021.
34 Marris 2013: 77.
35 Vgl. https://projetcoal.org/en/about.

zahlreiche Ausstellungen zeitgenössischer Kunst und Kulturereignisse ausgerichtet und jedes Jahr einen COAL-Preis für Kunst und Umwelt verliehen. Im Jahr 2019 erfolgte eine Fokussierung auf jene Umsiedlungen, die mit der Küstenerosion und dem Anstieg des Meeresspiegels einhergehen, denn in einem Bericht der Weltbank vom März 2018 wird darauf hingewiesen, dass bis 2050 weltweit 143 Millionen Menschen aufgrund dieser Klimafolgen umgesiedelt werden müssten, wenn nichts zur Eindämmung des Klimawandels geschehe.

2019 gewann Flatform (Roberto Taroni und Annamaria Martena) den COAL-Preis. Flatform ist ein 2006 gegründetes Gemeinschaftsprojekt, das seinen Sitz in Mailand in Italien und in Berlin in Deutschland hat. Das Künstlerduo nutzt Filme und Videoinstallationen zur Erkundung und Vorführung neuer Landschaften, die aus Umweltveränderungen hervorgehen. In *That Which is to Come is Just a Promise* lädt Flatform mittels einer einzigen langen Kamerafahrt dazu ein, das Hauptatoll von Funafuti zu durchstreifen, das im Zeitraffer den Folgen von Überflutungen und Unwettern ausgesetzt ist. Auf diesen Landflächen, die nur wenige Zentimeter aus dem Meer aufragen, tränkt das Salzwasser die Böden jedes Jahr ein bisschen mehr und lässt sie verarmen und unbenutzbar werden. Das Wasser kommt und geht, steigt an und überschwemmt nach und nach Landschaften und Häuser und durchkreuzt den Alltag der Einwohner*innen, die ihrem Verhängnis machtlos gegenüberstehen.

Neben dem Duo Flatform wurden auch Lena Dobrowolska und Teo Ormond-Skeaping ausgezeichnet, die in London leben und arbeiten. In Zusammenarbeit mit Forschern, Nichtregierungsorganisationen, Entscheidungsträgern und internationalen Institutionen nutzen diese beiden Künstler Dokumentationen und Fotografien für den Nachweis allgegenwärtiger Machtstrukturen, des Umweltrassismus und politischer Gewalt in unserer globalisierten Gesellschaft. In einer hypothetischen, von den Künstler*innen ausgedachten Zukunft haben heftige Wetterphänomene und der Anstieg des Meeresspiegels eine wachsende Zahl von Menschen weltweit zur Umsiedlung gezwungen. Die üblichen Migrationswege haben sich verkehrt, jetzt suchen zahlreiche Bewohner*innen des Nordens Schutz im Süden. Lena Dobrowolska und Teo Ormond-Skeaping entwerfen eine Dokufiktion, in der sie einer weißen Mittelstandsfamilie folgen, die nach einer Naturkatastrophe zur Umsiedlung auf den afrikanischen Kontinent gezwungen ist. Auf diese Weise betonen sie unser aller Verwundbarkeit angesichts des Klimawandels.

5. Schwindelerregende Machtlosigkeit

Wie dieses Bündel an Katastrophen bzw. wie das Gefühl der Ohnmacht, das Menschen angesichts des Ausmaßes der vonstattengehenden Veränderungen ergreifen kann, auch immer aussehen mag – es geht um deren Vermeidung, so dass mittlerweile ein vielfältiges Engagement von Individuen und Gruppen entstanden ist. Es handelt sich um die Suche nach Teilantworten, die der ästhetischen und künstlerischen Erfahrung unter Umständen eine regulierende Rolle zuschreiben. Wie kann man «sich eine Erfahrung bilden», die eine Abbildung der Situation ermöglicht, auch wenn diese unbeständig ist? Dafür muss man zunächst einmal der Empörung die Stirn bieten, die einen angesichts dieser Machtlosigkeit ergreift. Und diese Empörung fällt umso heftiger aus, je klarer wird, dass man gegen die Entwicklung hätte angehen können. Wie Robert Templer 2019 in *Too Late: Letter from a Ruined Planet* anmerkt:

> «Im Jahr 2018 war es wohl schon zu spät, um einen Temperaturanstieg um 2 °C zu stoppen, insoweit als Kohlendioxyd und Methan jahrhundertelang in der Atmosphäre verbleiben können. Doch wir hätten die Katastrophe eines zusätzlichen Anstiegs vermeiden können. Stattdessen sind wir beharrlich einem Irrtum aufgesessen. So als seien wir Klimazombies, unfähig, uns die Zukunft vorzustellen, die wir uns selbst bereiten. Hätten wir 2000 angefangen, hätten die Emissionen von Kohlendioxyd um 3 % pro Jahr gesenkt werden müssen, das heißt auf einen handhabbaren Grenzwert, um den Temperaturanstieg auf 2 °C beibehalten zu können. Hätten wir 2019 angefangen, wäre eine Reduzierung um 10 % pro Jahr nötig gewesen. Es hätte uns für Investitionen in saubere Energien etwa 3.000 Milliarden Dollar pro Jahr gekostet [2.500 Milliarden Euro], hätten wir die Erderwärmung auf 1,5° C begrenzen wollen – eine beachtliche Summe, die jedoch weit unter den etwa 5.000 Milliarden pro Jahr [4.200 Milliarden Euro] liegt, die durch fossile Energiestoffe in Form von diversen Subventionen verschlungen werden. Wenn der Aussage von Wallace-Wells zufolge die reichsten 10 % der Weltbevölkerung ihre Emissionen auf das durchschnittliche Niveau der Europäischen Union reduziert hätten, hätten wir die weltweite Kohlendioxydproduktion um 35 % drosseln können. Der fehlende Wille unserer Politiker und auch der Manager, die schon für den geringsten Versuch einer Lösung nur Spott übrig hatten, haben dies unmöglich gemacht.»[36]

Diese Ohnmacht verweist auf das Erfordernis individuellen und kollektiven Handelns. Auf der Ebene der Kunst geben Experimente zur *recherche-création*[37] Anlass zu einer zwar begrenzten, aber doch höchst konkreten Arbeit. Im Rahmen von speziellen Vorgaben haben wir versucht, für bestimmte Themen und nach bestimmten Methoden Schreibexperimente im Bereich Wissenschaft und Kunst zu fördern. Ein partizipatives Experiment, *Mémoires climatiques*, wurde 2015 den Besuchern des ArtCOP21 Climate Festival an den Ufern der Pariser Seine von Nathalie Blanc und David Christoffel angeboten. Die Teilnehmer*innen wurden gebeten, eine Reihe von wissenschaftlichen Texten zum Klima dichterisch, mit ihren eigenen Worten abzuändern, und zwar so, dass Probleme des

---

36　Templer 2019.
37　Der Terminus *recherche-création* stammt vor allem aus kanadischen Studien zur Kunst und nimmt die Forschung auf der Basis von bestimmten Vorgaben in den Blick, das heißt von Versuchsanordnungen, die künstlerische Ansätze mit dem methodologischen Handwerkszeug der Sozialwissenschaften vermengen.

Klimawandels sinnlich wahrnehmbar werden und herkömmliche Naturschilderungen ganz neu betrachtet werden können. Dieses Experiment ermöglichte Ton- und Filmaufnahmen von etwa dreißig Personen, die ihren Text als Antwort auf einen Auszug aus dem Bericht des Weltklimarates vorlasen. Diese Videos wurden sodann der Gaîté Lyrique, einem Zentrum für moderne Kunst, übergeben, wo ihr Inhalt diskutiert wurde. Sie wurden zusammen mit Marine Legrand ausgewertet, wodurch ihre innovative Kraft herausgestellt werden konnte.[38]

Diese Experimente stellen ein Instrument im Kampf gegen das Schwindelgefühl der Ohnmacht dar, das einen angesichts der Folgen des Klimawandels befällt. Die hybriden Schreibtechniken, zwischen einer wirklichkeitsgetreuen Dokumentation und literarischer Schöpfung gelegen, können dem Klima und der Umwelt eine neue Rolle in unserem Leben verleihen. Anerkanntermaßen bestehen wissenschaftliche Experimente darin, die Veränderungen von Parametern innerhalb bestimmter raum-zeitlicher Koordinaten zu überprüfen. Die kritische Ausrichtung des von uns vorgeschlagenen Experiments beruht darauf, dass eine Distanz zu Alltagserfahrungen geschaffen wird mittels eines Spiels, das raumzeitlich mittels neuer Vorgaben verankert ist, wie die dichterische Umformulierung wissenschaftlicher Texte, die ja häufig als trocken gelten. Diese Experimente bieten die Gelegenheit, die eigene Person in einen Zusammenhang einzubringen, der ansonsten nur in größerem Abstand zu existieren scheint. Die Subjektivität erlaubt den Ausdruck von Formen eines moralischen Dilemmas, indem sie aufzeigt, dass jedweder Bestandteil der natürlichen Umwelt auf der Ebene der Sinneseindrücke erfahren werden kann – ein Ansatz, der meilenweit entfernt ist von der verbreiteten Vorstellung, dass nur einige auserwählte Arten oder spezielle wissenschaftliche Probleme unsere Aufmerksamkeit verdienen. Es geht um eine Übersetzung der akademischen Sprache unter Rückgriff auf die dichterische Freiheit mit dem Ziel einer Kritik der wissenschaftlichen Normen, die zu der gegenwärtigen ökologischen Krise beitragen. Diese literarische Herangehensweise an das wissenschaftliche Schrifttum könnte gegebenenfalls die Emanzipationskraft der Dichtkunst offenbaren, ihre Fähigkeit, in die Zwischenräume der Diskursnormen zu schlüpfen, sie zu verändern und damit einen Einblick in die Realität zu gewähren. Die Erarbeitung eines dem Traum verpflichteten Ansatzes macht aus einer Übersetzung eine Art Verdauung. Im Gegensatz zu dem Anspruch der Wissenschaft, stets transparent zu sein, geht es hier um eine Bewahrung des undurchsichtigen, rauen und unvollkommenen Wesens der stummen Schriftsprachen. Es handelt sich darum, auf eine Dichtkunst zu setzen, die die Fähigkeit zu einer Reauratisierung der Welt hat, das heißt eine wirksame Weise, Dinge heraufzubeschwören (und/oder zu beschreiben), die die Beziehung zur Umwelt (im Sinne ihrer Unbestimmtheit) und zum sinnlich Wahrnehmba-

---

[38] Blanc, Legrand 2019.

ren wiederherzustellen. Auch könnte man weitere Ansätze erkunden, indem man in Werbung, Wissenschaften, Dichtung u.a.m. verschiedene Herangehensweisen wie eine Collage miteinander verbindet, um sich Elementen des Klimas oder auch der Tierwelt zuzuwenden. Die Herausforderung einer Umweltgeografie, die empfänglich ist für Antworten auf die Frage nach Alternativen zur Ohnmacht angesichts des Klimawandels, besteht in der Erschaffung von Praktiken, mit denen das Verständnis der sozionatürlichen Abläufe der Welt erweitert und bereichert werden kann, indem man das Anerkennen der Vielfalt der Wissenssysteme fördert.

6. Schlussbetrachtung

Der Klimawandel hebt die Bedeutung einer Ästhetik hervor, die ein Verständnis und eine Erneuerung der herkömmlichen Vor- und Darstellungen erlaubt. Doch abgesehen von der Tatsache, dass der Ästhetik dieses Recht aufgrund der Rolle der Subjektivität und ihres Verhältnisses zur Wissenschaft abgesprochen wird, stellt die Umweltästhetik keine universitäre Fachrichtung dar, und Praktiker*innen sowie Philosophen und Philosophinnen der Ästhetik haben Mühe, sich der Ökologie und ihren Problemen zu öffnen. Wie dieses Kapitel zeigt, tragen Künstler*innen dennoch zu einem neuen Verständnis des Klimawandels bei mittels qualitativ hochwertiger Kunstwerke und des Engagements eines breiten Publikums. Allerdings treffen ihre Darstellungen des Klimawandels auf wenig Resonanz. Zumeist wird es den Naturwissenschaften allein überlassen, die Realität des Klimawandels zu ermitteln.

Wie soll man sich das Verhältnis zwischen Ästhetik und Klima nun vorstellen? Vorrangig geht es nicht nur um die Vermittlung eines Verständnisses des Klimawandels, was eine Umwelterziehung voraussetzt, sondern auch um eine Förderung von Erzählungen, die die Art und Weise strukturieren, in der über den Klimawandel berichtet wird. Um Menschen wachzurütteln, braucht es kurze und lange Geschichten mit unterschiedlichen Protagonisten und Protagonistinnen, die den Sinn jener Geschichte erläutern, die die Menschheit dazu bringt, mit dem Klimawandel einer ihrer großen Herausforderungen anzunehmen. Ist dies eine Geschichte von Macht, Kampf und Herrschaft der Starken, die immer siegreich aus allem hervorgehen, und der anderen, die es aus Unwissenheit oder Machtlosigkeit ablehnen, den Kampf aufzunehmen? Es handelt sich nicht um ein Abenteuer, das ein einzelner Held aus sittlichen Gründen zu bewältigen hätte, der zudem von einem weißen Mann verkörpert würde, oder in dem sich umgekehrt randständige Figuren den Kräften des Bösen widersetzen. Vielmehr handelt es sich um ein kollektives Abenteuer über Zeit und Raum hinweg, und obwohl alle Abenteuer – wenn man der Annahme bevorstehender Katastrophen glaubt – auf diese Art erzählt werden könnten (denken wir beispielsweise an das

Schicksal des *matsutake*-Pilzes, wie es Anna Tsing in *The Mushroom at the End of the World* beschreibt), so weist dieses doch die Besonderheit auf, um seine weltweite Bedeutung zu wissen. So erläuterten etwa anlässlich der Waldbrände in der russischen Taiga im August 2019 die Einwohner*innen in den Medien die Tatsache, dass sie sehr wohl wüssten, dass sie ihren Wald schützen müssten, um das Klima zu schützen, und verglichen sich dabei mit den Brasilianer*innen, die es sich schuldig seien, mit dem Amazonas ebenso zu verfahren. In diesem Moment scheint ein globales Erleben einer öffentlichen, globalen Umwelt auf.

7. Bibliografie

Albrecht, Glenn: Solastalgia. A New Concept in Human Health and Identity. In: PAN. Philosophy, Activism, Nature 3 (2005): 44–59.

Auer, Matthew R.: Environmental Aesthetics in the Age of Climate Change. In: Sustainability 1/18, 5001 (2019), DOI: doi.org/10.3390/su11185001.

Baumgarten, Alexander G.: Esthétique [1750–1758] Hg. von Jean-Yves Pranchère. Paris 1988.

Blanc, Nathalie; Benish, Barbara: Form, Art, and Environment. Engaging in Sustainability. London 2016.

Blanc, Nathalie; Legrand, Marine: Vers une recherche-création. Textes, corps, environnements. In: ACME. An International Journal for Critical Geographies 18/1 (2019): 49–76, www.acme-journal.org/index.php/acme/article/view/1625, 08.05.2024.

Blanc, Nathalie; Sander, Agnès: Reconfigured Temporalities. Nature's Intent? In: Nature and Culture 9/1 (2014): 1–20, DOI: doi.org/10.3167/nc.2014.090101.

Brady, Emily: Climate Change and Future Aesthetics. In: Elliott, Alexandre; Cullis, James; Damodaran, Vinita (Hg.): Climate Change and the Humanities. London 2017.

Bristow, Tom; Ford, Thomas H. (Hg.): A Cultural History of Climate Change. London 2016.

Chelebourg, Christian: Les écofictions. Mythologies de la fin du monde. Paris 2012.

Debord, Guy: La société du spectacle. Paris 1967.

Descartes, René: Discours de la méthode: pour bien conduire sa raison, et chercher la vérité dans les sciences; la dioptrique, les météores, la géométrie, qui sont des essais de cette méthode [1637]. Paris 1987.

Dewey, John: Art as Experience [1934]. New York 2005.

Ford, Thomas H.: Climate Change and Literary History. In: Bristow, Tom; Ford, Thomas H. (Hg.): A Cultural History of Climate Change. London 2016: 420–466.

IPCC: Klimaänderung 2014. Beiträge der drei Arbeitsgruppen zum Fünften Sachstandsbericht des Zwischenstaatlichen Ausschusses für Klimaänderungen (IPCC). Deutsche Übersetzungen durch Deutsche IPCC-Koordinierungsstelle, Österreichisches Umweltbundesamt, ProClim. Bonn, Wien, Bern 2016, www.de-ipcc.de/media/content/AR5-WGII_SPM.pdf, 14.05.2024.

Harari, Yuval Noah: Eine kurze Geschichte der Menschheit [2011]. München 2015.

Hepburn, Ronald: Contemporary Aesthetics and the Neglect of Natural Beauty. In: Williams, Bernard; Montefiore, Alan (Hg.): British Analytical Philosophy. London 1966: 285–310.

Kant, Immanuel: Kritik der Urteilskraft. In: Immanuel Kant. Werke in zwölf Bänden. Hg. von Wilhelm Weischedel. Frankfurt am Main 1977.

Knebusch, Julien: Art and Climate (Change) Perception. Outline of a Phenomenology of Climate. In: Kagan, Sacha; Kirchberg, Volker (Hg.): Sustainability. A New Frontier for the Arts and Cultures. Frankfurt am Main 2008: 242–261.
Kolbert, Elizabeth: The Sixth Extinction. An Unnatural History. New York 2014.
La Soudière, Martin de: Au bonheur des saisons. Voyage au pays de la météo. Paris 1999.
Le Treut, Hervé: Nouveau climat sur la Terre. Comprendre, prédire, réagir. Paris 2009.
Liegey, Edith: Écomorphisme(s), vers une culture du vivant. Formes et évolution d'une symbolique de l'écologie dans l'art contemporain. Dissertation, Museum national d'histoire naturelle. Paris 2018, theses.hal.science/tel-03083327, 10.06.2024.
Marris, Emma: Rambunctious Garden. Saving Nature in a Post-Wild World. New York 2013.
Raffles, Hugh (2016). Insectopédie. Übersetzt von Matthieu Dumont. Marseille 2016.
Schneider, Stephen H.; Root, Terry L.; Mastrandrea, Michael D. (Hg.): Encyclopedia of Climate and Weather. Oxford 22011.
Servigne, Pablo; Stevens, Raphaël; Cochet, Yves: Comment tout peut s'effondrer. Petit manuel de collapsologie à l'usage des générations présentes. Paris 2015.
Sippel, Sébastien; Meinshausen, Nicolai; Fischer, Eric M.; Székely, Enikő; Knutti, Reto: Climate Change now Detectable from any Single Day of Weather at Global Scale. In: Nature Climate Change 10/1 (2020): 35–41, DOI: doi.org/10.1038/s41558-019-0666-7.
Sundberg, Juanita: Decolonizing Posthumanist Geographies. In: Cultural Geographies 21/1 (2014): 33–47, DOI: doi.org/10.1177/1474474013486067.
Templer, Robert: Too Late. Letter from a Ruined Planet, In: Mekong Review 4/15 (2019) = Lettre aux Maldiviens et à ceux dont les îles seront englouties Courrier international 1507 (2019).
Wallace-Wells, David: The Uninhabitable Earth. A Story of the Future. New York 2019.
Yusoff, Kathryn; Gabrys, Jennifer: Climate Change and the Imagination. In: Wiley Interdisciplinary Reviews. Climate Change 2/4 (2011): 516–534, DOI: doi.org/10.1002/wcc.117.

XI. Wirtschaft und Klima

Patrick Criqui, Sandrine Mathy

1. Einleitung

Wirtschaftswissenschaftler*innen haben das Klima im Zuge des Kampfes gegen den Klimawandel entdeckt. Zuvor waren Untersuchungen zu diesem Thema aus diesem Kreis eher spärlich und bezogen sich lediglich auf den Zusammenhang zwischen Klima und Entwicklungsstand,[1] insbesondere bei dem Versuch, die Gründe einer Unterentwicklung zu erklären.

Seit dem Auftreten des Klimawandels als ein Problem, das den gesamten Planeten betrifft und auf menschliches Handeln zurückgeht, haben sich die Wirtschaftswissenschaften dieser Frage grundsätzlich angenommen mit dem Ziel, wirtschaftlich effiziente Lösungen zu erarbeiten, um die Treibhausgasemissionen zu senken. Dagegen wurde der Beitrag der Wirtschaftswissenschaften auf dem Gebiet der Anpassung an die Auswirkungen des Klimawandels vorerst hintangestellt, und zwar aus unterschiedlichen Gründen: Einerseits muss die Anpassungsproblematik auf lokaler Ebene in einen konkreten Zusammenhang eingebettet werden – ein Ansatz, der schlecht geeignet ist für die normativen Bestrebungen von Wirtschaftswissenschaftler*innen, die um die Definition allgemeiner Lösungen bemüht sind. Andererseits hat die Scientific Community aufgrund einer starken Moralisierung durch Nichtregierungsorganisationen wahrscheinlich unbewusst angenommen, dass die Etablierung eines Forschungsgebiets zu Anpassungsstrategien zu verstehen geben würde, dass der Kampf gegen den Klimawandel und die erforderlichen Anstrengungen zur Senkung der Treibhausgasemissionen den Anforderungen möglicherweise nicht entsprechen könnte.

Dieses Kapitel macht es sich folglich zur Aufgabe, die Beiträge der Wirtschaftswissenschaften im Kampf gegen die Klimaerwärmung zu beschreiben. Dafür soll zuerst die Art und Weise dargestellt werden, in der die bedeutenden Wirtschaftstheorien, welche ja die Entwicklung der Beziehung zwischen Mensch und Natur kennzeichnen, nach und nach die Themen Umwelt und natürliche Ressourcen in den Blick genommen hat. So wird es möglich, die Verankerung der Klimaökonomen und -ökonominnen innerhalb der sogenannten Standardansätze der Umwelt- oder Nachhaltigkeitsökonomie genauer zu bestimmen. Zur Veranschaulichung soll der Prozess der gleichzeitigen Entwicklung von ökonomischer Modellierung, internationalem Klimaschutzregime und politischer

---

1   Lee 1957; Gourou 1966; Gallup, Sachs, Mellinger 1999.

Wende zur Kohlendioxidsenkung beschrieben werden. Dabei werden sowohl Grenzen als auch Erfolge aufgezeigt.

Allerdings erfordert die Dringlichkeit des Klimaschutzes heute die Entwicklung von Maßnahmen, die bis zur Mitte des 21. Jahrhunderts die Erreichung einer weltweiten Kohlendioxidneutralität[2] ermöglichen. Das führt dazu, dass der Beitrag der Wirtschaftswissenschaften zum Kampf gegen globale Veränderungen überdacht werden muss, da es ja heute notwendig erscheint, das Spektrum über die Treibhausgasemissionen und die Folgen der Klimaerwärmung für das Ökosystem hinaus zu erweitern: Es ist mithin angebracht, den Klimawandel in einem systemischen Ansatz erneut mit anderen Auswirkungen menschlichen Handelns auf die Ökosysteme zu verbinden. Dadurch können einerseits die positiven Nebeneffekte der Senkung der Treibhausgasemissionen (aber auch ihre möglichen Folgen)[3] berücksichtigt werden und andererseits auch die Verschränkung der Gesamtheit der Umweltprobleme, die sich keineswegs auf den Klimawandel begrenzen lassen.

Das vorliegende Kapitel dient auch einem Verständnis der Art und Weise, in der die Wirtschaftswissenschaften sich über den Weg der Paradigmen der Umweltökonomik Themen angeeignet haben, die mit dem Kampf gegen den Klimawandel zusammenhängen. Das Kriterium der wirtschaftlichen Effizienz, das heißt der kostengünstigsten Senkung der Treibhausgasemissionen, hat zu einer Fokussierung der Politikempfehlungen auf den Kohlendioxidpreis in Form einer Kohlendioxidsteuer oder eines Systems des Handels mit Emissionsrechten geführt. Diese Systeme der Tarifgestaltung haben inzwischen weltweit zugenommen,[4] allerdings angesichts der eigentlich erforderlichen Reduzierung von Emissionen auf zu geringem Niveau. Doch stehen der Umsetzung einer ambitionierten Politik die Folgen entgegen, die mit einer Umverteilung verbunden sind. Sie rufen Probleme hinsichtlich der gesellschaftlichen Akzeptanz hervor, die ein echtes Hemmnis für ihre Durchführung darstellen. Heute verdrängt die Erreichung der Kohlendioxidneutralität die nutzbringenden Fragen und Beiträge für die Klimaökonomen und -ökonominnen. Es handelt sich nicht mehr um eine Bestimmung der schrittweisen Veränderungen, die ein Preis für Kohlendioxid ankurbeln könnte, sondern um jene der Bedingungen hinsichtlich der Effizienz

---

2   Die Kohlendioxidneutralität setzt ein Gleichgewicht zwischen Treibhausgasemissionen und Kohlendioxidabsorption durch Kohlendioxidsenken voraus (der Begriff Kohlendioxydsenke bezeichnet jedes System, das mehr Kohlendioxyd aufnimmt, als es abgibt; die wichtigsten natürlichen Kohlendioxidsenken sind Böden, Wälder und Ozeane). Um ein Nullniveau an Nettoemissionen zu erreichen, müssten alle Treibhausgasemissionen weltweit durch die Kohlendioxidspeicherung ausgeglichen werden.
3   Wie beispielsweise die Auswirkungen einer umfangreichen Weiterentwicklung von erneuerbaren Energien auf den Verbrauch an Rohstoffen und Bodenschätzen.
4   Am 1. Mail 2020 waren weltweit 31 Kohlendioxidsteuern und 30 Märkte mit handelbaren Emissionsrechten in Betrieb (Baude u. a. 2020).

und der sozialen Gerechtigkeit im Fall von Umbruchsituationen, die neue soziotechnische Systeme zur Folge haben.

2. Wirtschaftswissenschaft und Ökologie – Die maßgeblichen Theorien

2.1. Die grundlegenden Theorien

Die Klassiker

Die Ökonomie – etymologisch gesehen die Wissenschaft von der Verwaltung des Landguts – hat ihr Augenmerk stets auf den Zusammenhang zwischen den Tätigkeiten der Menschen, den natürlichen Ressourcen und der Umwelt gerichtet.[5] Bis zur Mitte des 17. Jahrhunderts priesen die Merkantilisten die Anhäufung von Edelmetallen und Geld als vorrangige Quelle des Reichtums der Königreiche. Dagegen sahen Ende des 18. Jahrhunderts die Physiokraten, darunter François Quesnay, die Quelle allen Reichtums in der Landwirtschaft, denn diese erlaube es, durch Arbeit einen Produktionsüberschuss zu erzielen, der den Menschen von der Tyrannei des Mangels und der Armut befreie.

Adam Smith (1723–1790) behauptet in *An Inquiry into the Nature and Causes of the Wealth of Nations* (1776) im Gegensatz dazu, dass Wohlstand durch Erträge nicht nur aus der Landwirtschaft, sondern aus allen Tätigkeiten des Menschen und insbesondere der Industrie entstehe, und das im historischen Kontext der ersten Ausprägungen der Arbeitsteilung. Allerdings erkennen Ökonomen seit Beginn des 19. Jahrhunderts das Problem potenzieller Grenzen menschlicher Aktivitäten: Thomas Malthus (1766–1834) stellt 1798 und 1803 die Frage nach der zunehmenden Spannung zwischen dem exponentiellen Bevölkerungswachstum und dem linearen Wachstum der Nahrungsmittelproduktion, David Ricardo (1772–1823) untersucht in *On the Principles of Political Economy and Taxation* (1817) das Problem der Folgen abnehmender Erträge aus der Nutzung natürlicher Ressourcen mit Blick auf die Schaffung von Differentialrenten, und das Interesse von William Jevons (1835–1882) gilt 1866 den wirtschaftlichen Folgen der relativen Verknappung der Kohle in England, verglichen mit den riesigen Vorkommen, deren Förderung damals auf der anderen Seite des Atlantiks begann.

Der Stellenwert von Fragen der Ressourcen oder der Umwelt bei Karl Marx (1818–1883) wird kontrovers diskutiert. Für einige werden sie von ihm, der als der letzte klassische Ökonom gilt, weitestgehend außer Acht gelassen. Für andere

---

5   Dieser Abschnitt stützt sich auf den gemeinsam mit Jean-Marie Martin-Amouroux verfassten Artikel in der *Encyclopédie de l'environnement*: www.encyclopedie-environnement.org/societe/theories-economiques-crises-environnementales, 29.07.2021.

dagegen ist seine Theorie von der Vorstellung eines Austauschprozesses zwischen Mensch und Natur geprägt. In jedem Fall behauptete Karl Marx, dass der Kapitalismus nicht in der Lage sei, Krisen hinsichtlich natürlicher Ressourcen zu überwinden. Nachdem man einmal die Erfahrung mit dem «real existierenden Sozialismus» gemacht hatte, erschien es dann später so, als sei dieser nicht besser für einen vernünftigen Umgang mit den Ressourcen und der Umwelt geeignet.

Die Neoklassiker

Gegen Ende des 19. Jahrhunderts und zu Beginn des 20. Jahrhunderts entwickelt sich das Paradigma der neoklassischen Ökonomie, das sich auf den Nutzwert und nicht mehr auf den Arbeitswert gründet. Dieser Wert der Nutzung eines Guts erweist sich dabei marginal durch das Gleichgewicht zwischen Angebot und Nachfrage, das sich in den Marktpreisen ausdrückt. Léon Walras (1834–1910) wird 1874 den Begriff des gesamtwirtschaftlichen Gleichgewichtszustands begründen, und Vilfredo Pareto (1848–1923) sollte anhand eines theoretischen Modells die Möglichkeit eines Marktgleichgewichts aufzeigen, das einen maximalen gesellschaftlichen Nutzen gewährleistet, die größtmögliche Wohlfahrt für die Gesamtheit der Gesellschaft.

Die Berücksichtigung der natürlichen Ressourcen und der Umwelt ist nicht etwa von Beginn an Bestandteil dieses neuen Paradigmas. Nichtsdestoweniger stellt sich die Frage danach recht früh: Ausgehend vom Problem einer bestmöglichen Verwaltung eines Bestands an nicht erneuerbaren, natürlichen Ressourcen erläutert Harold Hotelling (1895–1973) schon 1931 die Prinzipien eines zeitlich begrenzten Programms einer Nutzung mit dem Ziel einer Maximierung der Einkünfte des Produzenten: Diesem Kalender zufolge sollte der Ertrag aus natürlichen Ressourcen (das heißt die Differenz zwischen dem Preis und den Produktionskosten) in demselben Rhythmus ansteigen wie der Zinssatz. In einem für die neoklassische Ökonomie typischen Zusammenhang ist hier nicht etwa von einer Krise der Ressourcen die Rede, sondern schlicht von einem guten Management eines begrenzten Bestands durch seinen Eigentümer.

Doch hatte bereits vor dem Entwurf der Hotelling-Regel, die sich auf natürliche, nicht erneuerbare Ressourcen bezieht, Arthur Pigou (1877–1959), der erste Theoretiker der Gemeinwohlökonomie, 1920 einen Begriff eingeführt, der sich für das, was später Umweltökonomie genannt wird, als grundlegend erweisen sollte: jener der negativen Externalität. Es handelt sich dabei um jeglichen negativen Einfluss, der aufgrund seines Entstehens außerhalb des Marktes nicht ausgeglichen wird und der durch bestimmte Handlungen eines Wirtschaftsakteurs A auf einen anderen Wirtschaftsakteur B ausgeübt wird. Und so schlägt Arthur Pigou eine praktische Lösung vor: die Besteuerung derjenigen Aktivitäten, die negative Externalitäten auslösen, durch den Staat. Diese Besteuerung soll dazu dienen, Tätigkeiten, die zu Verschmutzungen führen, so zu begrenzen, dass alle

Kosten berücksichtigt werden – sowohl jene, die private Akteure zu tragen haben, als auch jene, die der Gesellschaft aufgebürdet werden, oder auch soziale Kosten. Die Umweltsteuer trägt also zur Rückkehr zu einem gesellschaftlichen Idealzustand bei. Arthur Pigou begründet damit das Verursacherprinzip, das sich heute beispielsweise in der Klimapolitik wiederfindet, die sich auf die Einführung der Kohlendioxidsteuer gründet.

Grundsätzlich ist diese Lösung einfach, sie ist aber in der Praxis eher schwer umzusetzen: erstens, weil sie dazu zwingt, soziale Kosten zu berechnen, die sich einer monetären Bewertung eigentlich per se entziehen; zweitens, weil sich, selbst wenn dieser Wert festgestellt werden kann, die Frage nach der politischen und sozialen Akzeptanz einer zusätzlichen Steuerlast stellt. Auf dieser Grundlage basiert zu großen Teilen die Kritik, die Ronald Coase (1910–2013) an dem Lösungsvorschlag Pigous übt, wobei er in einem Aufsatz mit dem Titel *The Poblem of Social Cost* (1960) eine alternative, praktische Lösung ausarbeitet. Für den Staat handelt es sich nicht darum, neue Steuern zu erheben, sondern nur um eine Spezifizierung der Zugangsrechte zur Umwelt. Wenn ihm dies gelingt, werden es Verhandlungen zwischen den oben erwähnten Akteuren A und B ermöglichen, allein durch das Verhandlungsverfahren und durch Ausgleichszahlungen ein gesellschaftliches Optimum zu erreichen, indem Verschmutzungen bewirkende Aktivitäten begrenzt werden.

Diese direkte Verhandlung entspricht einer Situation, die in der Realität selten vorkommt. Doch der Begriff des Zugangsrechts zur Umwelt wird zur Entstehung des Begriffs der Märkte für Emissionsrechte führen: Eines der bekanntesten Beispiele hierfür ist der europäische Markt für Kohlendioxidemissionsrechte. Dieser begrenzt den Treibhausgasausstoß der stark emittierenden Industrien in der Europäischen Union, das heißt ungefähr die Hälfte der gesamten Emissionen der Union. Was allerdings eine Berücksichtigung der sozialen Kosten betrifft, so wird die Diskussion unter Ökonomen und Ökonominnen fortgeführt und schwankt zwischen den Lösungsvorschlägen Pigous zu einer Regulierung über den Preis und jenen Coases zu einer Regulierung über die Menge.

Innerhalb der neoklassischen Strömung entspricht die Frage der Internalisierung externer Effekte nicht der Gesamtheit der Probleme, die sich durch den Zusammenhang zwischen den Tätigkeiten des Menschen, den Ressourcen und der Umwelt stellen, denn seit Anfang der 1970er Jahre stellt sich Ökonomen die Frage der Erschöpfung jener natürlichen Ressourcen, die keine externen Umwelteffekte darstellen. Auslöser ist dabei der vom Club of Rome in Auftrag gegebene Bericht des Massachusetts Institute of Technology (MIT) mit dem Titel *The Limits to Growth* (im Französischen wenig überzeugend übersetzt mit *Halte à la croissance*).[6] Die neoklassischen Theoretiker des Wachstums bringen damals ihre eigenen Denkmodelle ein, um auf die Vision des Club of Rome zu antwor-

---

6   Meadows u. a. [1972] 2013.

ten, welche man heute mit der Vorstellung eines kommenden Zusammenbruchs gleichsetzen würde.

Die Nachhaltigkeitsökonomie stellt einen ergiebigen Teilbereich der Wachstumstheorien dar. Die Ausgangsarbeiten von Joseph Stiglitz (*1943), Geoffrey Heal (*1944) und einigen anderen untersuchen die Bedingungen für eine langfristige Nachhaltigkeit des Wachstums, wobei die negativen Effekte der Begrenzung natürlicher Ressourcen teilweise durch den technischen Fortschritt ausgeglichen werden können. Unter den originellsten Beiträgen findet sich jener von Robert Solow (*1924), eines großen Theoretikers des Wachstums, der zu dem Schluss kommt, dass die Frage der Gerechtigkeit zwischen heutigen und zukünftigen Generationen nicht auf ökonomischer Ebene beantwortet werden könne, sondern ethische Entscheidungen verlange, damit Letztere nicht geopfert werden müssten.

Die Wirtschaft aus der Sicht der Physik und der Biologie

Alle oben beschriebenen Ansätze stammen von Wirtschaftswissenschaftler*innen, insbesondere in dem Sinne, dass sie sich auf das Studium von monetären Variablen stützen und auf die Rolle von Preisen als einer Variablen, die in der Marktwirtschaft der Angleichung und der Steuerung dient. Doch seit Beginn der 1970er Jahre wird die neoklassische Herangehensweise an die Umwelt durch den Wirtschaftsmathematiker Nicholas Georgescu-Roegen (1906–1996) einer radikalen Kritik unterzogen, indem er sich auf Begriffe aus der Thermodynamik und der Evolutionsbiologie stützt mit dem Ziel, eine Bioökonomie zu begründen.[7] Ausgehend von einer Berücksichtigung der Entropiegesetze gelangt er zu einer Infragestellung der Vision von einem unbestimmten materiellen Wachstum.

Die von Nicholas Georgescu-Roegen entwickelte Theorie führt zur Erneuerung der Vorstellung vom Zusammenhang zwischen menschlichen Aktivitäten und Umwelt, und dies auf verschiedenen Ebenen seiner Analyse. Sie liefert zwar keine praktische Lösung für das Umweltmanagement im Rahmen der Marktwirtschaft, aber sie sollte zahlreiche weitere Arbeiten anregen, die man unter dem Begriff der Ökologischen Ökonomie zusammenfassen kann. Einer ihrer bekanntesten Vertreter ist Herman Daly (1938–2022). Die Gesamtheit dieser Arbeiten übt meist Kritik am Standard einer Erfassung in Geldwerten und berücksichtigt eine Analyse von physikalischen Einheiten mittels Material- oder Energiegrößen.[8]

Auch wenn nicht ausdrücklich darauf Bezug genommen wird, so kann man doch davon ausgehen, dass sich jene Arbeiten über die Grenzen des Wachstums, die 1972 von Dennis Meadows am MIT für den Club of Rome unternommenen

---

[7] Georgescu-Roegen 1993.
[8] Daly 1991.

werden, implizit in die Strömung der Ökologischen Ökonomie einschreiben.⁹ Der Ansatz der Ökologischen Ökonomie regt auch heute zu technologischen Bewertungen von Auswirkungen an, die die Untersuchung von Lebenszyklen (*from cradle to grave*, von der Wiege bis zur Bahre) betreffen oder jene der rückgewonnenen Energie pro Einheit eingesetzter Energie (*energy return on energy invested*).¹⁰ Aus der Anwendungsperspektive führen Ansätze, welche Produktionssysteme in physikalischen Einheiten messen, zur Untersuchung und Umsetzung von lokalen Produktionssystemen, die Zufuhr und Abfuhr von Material und Energie mittels einer organisierten Aufbereitung von Abfällen weitestgehend verringern. Man spricht dann von industrieller Ökologie.

2.2. Gesamtüberblick: Vier große Paradigmen

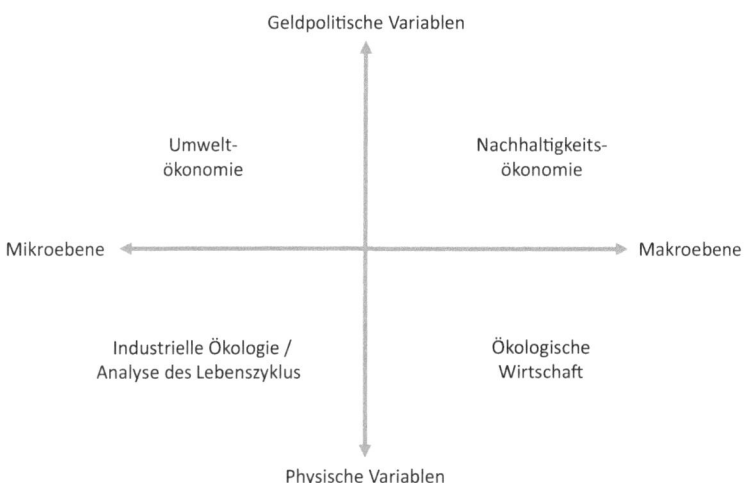

Abb. 1: Wichtige Theorien im Zusammenhang mit Ökonomie und Ökologie

Am Ende dieses Durchgangs durch die Hauptströmungen jener Theorien, die den Zusammenhang zwischen Mensch und Natur beschreiben, kann man sich nur wundern über die Verschiedenartigkeit der Ansätze und die Schwierigkeit, eine einheitliche wissenschaftliche Herangehensweise zu beschreiben. Wenn man es wagt, eine vereinfachte Taxonomie vorzulegen, so kann man vier große Paradigmen unterscheiden, die sich in zwei Punkten überschneiden: monetäre

---

9 Meadows u. a. [1972] 2013.
10 Court, Fizaine 2017.

oder physikalische Variablen; Mikro- oder Makroebene. Eine jede dieser Strömungen stellt dabei eine eigene, deutlich abgegrenzte Annährung an Umwelt- und Ressourcenprobleme dar.

Im weiteren Verlauf dieses Kapitels wird deutlich werden, dass sich jene Ökonomen, die sich mit Klimafragen beschäftigen, insbesondere innerhalb der Gruppe 3 des Weltklimarates oder auch im Rahmen des Prozesses der internationalen Klimaverhandlungen, bis heute wesentlich häufiger auf sogenannte Standardansätze berufen haben – jene der Umwelt- oder Nachhaltigkeitsökonomie – als auf die anderen Strömungen. Die Nutzung von Integrierten Bewertungsmodellen (Integrated Assessment Models, IAM) sollte den Hauptvektor dieses Einsatzes von Standardansätzen darstellen.[11] Doch hat im Laufe der letzten Jahre die Verschärfung von Emissionsbeschränkungen als Antwort auf die Ziele des Pariser Abkommens – was der jüngste *1,5-°C-Bericht* des Weltklimarats (2018) oder auch die Berücksichtigung des Einflusses neuer Energietechnologien auf den Bedarf an Rohstoffen belegen – zu einer Erweiterung der Perspektiven geführt.

3. Wirtschaftsmodelle und Klimaverhandlungen

3.1. Der Beitrag der Wirtschaftswissenschaften zur Modellanalyse der Klimapolitik

Die Wirtschaft-Energie-Klima-Modelle stellen ein emblematisches Gebiet der Anwendung von Wirtschaftstheorien auf die Untersuchung des Klimawandels und seiner Folgen dar. Seit der Verhandlung des Kyoto-Protokolls 1997 haben sie bei internationalen Klimaverhandlungen als Beweisgrundlage gedient. Ihr Ursprung liegt in dem vom Club of Rome in Auftrag gegebenen MIT-Bericht *The Limits to Growth*, von dem weiter oben schon die Rede war. Diese Arbeit stellt die erste vollständige Modellierung dar, die die Wechselbeziehung zwischen dem Wirtschaftssystem und den Grenzen aufzeigt, die die natürlichen, nicht erneuerbaren Ressourcen des Planeten darstellen könnten.[12] Ihre Thesen sind allgemein bekannt: In den ersten Jahrzehnten des 21. Jahrhunderts werden die Einschränkungen, die durch die Erschöpfung verschiedener natürlicher Ressourcen erzwungen werden, vermutlich den Zusammenbruch der Wirtschaft und der Weltbevölkerung zur Folge haben.

---

11 Kelly u. a. 1999.
12 Das Modell besteht aus sieben Teilen, die in einer Wechselbeziehung zueinander stehen. Ein jeder Teil behandelt ein unterschiedliches System des Modells. Die wichtigsten Systeme sind das Ernährungssystem einschließlich der Landwirtschaft und der Nahrungsmittelindustrie, das industrielle System, das demographische System, das System der nicht erneuerbaren Energien und das System der Umweltverschmutzung.

Der an den Club of Rome adressierte Bericht löst in der Gemeinschaft der Wirtschaftswissenschaftler*innen – besonders jenseits des Atlantiks – heftige Reaktionen aus hinsichtlich der ökonomischen Modellierung des nachhaltigen Wachstums. Formale Modelle erforschen jetzt die langfristigen Substitutionsbedingungen des natürlichen und des künstlichen Kapitals.[13] William Nordhaus beteiligt sich an diesen Bemühungen und entwickelt in diesem Zusammenhang die ersten Versionen seines DICE-Modells (Dynamic Integrated Model of Climate and the Economy).[14] Indem er sich auf die Arbeiten von Naturwissenschaftler*innen stützt, untersucht und modelliert er ein jedes der Teile, aus denen sich das Klimapuzzle zusammensetzt: das Energiesystem, das den Kohlendioxidausstoß verursacht, den Kohlenstoffzyklus, der diese Emissionen in der Atmosphäre in eine Kohlendioxidkonzentration verwandelt, und schließlich das Klimamodul, das die Kohlendioxidkonzentration der Atmosphäre mit der weltweiten Temperaturerhöhung in Verbindung bringt. Die Kohlendioxidemissionen, ein Nebenprodukt der Wirtschaftsaktivität, schlagen sich also in Temperaturerhöhungen nieder, welche wirtschaftliche Schäden verursachen, die als Verluste des Bruttoinlandsprodukts gewertet werden.[15]

Die Wirtschaft wirkt sich also auf das Klima aus, das wiederum auf die Wirtschaft einwirkt. Die Bestimmung der optimalen Klimaerwärmung erfolgt durch eine Analyse mittels eines Kosten-Nutzen-Modells, das den intertemporalen Wohlstand (das Bruttoinlandsprodukt, BIP) maximiert. Die Vorteile (oder Gewinne) liegen in der Vermeidung von Schäden, was durch eine Billigung von Kosten für den Kampf gegen die Klimaerwärmung ermöglicht wird. Die von William Nordhaus entworfenen Modelle dienen der Beantwortung präziser Fragen: Wie sieht das «optimale» Szenario der Klimaerwärmung aus? Welches Ziel der globalen Erwärmung müssen Politiker*innen anvisieren? Allerdings beruht das Modell mit Blick auf eine Umsetzung dieses Vorgehens auf Hypothesen, die für die Ergebnisse sicherlich ausschlaggebend, aber unter Klimaökonomen und -ökonominnen umstritten sind.

Die Schwierigkeiten einer Monetarisierung der nichtkommerziellen Auswirkungen

Es geht zunächst einmal um eine monetäre Bewertung jener Schäden, die die Erderwärmung mit sich bringt, und damit in der Konsequenz um die Erwirtschaftung von Gewinnen bzw. vielmehr um die Vermeidung von Kosten durch

---

13 Pezzey, Toman 2002.
14 Nordhaus 1977, 1992.
15 Dafür wird die Produktionsfunktion, die wirtschaftliches Wachstum erzeugt, mittels einer Funktion gewichtet, die durch den Klimawandel verursachten Schäden verzeichnet. Die Schadensfunktion, die an die Durchschnittstemperatur gekoppelt ist, wird ihrerseits nach einer ökonometrischen Bewertungsmethode bemessen.

Maßnahmen der Emissionsminderung. So kann beispielsweise im landwirtschaftlichen Bereich eine geringere Erwärmung die Menge des verfügbaren Wassers verbessern und eben dadurch die Produktivität dieses Bereichs steigern und damit den Produktionswert. Doch birgt diese Reaktionskette zahlreiche Unsicherheiten, und zwar in Bezug auf den Grad der globalen Erwärmung in seinem Verhältnis zur Menge der Treibhausgasemissionen, in Bezug auf das lokale Klima und auf die lokalen oder regionalen Auswirkungen des Klimawandels auf Ökosysteme und Lebewesen. Andererseits stellen die durch die Klimaerwärmung verursachten Schäden kommerzielle Schäden dar (vor allem Produktionsverluste), aber auch nichtkommerzielle Schäden (externe Umwelteffekte und psychologische Einbußen[16]).

Nun berücksichtigen die Modelle diese nichtkommerziellen Schäden aber nur selten, vor allem aufgrund der Schwierigkeit, diese zunächst einmal überhaupt zu bestimmen und entsprechend zu bewerten. Welchen Wert hat ein Verlust an Menschenleben aufgrund von Extremereignissen oder einer Verbreitung von bestimmten, potenziell tödlichen Krankheiten? Welchen Wert hat ein Verlust von Wohlstand aufgrund einer starken Zunahme von Krankheiten, die mit der Klimaerwärmung zusammenhängen? Welchen Wert hat das Verschwinden einer Pflanzen- oder Tierart, der es nicht gelungen ist, sich den neuen Klimabedingungen anzupassen? Welchen Wert hat das Unbehagen, das Hitzewellen zur Folge haben? Hier führt eine monetäre Bewertung der Schäden für die Gesamtheit des Wirtschaftssystems mittels einer Zusammenfassung aller Schäden der einzelnen Wirtschaftsbereiche zumeist zu einer Unterschätzung dieser Kosten, die gemessen am BIP scheinbar gering ausfallen, höchstens einige wenige Prozentpunkte.

Die Diskussion über die Zeitpräferenzrate und die gesellschaftliche Bevorzugung der Gegenwart

Das andere große Streitthema ist die Bevorzugung der Gegenwart durch die Gesellschaft, welche Ökonomen und Ökonominnen in Form der Zeitpräferenzrate erfassen, denn in einer Kosten-Nutzen-Rechnung der Klimapolitik treten Kosten und Nutzen nicht in demselben Augenblick auf. Aufgrund der Trägheit des Klimasystems werden Gewinne (vermiedene Schäden) erst etliche Jahre, wenn nicht Jahrzehnte später erkennbar. Die Zeitpräferenzrate ermöglicht es somit, für zukünftige Kosten von Maßnahmen zur Senkung der Treibhausgasemissionen sowie für zukünftige, dadurch vermiedene Schäden einen aktuellen Wert zu er-

---

16 Diese psychologischen Schäden können etwa in der Trauer und dem Schmerz liegen, die durch den Verlust eines Angehörigen infolge eines Extremereignisses verursacht werden, oder in der Angst oder Niedergeschlagenheit, wie sie Hitzeepisoden oder Extremereignisse hervorrufen können (Clayton u. a. 2017).

mitteln. Diese aktualisierende Berechnung des Kostenausgangs und des Gewinneingangs erfolgt mittels einer progressiven Herabsetzung künftiger Kosten und Gewinne. Je höher die festgelegte Zeitpräferenzrate ist, desto stärker werden künftige Geldflüsse durch die Aktualisierung niedrig gehalten, und umgekehrt.

Für ein besseres Verständnis soll daran erinnert werden, dass die Zeitpräferenzrate die Summe aus der reinen Präferenzrate für die Gegenwart (Gegenwartswert) und aus einem Wohlstandseffekt ist, der sich zusammensetzt aus dem Produkt der erhofften Wachstumsrate des zukünftigen Konsums und der Elastizität des Grenznutzens des Konsums. Ein hoher Gegenwartswert wird die aktuelle Generation auf Kosten künftiger Generationen bevorzugen, wogegen ein niedriger Gegenwartswert künftigen Generationen dasselbe Gewicht zuschreibt wie der aktuellen Generation. Was den Wohlstandseffekt angeht, so entspricht dieser bei einem hohen Wert der Hypothese, dass künftige Generationen reicher sein werden als wir. Sie wären dann eher zum Handeln in der Lage als wir, und es wäre nicht gerechtfertigt, allzu große Anstrengungen zu ihren Gunsten zu unternehmen.

Auf diese Weise werden die ethischen und moralischen Probleme verständlich, die der Diskussion über den Wert der Zeitpräferenzrate zugrunde liegen und die für eine Untersuchung der Klimapolitik berücksichtigt werden müssen. Hier prallen zwei gegensätzliche Positionen aufeinander. Auf der einen Seite befürwortet William Nordhaus eine Zeitpräferenzrate, deren Höhe dem marktüblichen Zinssatz entspricht, also einem inflationsbereinigten Zinssatz von etwa 6 Prozent.[17] Nicholas Stern (*1946) seinerseits empfiehlt in seinem 2006 veröffentlichten Bericht über die Wirtschaft des Klimawandels eine Zeitpräferenzrate von 1,4 Prozent. Mit diesen Werten muss jeder Euro, der in die Verminderung der Emissionen investiert wird, in 52 Jahren für Nicholas Stern 2 Euro an vermiedenen Schäden einbringen, für William Nordhaus dagegen 18 Euro. Es ist offensichtlich, dass die jeweilige Klimapolitik, auf die es im einen und im anderen Fall hinausläuft, völlig anders ausfällt.

Die Kosten-Nutzen-Modelle im Stile von Nordhaus führen zu sehr bescheidenen Empfehlungen zur Klimapolitik. Das Problem liegt darin begründet, dass sich die Autoren und Autorinnen jenseits der akademischen Studien in einer normativen Ausrichtung positionieren und als Schiedsrichter politischer Entscheidungen auftreten, um den optimalen Grad der globalen Klimaerwärmung zu bestimmen und das heißt die optimale Politik einer Emissionsminderung.

Glücklicherweise verfahren die meisten der Modelle, die seit langem vom Weltklimarat oder von übergeordneten Instanzen wie der Europäischen Kommission genutzt werden, nicht nach dieser Kosten-Nutzen-Rechnung, denn sie stehen im Dienst einer anderen Vorgehensweise, der sogenannten Kosten-Wirksamkeits-Analyse. Dabei geht es um die Einschätzung eines politischen Ziels, das

---

17 Nordhaus 2007.

außerhalb der Wirtschaft liegt, weil es von Klimatologen und Klimatologinnen vorgegeben wird, und dann um die Anwendung einer modellierten wirtschaftlichen Analyse mit dem Zweck einer Eruierung der kostengünstigsten Mittel zur Erreichung dieses Ziels. Dies war beispielsweise der Fall bei den «20-20-20-Zielen» der Europäischen Union (20 Prozent Energieeinsparungen und 20 Prozent Senkung der Emissionen im Jahr 2020), beim «Faktor 4» in Frankreich (Teilung der Kohlendioxidemissionen durch 4 im Jahr 2050) oder heute bei der Kohlendioxidneutralität. Die Rolle der Ökonomen und Ökonominnen besteht nun darin, die öffentliche Entscheidung durch die Aufklärung über effiziente Lösungen zu erleichtern – aber in keinem Fall darin, einziger Kapitän an Bord zu sein.

Die große Familie der integrierten Bewertungsmodelle

Aus dieser Perspektive heraus ist die Familie der Wirtschaft-Energie-Umwelt-Modelle entwickelt worden, und zwar seit den 1990er Jahren und im Rahmen großer Forschungsprogramme, die vor allem von der Europäischen Kommission finanziert wurden. Diese Modelle wurden dann für die internationalen Verhandlungen vor und nach der dritten Weltklimakonferenz, jener des Kyoto-Protokolls von 1997, zu Rate gezogen. Sie ermöglichen insbesondere die Bewertung der Kosten des Protokolls für die einzelnen Länder, während die Zahlen, die für die Ziele einer Senkung der Emissionen vorgegeben wurden, lediglich das Ergebnis eines reinen Feilschereiverfahrens zwischen den wichtigsten Industrieländern waren.

Mit dem wachsenden Einfluss der Arbeiten des Weltklimarates und vor allem jener seiner Arbeitsgruppe 3, die die Bedingungen für eine Minderung des Klimawandels untersucht, hat die Anzahl der Bewertungsmodelle stark zugenommen. In Europa entwickeln mehrere Forschungszentren (wie IMAGE, MESSAGE, REMIND, WITCH, IMACLIM, POLES) solche integrierten Bewertungsmodelle. Entsprechende Einrichtungen finden sich in den Vereinigten Staaten und in anderen Ländern.

In der großen Familie der integrierten Bewertungsmodelle finden sich Modelle ganz unterschiedlicher Art und Struktur, die dazu dienen, differenzierte Auskünfte über verbreitete Szenarien zu liefern. Die Modelle der Ingenieure und Ingenieurinnen befassen sich mit der Modellierung des Energiesektors anhand einer detaillierten Beschreibung gegenwärtiger und zukünftiger Technologien des Angebots und der Endnutzung. Diese Modelle eines partiellen Gleichgewichts berücksichtigen das Feedback der Märkte außerhalb des Energiesektors nicht, ebenso wenig wie den Preis der Produktionsfaktoren und Effekte des allgemeinen Gleichgewichts (Einkommen, Sparvermögen). Sie ermöglichen beispielsweise eine Bestimmung des Energie- und Technologiemix zur Minimierung der aktualisierten Gesamtkosten des Systems, womit die Nachfrage nach Energieleistungen unter einer Reihe von vorab festgelegten Einschränkungen befriedigt werden kann. Was die ökonomischen Modelle betrifft, so berücksichtigen diese makroökonomische Regelkreise und bieten eine Darstellung des Wachstums, der Effekte des allgemeinen Gleichgewichts, des Verhaltens von Verbraucher*innen oder Unternehmen und schließlich des Arbeitsmarktes, doch bleiben die Darstellungen der technischen Systeme dabei eher dürftig.

3.2. Die Übereinstimmung zwischen ökonomischen Modellen und internationalen Verhandlungen in den 2000er Jahren

In den 2000er Jahren stellt sich die Frage nach der Ergänzung des Kyoto-Protokolls und seiner Richtlinien in einschneidender Form. Diese Zeit stellt vermutlich das wirkliche goldene Zeitalter der Modellierung dar. Und das intellektuelle Paradigma wird damals deutlich von einer ökonomischen Sicht auf das Problem des Entwurfs eines «internationalen Klimaschutzregimes» bestimmt. Letzteres gründet sich auf ein klares Triptychon: die Festlegung einer weltweiten Obergrenze für Emissionen, die Verteilung der Anstrengungen auf verschiedene Länder und die Schaffung eines internationalen Marktes für Genehmigungen mit dem Ziel eines einheitlichen Kohlenstoffpreises. In der Theorie soll dieses Dispositiv sowohl die maximale ökonomische Effizienz als auch die Berücksichtigung von Belangen eines zwischenstaatlichen Ausgleichs gewährleisten, denn dem Verteilungsschema der Emissionszertifikate entsprechend kann der Markt der Genehmigungen massive internationale Geldtransfers zur Folge haben. Und wenn die Entwicklungsländer auch großzügig bedacht worden sind, so werden diese Transfers dennoch von nördlichen in südliche Länder getätigt.

Im Einklang mit den Lehren der ökonomischen Umwelttheorie[18] überzeugt dieses Schema durch seine Einfachheit und bietet sich für eine Bearbeitung durch Modelle geradezu an. Zahllose Untersuchungen werden demnach anhand von verschiedenen Modellen durchgeführt, um die Folgen diverser Schemata der Genehmigungserteilung in Verbindung mit den internationalen Ausgleichsprinzipien zu bestimmen und zu bewerten. Es geht etwa um eine Bestimmung der technischen oder makroökonomischen Kosten für die Erreichung dieses oder jenes Grads der Klimaerwärmung oder um den impliziten Preis[19] des Kohlen-

---

18 Cropper, Oates 1992.
19 Zum besseren Verständnis des Begriffs des impliziten Preises soll hier das Beispiel bestimmter Unternehmen genannt werden, die in ihrer Einkaufspolitik maximale Emissionsnormen für die Fahrzeuge ihres Unternehmensfuhrparks berücksichtigen. Der Preis wird dabei nicht explizit erwähnt, aber die Einführung der Norm kann zu einer Erhöhung der Ausgaben dieses Postens führen. Diese Mehrkosten verraten einen impliziten Kohlendioxidpreis. Die Politik im Transport- und im Bausektor stützt sich ebenfalls auf implizite Kohlendioxidpreise. So ist es zum Beispiel möglich, den Kohlendioxidpreis von Anreizen zur Wärmedämmung von Wohngebäuden wie zinsgünstige Darlehen oder Steuergutschriften zu berechnen, indem man

stoffs, das heißt um die Politik, die Kohlendioxid ausstoßenden Aktivitäten implizit Kosten auferlegt, oder um die Auswirkungen der Unsicherheiten auf den technischen Fortschritt. Doch das formale Schema «weltweite Obergrenze – Emissionsverteilung – Markt der Emissionsrechte» scheitert trotz seiner Übereinstimmung mit den Lehren der ökonomischen Theorie an den Hindernissen, welche die Realität internationaler Verhandlungen mit sich bringt.

3.3. Nach Kopenhagen: Ein neuer Analyserahmen für die Festlegung einer Klimaschutzpolitik auf nationaler Ebene

Das Scheitern eines Abkommens zwischen Industrieländern und Schwellenländern bei der Weltklimakonferenz 2009 in Kopenhagen ergibt sich aus der Unmöglichkeit, die internationalen Verhandlungen auf der Basis eines Schemas auszurichten, das den einzelnen Staaten internationale Ziele auferlegt. Doch ist dieses Scheitern gleichzeitig ein Erfolg, denn es stellt für die internationalen Verhandlungen einen Wendepunkt und einen Neustart dar. Es verändert den Status der ökonomischen Modellierung für die Klimapolitik. Allein schon die Vorstellung des Entwurfs eines internationalen Klimaschutzregimes stellt einen Übergang dar von einer Top-down-Logik, in der sich die Festlegung einer Emissionsobergrenze in nationale Ziele zu einer Reduzierung gliedert, hin zu einer Bottom-up-Logik, deren Fokus auf der erfolgten Umsetzung einer entsprechenden Politik durch die einzelnen Staaten liegt. Deren internationale Rahmenbedingungen werden durch das 2013 eingeführte Konzept der auf nationaler Ebene festgelegten Beiträge gesichert, womit unterschwellig der Kampf gegen den Klimawandel gemeint ist, und zwar jeweils mit einer mittelfristigen Zielsetzung (2030 oder 2035).

Dieser neuen Logik gemäß entsteht das globale Profil der Senkung der Treibhausgasemissionen aus der Zusammenfassung der jeweiligen Beiträge der einzelnen Staaten. Damit büßt die Ausrichtung auf einen weltweiten Emissionsmarkt mit einem einheitlichen Kohlenstoffpreis, der ja den Kern vorangegangener Modellierungen bildete, jegliche zentrale Bedeutung ein.

Folglich gerät jetzt das Szenario bzw. der Verlauf der Kohlendioxidverringerung auf nationaler Ebene zum neuen Strukturkonzept. Der Status und die Bedingungen für die Umsetzung der Maßnahmen, welche die Modelle darstellen, verändern sich damit radikal. Dies lässt sich sowohl anhand der Erfahrung erkennen, die man in Frankreich mit der Diskussion über die Energiewende macht,[20] als auch später bei internationalen Forschungsprojekten wie dem *Deep*

---

die Kosten dieser Politik durch die Treibhausgasemissionen teilt, die mit dieser Politik vermieden werden.

[20] Mathy u. a. 2016.

Decarbonization Pathways Project.²¹ Das Ziel liegt darin, mehrere Vorstellungen von nationalen Strategien zur Reduzierung von Emissionen darzustellen und tiefergehende Überlegungen zu den gesellschaftlichen Auswirkungen und Nebeneffekten der Klimapolitik anzustellen, das heißt zu den spezifischen Prioritäten eines jeden Landes.

Infolgedessen ergeben sich Fragestellungen zur Reduzierung der Luftverschmutzung, zum Kampf gegen den armutsbedingten Brennstoffmangel oder zur Situation des Arbeitsmarktes. Damit trägt die Berücksichtigung der Nebeneffekte der Klimapolitik in den Analysen möglicherweise dazu bei, die Akzeptanz der Gesellschaft für einen Beitrag zur Reduzierung der Treibhausgasemissionen zu erhöhen.²² In Untersuchungen wird sogar nachgewiesen, dass der Geldwert dieser Nebeneffekte höher sein könnte als die Mehrkosten, die die Klimapolitik und Maßnahmen zur Emissionsverringerung verursachen.²³

4. Die neue Herausforderung der Kohlendioxidneutralität

4.1. Wie soll man die Herausforderungen der Kohlendioxidneutralität analysieren?

Trotz seiner Schwachpunkte stellt das Abkommen von Paris einen großen Erfolg dar, der die neuen Vorstellungen bestätigt. Es ist auch Ausdruck des Willens der Staatengemeinschaft, das Ziel einer Begrenzung der Erderwärmung auf weniger als 2 °C anzunehmen bzw. sogar auf eine Stufe, die so nahe wie möglich an 1,5 °C liegt. Zuvor hatten Arbeiten zur ökonomischen Modellierung von Szenarien mit niedrigem Kohlendioxidwert weltweite Szenarien zur Begrenzung der Klimaerwärmung lediglich für das Ziel von 2 °C analysiert. Die Einführung dieses Ziels von 1,5 °C rückt Bedingungen für die Umsetzung ehrgeiziger Szenarien ins Rampenlicht: Das Abkommen von Paris erteilt nämlich dem Weltklimarat den Auftrag zu einem «1,5-°C-Bericht» (2018).

Infolge dieses Berichts liegt der Fokus der Klimapolitik auf der Kohlendioxidneutralität, das heißt auf dem Gleichgewicht zwischen den Treibhausgasemissionen und der Aufnahme und Speicherung von Kohlenstoff. In allen 1,5-°C-Szenarien soll dieses Gleichgewicht weltweit um das Jahr 2060 erreicht

---

21 Waisman u. a. 2019.
22 Longo u. a. 2012.
23 So berechnen zum Beispiel Vandyck u. a. 2018 den globalen Wert der Nebeneffekte, die mit der Verminderung gesundheitlicher Auswirkungen (Sterblichkeits- und Krankheitsrate) der Luftverschmutzung und mit der Steigerung landwirtschaftlicher Erträge durch die Reduzierung der Treibhausgasemissionen im Verhältnis zu den nationalen Beiträgen des Pariser Abkommens und zum weltweiten Emissionsverlauf in Übereinstimmung mit einer auf 2 °C begrenzten Erwärmung verbunden sind.

werden. Die Angaben zum Verlauf der Emissionen, die mit dieser Zielsetzung vereinbar sind, verknüpfen auf verschiedenen Ebenen eine Beherrschung der Nachfrage nach Energie, eine Verringerung des Kohlenstoffausstoßes der Energie sowie eine großangelegte Rückgewinnung und Speicherung von Kohlendioxid. Für diesen letzten Bereich reichen die Optionen von der Aufnahme von Kohlenstoff über die Böden und Wälder über Technologien der Bioenergie mit ihren Möglichkeiten der Rückgewinnung und Speicherung von Kohlenstoff bis hin zu Lösungen aus dem Bereich des Geoengineering wie der Impfung der Atmosphäre oder der Ozeane. Während die Aufnahme über Böden und Wälder mit der Politik eines guten Managements oder gar einer Wiederherstellung von Ökosystemen vereinbar ist,[24] können die anderen vorgeschlagenen Lösungen beträchtliche Folgen und Risiken für Umwelt und Gesellschaft mit sich bringen. Hier kommen die ökonomischen Bewertungsmodelle klar an ihre Grenzen.

Seit dem 1,5-°C-Bericht haben Frankreich und andere europäische Länder die Kohlendioxidneutralität offiziell zum neuen Fokus ihrer Klimapolitik bis 2050 erklärt. Während globale Szenarien das Erfordernis der Kohlendioxidneutralität eher für ca. 2060 aufzeigen, zielt die Entscheidung für einen früheren Zeithorizont darauf, den politischen Ehrgeiz zu dokumentieren sowie die Übernahme historischer Verantwortlichkeiten und schließlich den Willen, mit gutem Beispiel voranzugehen. So beschreibt die nationale Strategie zur Begrenzung des Kohlendioxidausstoßes von 2018, die 2019 überarbeitet wurde, eine Zukunft, die zu einem Ausgleich der Treibhausgasemissionen und der Kohlenstoffrückgewinnung im Jahr 2050 führt.[25] Diese neue Ausrichtung bringt gewichtige Änderungen für die Analyse von Strategien zu einer Klimawende mit sich.

4.2. Eine notwendige Erneuerung der strategischen Analysen zur Klimawende

Ob es sich nun um die französische Strategie zur Senkung des Kohlendioxidausstoßes handelt oder um das Positionspapier *Klima 2050* der Europäischen Kommission – die Vorstellungen von einer zukünftigen Kohlendioxidneutralität weisen eine ganze Reihe von gemeinsamen Punkten und belastbaren Lehren auf. Die Kohlendioxidneutralität soll sich auf drei Säulen stützen: eine starke Reduzierung des Energieverbrauchs in allen Bereichen, eine fast vollständige Verringerung des Kohlenstoffausstoßes bei der Stromerzeugung mittels des Einsatzes erneuerbarer Energien und gegebenenfalls der Atomenergie und eine weitgehende Verbreitung kohlendioxidfreier Energieträger, zunächst Strom und dann auch Gas aus erneuerbaren Quellen. Diese Szenarien einer Klimaneutralität belegen,

---

24 Pellerin u. a. 2019.
25 Vgl. ec.europa.eu/clima/policies/strategies/2050_en, 21.07.2021.

dass die Emissionen im Jahr 2050 zwar im Bau- und Verkehrswesen gegen 0 gehen könnten, dass aber in der Industrie und vor allem der Landwirtschaft Restemissionen fortbestehen würden. Damit ist es erforderlich, dass Kohlenstoffreserven in den betroffenen Arealen jährlich von Menschenhand angereichert werden, um diese Restemissionen auszugleichen.

Die Entwürfe für die einzelnen Wirtschaftsbereiche, wie sie Strategiepapiere beschreiben, werden durch verschiedene Modellierungsversuche gespeist. Allerdings stellt die Klimaneutralität in dem Maße, wie sie radikale, nicht schrittweise Veränderungen verschiedener technischer Systeme voraussetzt, für die Modellierer*innen eine wirkliche Herausforderung dar, denn die benutzten Instrumente, gleich ob ökonomischer oder technologischer Natur, sind eher für eine Beschreibung allmählicher oder geringfügiger Veränderungen geeignet als für eine Beschreibung systemischer oder durchschlagender Abwandlungen. Demnach offenbaren die Ergebnisse häufig die Grenzen der diversen Modelle. So führt die Untersuchung, die in Frankreich im Rahmen der Commission sur la valeur de l'action climatique durchgeführt wurde,[26] in den Modellen zu sehr hohen impliziten Kohlendioxidpreisen, was beweist, wie schwierig es hier ist, innerhalb eines ökonomischen Standardansatzes die nötigen systemischen Veränderungen darzustellen.

Doch können die Szenarien einer Klimaneutralität mittels anderer Vorgehensweisen dokumentiert werden, die keiner unmittelbaren Modellierung unterliegen und andere Faktoren zum Vorschein bringen. Diese verweisen vor allem auf notwendige Verhaltensänderungen für die verschiedenen Kategorien von Akteuren, Haushalte wie Unternehmen. Dies ist beispielsweise bei der Studie zu den Netto-Null-Emissionen im Jahr 2050 *ZEN 2050. Imaginer et construire une France neutre en carbone* der Fall.[27] Ausgehend von einem technischen und rechnerischen Rahmen für den Verlauf von Emissionen der einzelnen Wirtschaftsbereiche legt diese Studie vor allem die nötigen langfristigen Verhaltensänderungen hinsichtlich der Ernährung, des Energieverbrauchs und der Mobilität für drei charakteristische Haushaltsformen offen: jene, die (für eine Klimawende) die treibende Kraft sind, jene, deren Verbraucherverhalten wechselt, und jene, die voller Vorbehalte sind. So zeigt sich, dass ökonomische Ansätze ganz offensichtlich durch soziologische Studien zum Klimawandel ergänzt werden müssen.

Außerdem kommt die Studie *ZEN 2050* zu dem Schluss, dass separate Überlegungen zu den einzelnen Wirtschaftsbereichen sicher nützlich und notwendig, aber doch unzureichend sind, denn die Analyse ergibt sechs große Knotenpunkte systemischer Veränderungen: Ernährung, Landwirtschaft, Wald, Bodennutzung; Stadtplanung, Wohnungswesen, Transport; Industrie, Kreislauf-

---

26 Quinet 2019.
27 Senard u. a. 2019. ZEN steht für «Zéro émission nette».

wirtschaft, Industrieökologie; intelligente, kohlendioxidfreie Energiesysteme; Lebensstile, Konsummodelle, Zurückhaltung der Verbraucher; Makroökonomie, Investitionen, Konsum, Beschäftigung.

In jedem dieser Bereiche, die miteinander zusammenhängen, gibt es vielfältige, voneinander abhängige Herausforderungen. Und auch hier sieht es so aus, als sei eine ökonomische Analyse nützlich, aber unzulänglich, und als müsse sie sich auf Forschungen stützen, die mit etlichen anderen Fächern interagieren, von der Agrarwissenschaft über die Stadtplanung und die Psychologie bis hin zur Soziologie.

5. Schlussfolgerung

Am Ende dieses Durchgangs wird deutlich, dass die Wirtschaftswissenschaften im Laufe der letzten vierzig Jahre sehr wohl eine wichtige Rolle bei der Erkundung der Probleme im politischen Kampf gegen den Klimawandel gespielt haben; eine wichtige Rolle, die gleichwohl nicht ohne Widersprüche ist. Obschon sich die Wirtschaftswissenschaften immer schon Gedanken um das Verhältnis zwischen menschlichen Aktivitäten und der Natur gemacht haben, hat sich der Klimawandel schnell als eine der größten Herausforderungen erwiesen, vermutlich sogar als die größte Herausforderung der Menschheit im 21. Jahrhundert. Das ist der Gemeinschaft der Ökonomen und Ökonominnen nicht entgangen, und sie haben dann in der Mehrzahl die Umsetzung einer Politik bzw. zu ergreifender Maßnahmen angeregt, wie sie ihrem Paradigma entsprechen: die monetäre Bewertung von Kosten und Gewinnen, das Bemühen um die Effizienz der Maßnahmen und den Rückgriff auf Preise als wichtigste Regelgröße bei der Umsetzung der Umweltschutzpolitik.

Dieses Vorgehen, das sich auf die Lehren der sogenannten Standardtheorie der Ökonomie stützt, hat sich als fruchtbar erwiesen. Es hat vor allem im Rahmen des Weltklimarates eine Ergänzung der naturwissenschaftlichen Ansätze zur Problemdefinition und anhand von Ansätzen der Sozialwissenschaften auch solche zur Lösungsfindung ermöglicht. Doch im Laufe der Zeit hat sich gezeigt, dass Lösungen, die auf der theoretischen Ökonomie beruhen, einerseits schwierig umzusetzen waren und andererseits sicherlich nicht allein dazu beitragen würden, die notwendige Energie- und Klimawende auszulösen und zu begleiten.

Diese Grenzen einer Ökonomie des Klimawandels kann man auf drei Ebenen beobachten. Zunächst einmal liegen sie darin begründet, dass die ökonomischen Instrumente des Klimaschutzes, nämlich Steuern und handelbare Emissionsgenehmigungen, zwar zweifelsohne effiziente Maßnahmen erlauben – aber eben nur in der Theorie. In der Praxis hat ihre Umsetzung erhebliche Auswirkungen auf die Lastenverteilung und schafft folglich Probleme für die gesellschaftliche Akzeptanz. Diese können so gravierend ausfallen, dass die Einführung dieser Instrumente in Frage gestellt wird, wie es in zahlreichen Ländern bei der Diskussion um die Kohlendioxidsteuer der Fall ist.

Dann stößt die Umsetzung ökonomischer Ansätze auch bei internationalen Klimaverhandlungen auf größere Schwierigkeiten. In diesem Bereich hatten sich Ökonomen und Ökonominnen bereits verstärkt eingebracht, indem sie anhand von integrierten Bewertungsmodellen kostengünstige Lösungsvorschläge für das Problem der Organisation internationaler Bemühungen um eine Begrenzung der Emissionen unterbreitet hatten. Der Perspektivwechsel Ende der 2000er Jahre, durch den der Akzent nicht mehr auf die großen internationalen Einrichtungen, sondern auf die Politik und strategische Ausrichtung einzelner Staaten gelegt wird, relativiert die Bedeutung dieser Arbeiten aus heutiger Sicht doch erheblich.

Und schließlich stellen Arbeiten, die sich jenen Szenarien widmen, die auf eine Beachtung des 1,5-°C-Ziels abzielen und in eine Anerkennung des Ziels der Kohlendioxidneutralität durch mehrere Länder münden, einen dritten Bruch in der Entwicklung dar. Es handelt sich in diesem neuen Kontext nicht mehr um eine Bestimmung von schrittweisen Veränderungen mit einer fortschreitenden Abweichung von einem durch Referenzwerte definierten Verlauf. Vielmehr handelt es sich um eine Bestimmung von Veränderungen, die zu neuen soziotechnischen Systemen führen. Hier können die Wirtschaftswissenschaften immer noch von Nutzen sein bei der Bestimmung der Bedingungen für eine Effizienz der Systeme nach der Klimawende. Doch können sie für eine Beschreibung der Bedingungen für die Wende selbst nicht ausreichen.

Demnach mündet der Rückblick auf die Erfahrung der letzten vierzig Jahre durchaus in die Einsicht, dass eine Erneuerung des Analyserahmens der mit der Klimapolitik befassten Ökonomie und auch ein interdisziplinärer Dialog vonnöten sind. Wenn die Wirtschaftswissenschaften ihre Selbstgenügsamkeit aufgeben, büßen sie möglicherweise ihr Kern- bzw. Hauptmerkmal ein. Doch können Beiträge aus anderen Fächern der Sozialwissenschaften sie nur bereichern in dem Bemühen um eine genauere Definition der Bedingungen eines ökologischen Wandels.

6. Bibliografie

Baude, Manuel; Colin, Aurore; Duvernoy, Jérôme; Foussard, Alexis; Vaille, Charlotte: Chiffres clés du climat France, Europe et Monde. Paris 2021.

Clayton, Susan; Manning, Christie; Krygsman, Kirra; Speiser, Meighen: Mental Health and our Changing Climate: Impacts, Implications and Guidance. Washington DC 2017.

Coase, Ronald H.: The Problem of Social Cost [1960]. In: Gopalakrishnan, Chennat (Hg.): Classic Papers in Natural Resource Economics. Basingstoke 2000: 87–137.

Court, Victor; Fizaine, Florian: Long-term Estimates of the Energy-Return-on-Investment (EROI) of Coal, Oil, and Gas Global Productions. In: Ecological Economics 138 (2017): 145–159, DOI: doi.org/10.1016/j.ecolecon.2017.03.015.

Cropper, Maureen L.; Oates, Wallace E.: Environmental Economics. A Survey. In: Journal of Economic Literature 30/2 (1992): 675–740.
Daly, Herman E.: Steady-state Economics. With New Essays. Washington DC 1991.
Gallup, John Luke; Sachs, Jeffrey D.; Mellinger, Andrew D.: Geography and Economic Development. In: International Regional Science Review 22/2 (1999): 179–232, DOI: doi.org/10.1177/016001799761012334.
Georgescu-Roegen, Nicholas: The Entropy Law and the Economic Problem. In: Valuing the Earth. Economics, Ecology, Ethics 1 (1993): 75–88.
Gourou, Pierre: The Tropical World. Its Social and Economic Conditions and its Future Status. Longman 1966.
Hotelling, Harold: The Economics of Exhaustible Resources. In: Journal of Political Economy 39/2 (1931): 137–175.
IPCC: Global Warming of 1.5 °C. An IPCC Special Report on the Impacts of Global Warming of 1.5 °C Above Pre-industrial Levels and Related Global Greenhouse Gas Emission Pathways, in the Context of Strengthening the Global Response to the Threat of Climate Change, Sustainable Development, and Efforts to Eradicate Poverty. Cambridge, New York 2018.
Jevons, William Stanley: The Coal Question. An Inquiry Concerning the Progress of the Nation, and the Probable Exhaustion of our Coal Mines. In: Fortnightly 6/34 (1866): 505–507.
Kelly, David L.; Kolstad, Charles D.: Integrated Assessment Models for Climate Change Control. In: International Yearbook of Environmental and Resource Economics 1999/2000 (2000): 171–197.
Lee, Douglas H. K.: Climate and Economic Development in the Tropics. New York 1957.
Longo, Alberto; Hoyos, David; Markandya, Anil: Willingness to Pay for Ancillary Benefits of Climate Change Mitigation. In: Environmental and Resource Economics 51/1 (2012): 119–140, DOI: doi.org/10.1007/s10640-011-9491-9.
Malthus, Thomas Robert: Essai sur le principe de population [1852]. Paris 1980.
Mathy, Sandrine; Criqui, Patrick; Knoop, Katharina; Fischedick, Manfred; Samadi, Sascha: Uncertainty Management and the Dynamic Adjustment of Deep Decarbonization Pathways. In: Climate Policy 16/1 (2016): 47–62, DOI: doi.org/10.1080/14693062.2016.1179618.
Meadows, Donella H.; Meadows, Dennis L.; Randers, Jørgen; Behrens, William W. (2013): The Limits to Growth [1972]. New Haven 2013.
Nordhaus, William D.: Economic Growth and Climate. The Carbon Dioxide Problem. In: The American Economic Review 67/1 (1977): 341–346.
Nordhaus, William D.: The 'DICE' Model. Background and Structure of a Dynamic Integrated Climate-Economy Model of the Economics of Global Warming = Cowles Foundation Discussion Papers 1252. New Haven 1992.
Nordhaus, William D: Critical Assumptions in the Stern Review on Climate Change. In: Science 317/5835 (2007): 201–202, DOI: doi.org/10.1126/science.1137316.
Pellerin, Sylvain; Bamière, Laure; Launay, Camille; Martin, Raphaël; Schiavo, Michele u. a.: Stocker du carbone dans les sols français. Quel potentiel au regard de l'objectif 4 pour 1000 et à quel coût? Rapport scientifique de l'étude. Étude réalisée pour l'ADEME et le Ministère de l'Agriculture et de l'Alimentation. Paris 2020, hal.science/hal-03163517, 10.06.2024.
Pezzey, John C.; Toman, Michael A.: The Economics of Sustainability. Aldershot 2002.

Pigou, Arthur Cecil: The Economics of Welfare [1920]. London 2013.
Quinet, Alain; Bueb, Julien; Le Hir, Boris Julien Bueb, Boris Le Hir, Mesqui, Bérengère; Pommeret, Aude: La valeur de l'action pour le climat. Une valeur tutélaire du carbone pour évaluer les investissements et les politiques publiques. Rapport de la commission présidée par Alain Quinet. Paris 2019, www.strategie.gouv.fr/publications/de-laction-climat, 14.05.2024.
Ricardo, David: On the Principles of Political Economy. London 1821.
Senard, Jean-Dominique; Bonnafé, Jean-Laurent; Bardin, Florence; La Branche, Stéphane: ZEN 2050 Net Zero – Imagining and Building a Carbon-Neutral France. Paris 2019, www.epe-asso.org/zen-2050-imaginer-et-construire-une-france-neutre-en-carbone-2/. 14.05.2024.
Smith, Adam: Recherches sur la nature et les causes de la richesse des nation, Bd. 1. Paris 1881.
Stern, Nicholas: The Economics of Climate Change. The Stern Review. Cambridge 2007.
Vandyck, Toon; Keramidas, Kimon; Kitous, Alban; Spadaro; Joseph V., Van Dingenen Rita; Holland, Mike; Saveyn, Bert: Air Quality Co-benefits for Human Health and Agriculture Counterbalance Costs to meet Paris Agreement Pledges. In: Nature Communications 9/1 (2018): 1–11, DOI: doi.org/10.1038/s41467-018-06885-9.
Waisman, Henri; Bataille, Chris; Winkler, Harald; Jotzo u.a.: A Pathway Design Framework for National Low Greenhouse Gas Emission Development Strategies. In: Nature Climate Change 9/4 (2019): 261–268, DOI: doi.org/10.1038/s41558-019-0442-8.
Walras, Léon: Éléments d'économie politique pure, ou: Théorie de la richesse sociale [1874] Paris 2018.

Die Übersetzerin

Karin Becker ist Übersetzerin und lehrt als Privatdozentin an der Universität Münster. Ihre zahlreichen deutschen und französischen Publikationen und Übersetzungen sind der Kultur- und Literaturgeschichte des Mittelalters und des 19. Jahrhunderts und insbesondere der Geschichte der Meteorologie und der Esskultur gewidmet.

Das Signet des Schwabe Verlags
ist die Druckermarke der 1488 in
Basel gegründeten Offizin Petri,
des Ursprungs des heutigen Verlags-
hauses. Das Signet verweist auf
die Anfänge des Buchdrucks und
stammt aus dem Umkreis von
Hans Holbein. Es illustriert die
Bibelstelle Jeremia 23,29:
«Ist mein Wort nicht wie Feuer,
spricht der Herr, und wie ein
Hammer, der Felsen zerschmeisst?»